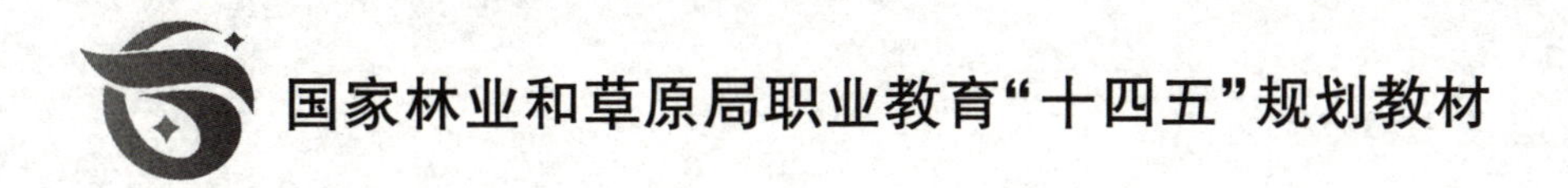

信息技术基础

蒋永丛　主编

中国林業出版社
China Forestry Publishing House

图书在版编目(CIP)数据

信息技术基础 / 蒋永丛主编 . -- 北京：中国林业出版社，2024. 8. --（国家林业和草原局职业教育“十四五”规划教材）. -- ISBN 978-7-5219-2813-6

Ⅰ. TP3

中国国家版本馆 CIP 数据核字第 2024KF7388 号

策划、责任编辑：田　苗　赵旖旎

责任校对：苏　梅

封面设计：周周设计局

出版发行：中国林业出版社

（100009，北京市西城区刘海胡同 7 号，电话 83143557）

电子邮箱：cfphzbs@163.com

网址：www.cfph.net

印刷：北京中科印刷有限公司

版次：2024 年 8 月第 1 版

印次：2024 年 8 月第 1 次印刷

开本：787mm×1092mm　1/16

印张：14.75

字数：330 千字

定价：52.00 元

数字资源

《信息技术基础》编写人员

主　　编　蒋永丛

副 主 编　孟光胜　安存胜

编写人员　(按姓氏拼音排序)

安存胜(河南林业职业学院)

邓续方(河南林业职业学院)

蒋永丛(河南林业职业学院)

蒋泽军(河南林业职业学院)

孟光胜(河南林业职业学院)

王晋晋(河南林业职业学院)

王　振(河南林业职业学院)

行红明(河南林业职业学院)

张　毅(河南林业职业学院)

朱丽娜(河南林业职业学院)

前言

随着互联网技术和信息技术的迅猛发展与广泛应用，计算机已经成为人们工作、学习、生活的基本工具，运用计算机进行信息处理，是每位大学生必备的基本能力。本教材依据教育部《高等职业教育专科信息技术课程标准(2021 年版)》对基础模块的要求，紧扣信息技术核心素养和课程目标，突出职业教育特色，为培养学生的数字化学习能力和利用信息技术解决实际问题的能力以及后续的专业课程学习和未来的职业发展打下坚实的基础。

为了适应高职教学改革的需要，我们精心设计了一组内容新颖、涉及面广、实用性强的教学任务，并按照学生的认知规律和任务的难易程度安排教学内容，将抽象的理论知识融入典型的任务中，力求达到“操作技能熟练，理论知识够用”的教学目标。本教材的编写具有以下几个特点：

1. 润物无声，将课程思政内化于教学任务中

本教材全面落实立德树人根本任务，贯彻课程思政要求，以“绿水青山就是金山银山”为思政主线，选取森林康养、双碳、古树名木等素材，将绿色环保意识、家国情怀等思政元素有机融入任务，发挥潜移默化的作用。

2. 突出技能，以任务为主线组织教学重点、难点

将常用的知识点、技能点合理融入一系列的任务，重要知识点反复出现在不同的任务中。每个任务都由任务目标、任务描述、任务实施、知识链接、巩固训练组成，先实践后理论，强化技能训练。学生在完成系列任务的过程中掌握各种操作技能，形成运用信息技术解决问题的综合能力。

3. 立体化资源教学，方便学生自主学习

教材内容由纸质内容和数字化内容组成，所有任务实施可以通过扫描书中二维码获取，对部分知识点进行数字化拓展，引导学生进行数字化学习、自主学习和探究学习。

本教材由蒋永丛任主编，孟光胜、安存胜任副主编。其中，蒋永丛、行红明编写项目1，孟光胜、安存胜编写项目2，张毅、邓续方编写项目3，王振、蒋泽军编写项目4和项目6，朱丽娜、王晋晋编写项目5。在编写过程中，编者参考了大量国内外相关文献，在此表示衷心感谢。

本教材紧跟时代要求、体系新颖、条理清晰、实用性强，适用于高等职业学校的学生，也可以作为信息技术爱好者的参考用书。

由于编者水平有限，书中难免存在疏漏，敬请广大读者批评指正。

编者

2024 年 3 月

目录

项目1　文档处理

文档处理是信息化办公的重要组成部分，广泛应用于人们日常生活、学习和工作的方方面面。WPS文档是一个文字处理器应用程序，可以进行文本的编辑、图片的插入和编辑、表格的插入和编辑、长篇文档的编辑等，适用于制作各种文档、书籍、信函、公文等。

任务 1-1　制作专题讲座通知

任务目标

(1)掌握新建、保存、打开文档等基本操作，掌握文本、段落的格式设置。

(2)能够运用 WPS 文档对通知、信函等实用文档进行制作并排版。

(3)提升学生信息意识，积极运用信息技术解决实际问题。

任务描述

在党的二十大报告中，提出了“推动绿色发展，促进人与自然和谐共生”的新发展要求，进一步强调了经济高质量发展的同时需要与环境高水平保护统一和融合。为丰富学生业余生活，增强大家生态环保意识，河南林业职业学院党政办公室开展以“绿水青山就是金山银山”为主题的学习讲座。请制作讲座通知，通过设置页面布局、文本格式等操作完成讲座时间、讲座地点、参加人员、主题等内容的编辑工作。

任务实施

1. 设置页面布局

(1)执行“开始”→“程序”→“WPS Office”命令，或者直接在计算机桌面上点击鼠标右键，新建一个 WPS 文档，如图 1-1 所示，并命名为“‘绿水青山就是金山银山’理念专题讲座通知”。

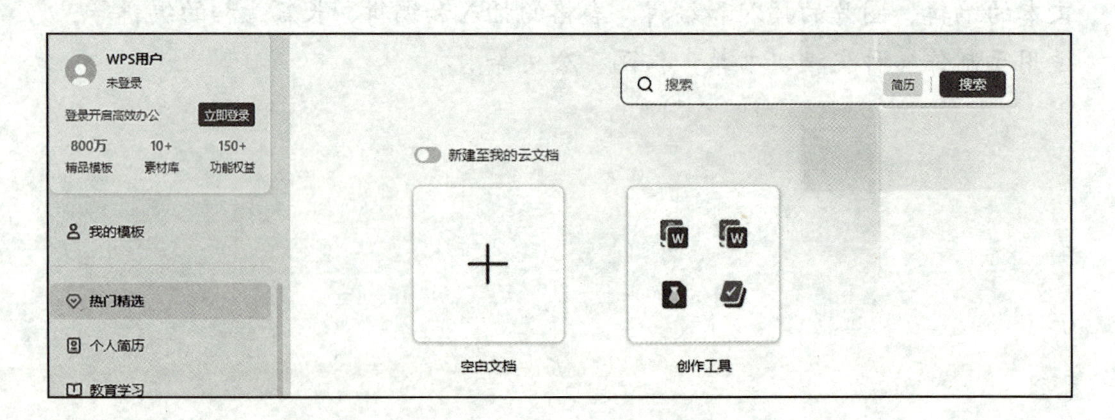

图 1-1　新建 WPS 文档

提示： WPS 2022 版，默认新建文档后缀名为“. docx”，也可以保存为其他后缀名，如“. pdf”或“. doc”等，如图 1-2 所示。

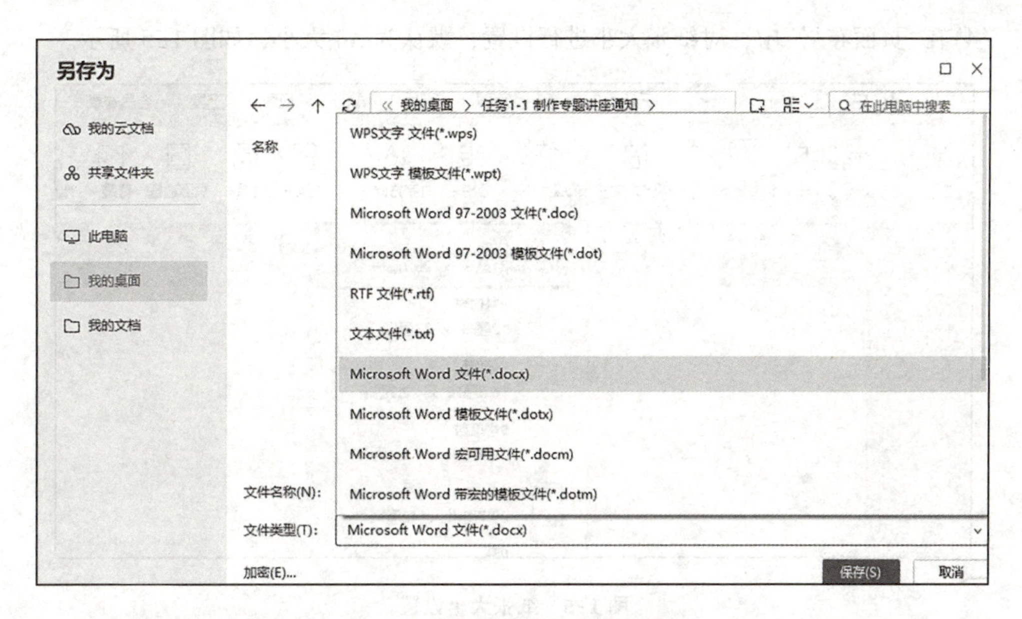

图 1-2　保存 WPS 文档并重命名

(2)点击菜单栏中的“页面布局”→“纸张方向”→“横向”，将纸张方向从默认状态的纵向改为横向，如图 1-3 所示。

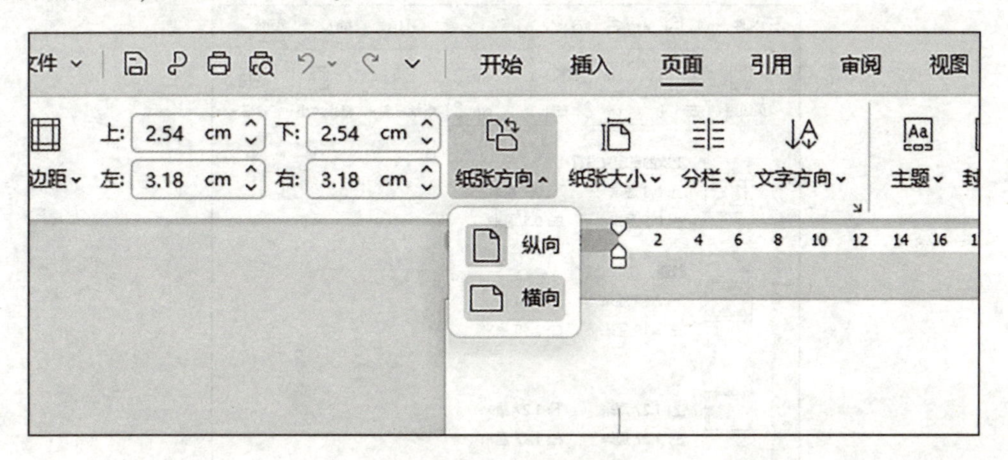

图 1–3　更改纸张方向

(3)点击菜单栏中的“页面布局”，进行页面设置，如图 1–4 所示。

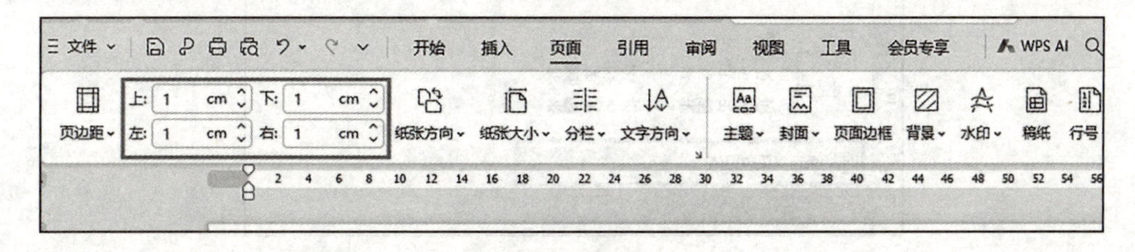

图 1–4　进行页面设置

在此，将页边距的上、下、左、右均设置为 1 厘米。

(4)在“页面布局”中，对纸张大小进行设置，默认为 A4 大小，如图 1-5 所示。

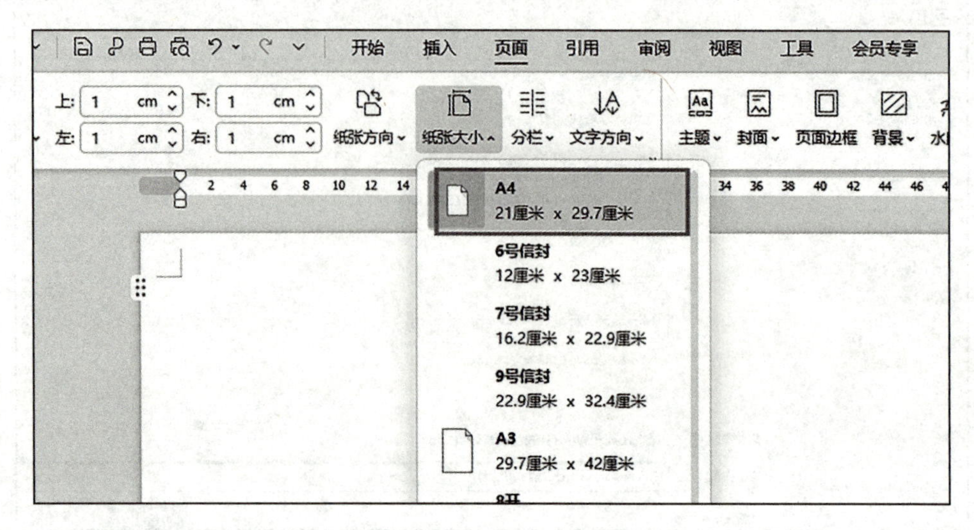

图 1-5 纸张大小设置

(5)在“页面布局”中，选择“页边距”→“自定义页边距”，如图 1-6 所示。切换到“版式”选项卡，将“距边界”的页眉和页脚均设置为 1 厘米，如图 1-7 所示。

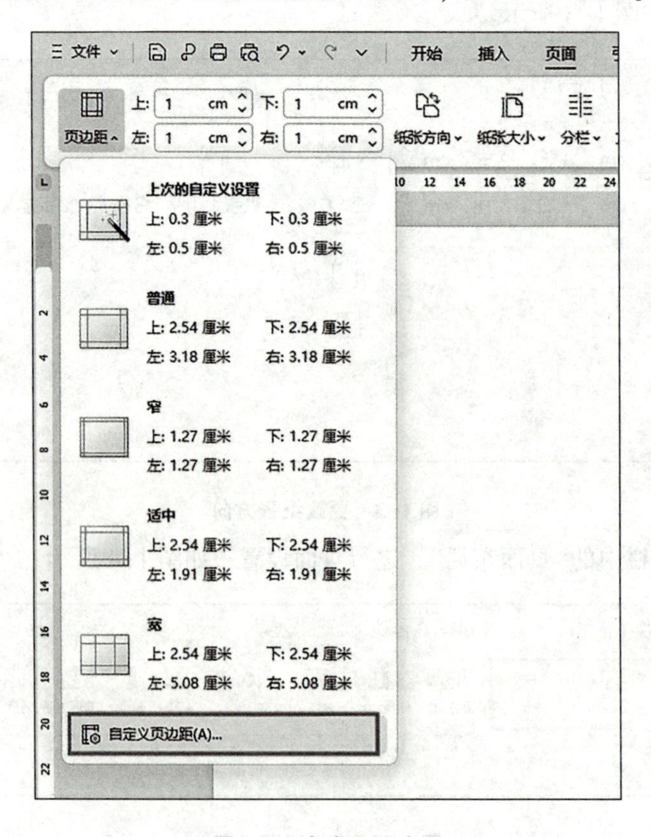

图 1-6 自定义页边距

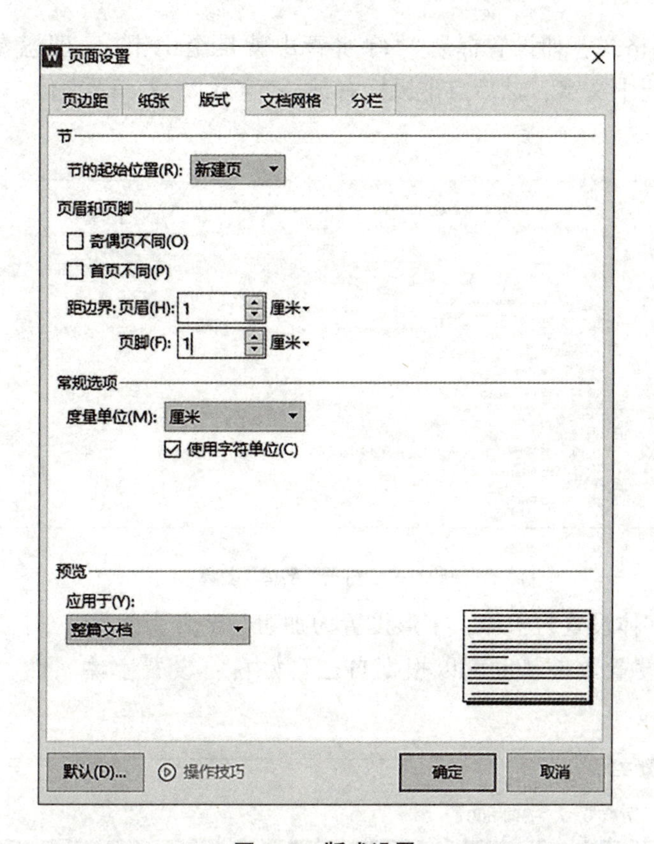

图 1-7 版式设置

提示： 页边距、纸张大小、版式均可在“页面设置”中完成。

2. 设置文本

(1) 添加文字内容，如图 1-8 所示。

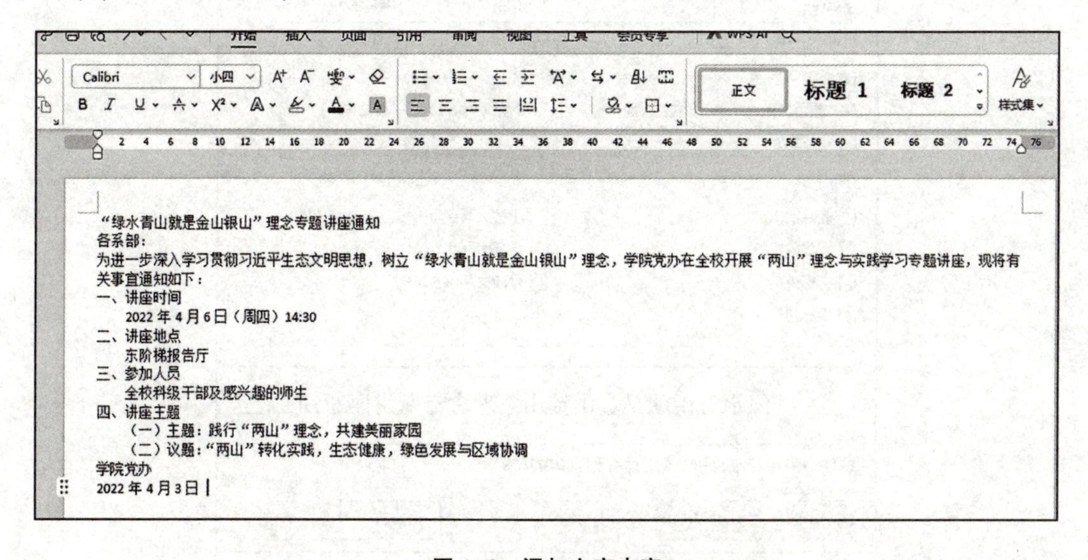

图 1-8 添加文字内容

(2)设置文字格式，如设置标题“‘绿水青山就是金山银山’理念专题讲座通知”格式，需鼠标左键选中文字，然后点击鼠标右键→“字体”，打开“字体”对话框，如图 1-9 所示。

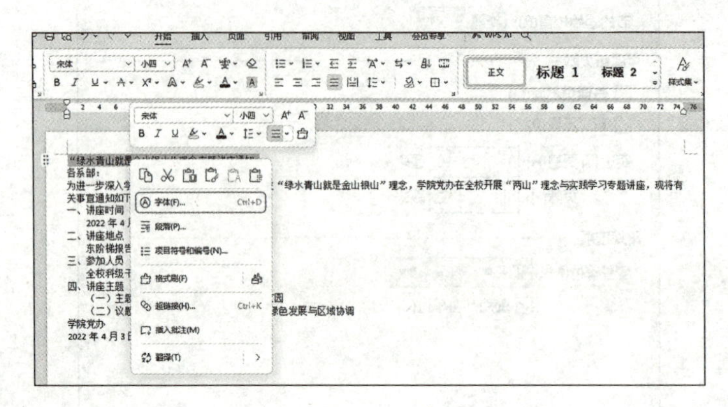

图 1-9　打开“字体”设置

在此将中文字体设置为宋体，字形设置为加粗，字号为四号，如图 1-10 所示，可在下方预览处看到设置效果。也可以根据自己喜好自行设置字体属性。设置完成效果如图 1-11 所示。

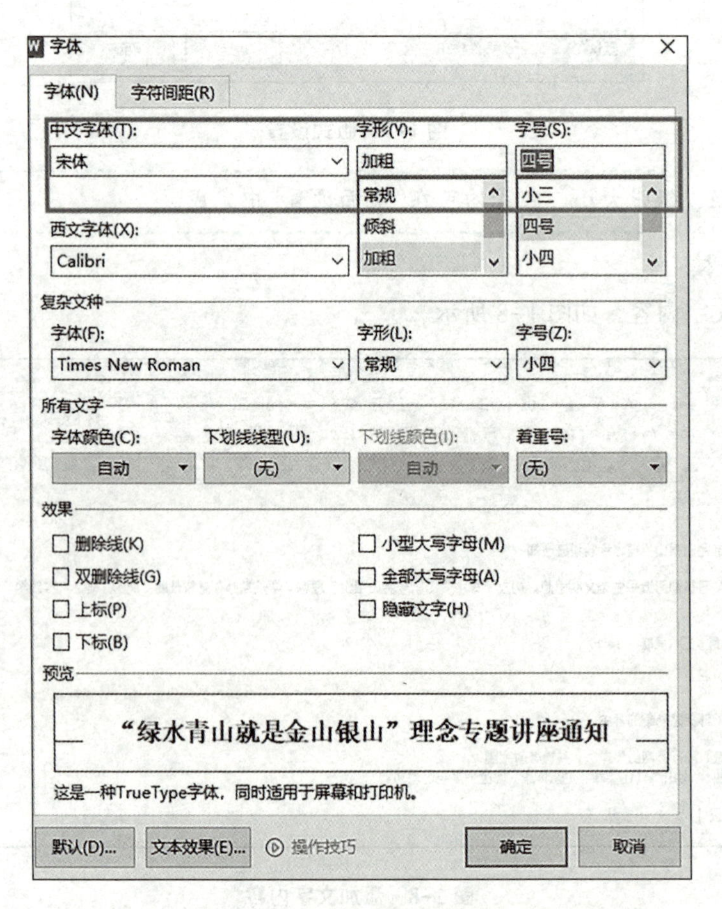

图 1-10　字体属性设置

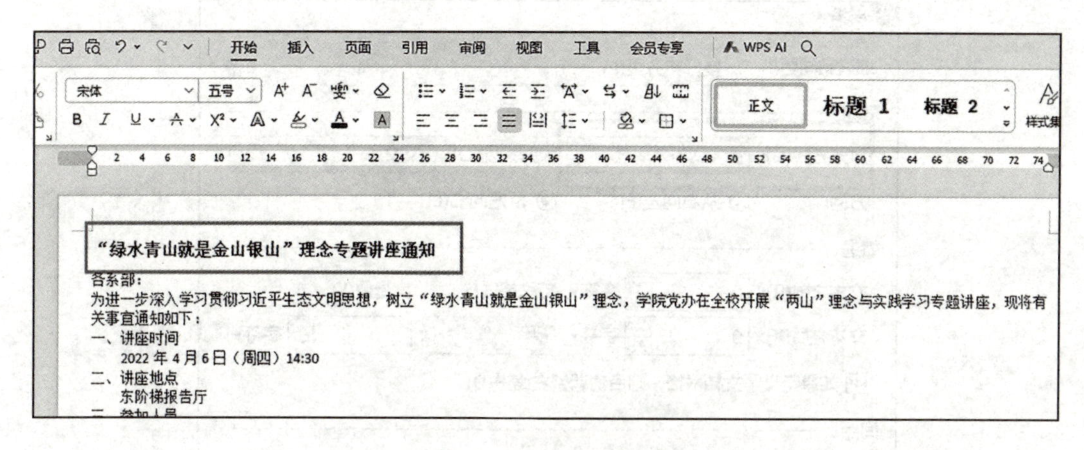

图 1–11　标题设置效果图

(3) 设置文字段落，如设置标题“‘绿水青山就是金山银山’理念专题讲座通知”段落，需鼠标左键选中文字，然后点击鼠标右键→“段落”，打开段落设置，将对齐方式设置为居中，如图 1–12 至图 1–14 所示。

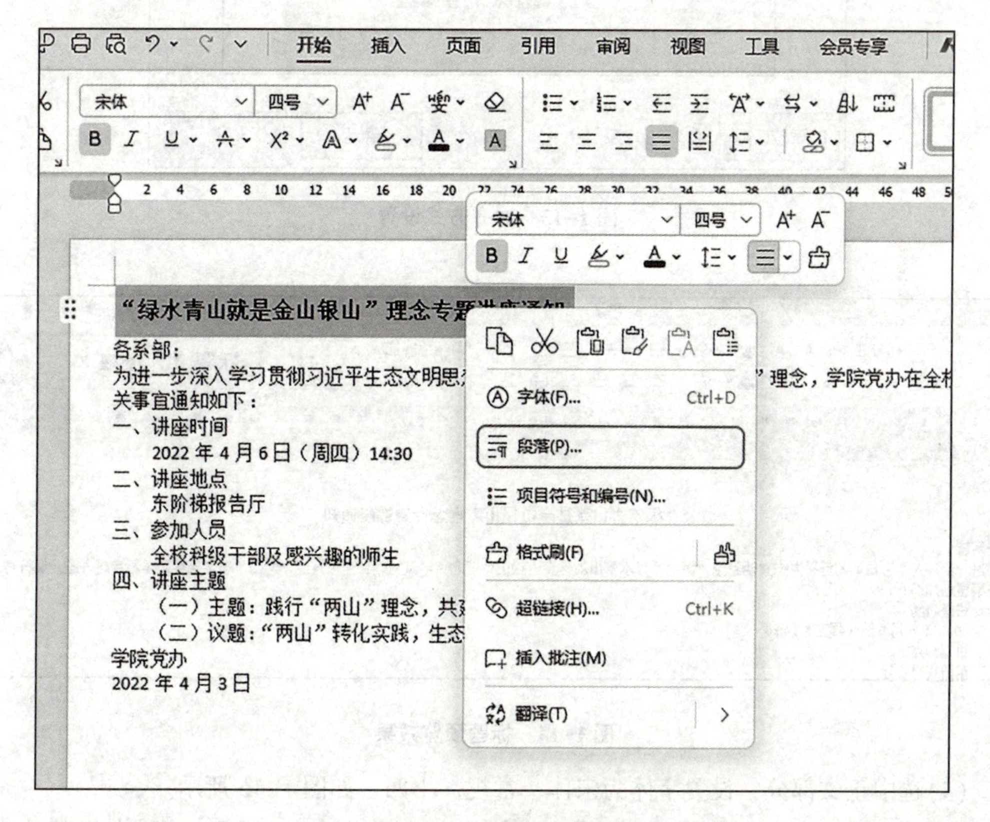

图 1–12　打开段落设置

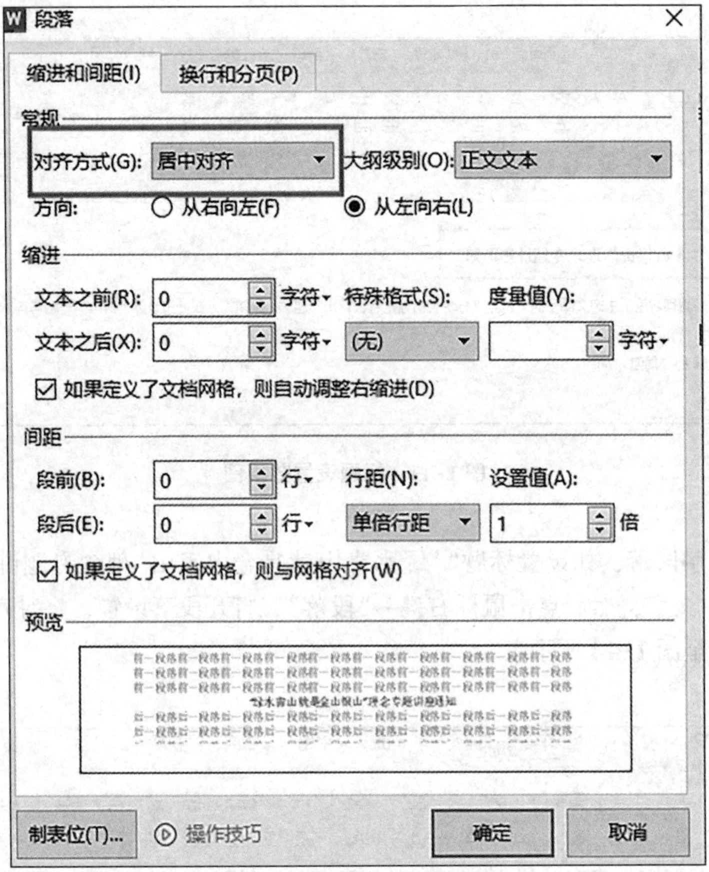

段落
缩进和间距(I) 换行和分页(P)
常规
对齐方式(G): 居中对齐 大纲级别(O): 正文文本
方向: 从右向左(F) 从左向右(L)
缩进
文本之前(R): 0 字符 特殊格式(S): 度量值(Y):
文本之后(X): 0 字符 (无) 字符
如果定义了文档网格，则自动调整右缩进(D)
间距
段前(B): 0 行 行距(N): 设置值(A):
段后(E): 0 行 单倍行距 1 倍
如果定义了文档网格，则与网格对齐(W)
预览
制表位(T)... 操作技巧 确定 取消

图 1-13 对齐方式设置

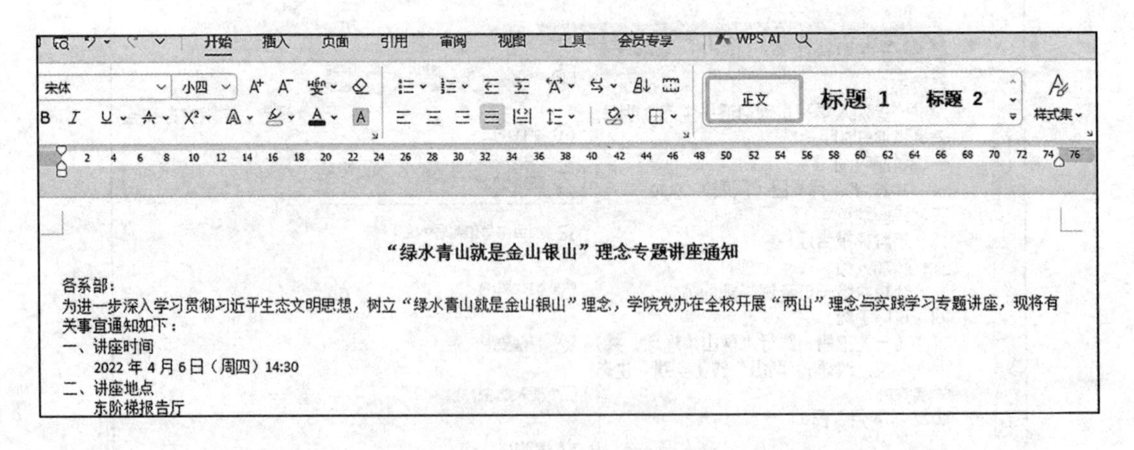

图 1-14 标题预览效果

(4)选中正文部分，设置字体为宋体、常规、小四，如图 1-15 所示。

(5)选中正文内容，选择“段落”设置，如图 1-16 至图 1-18 所示，其中特殊格式为首行缩进度量值为 2 字符，设置行距为 1.5 倍行距。

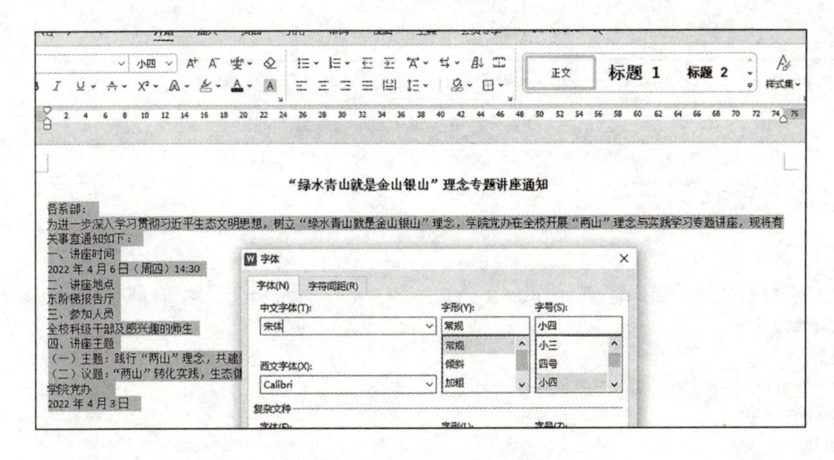

图 1-15　正文文字设置

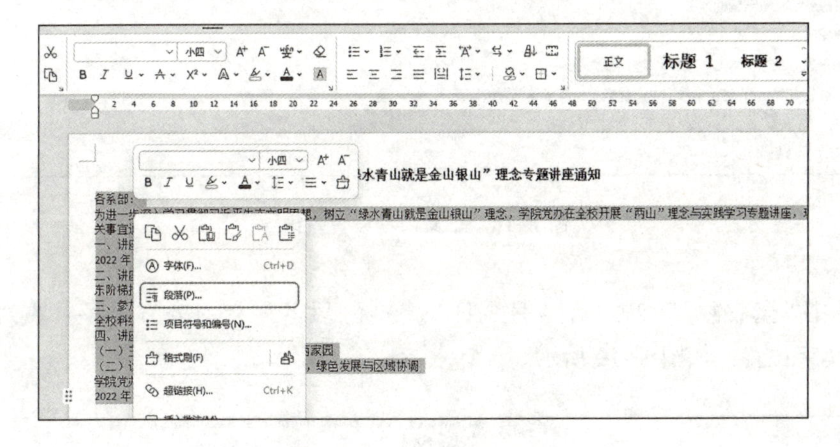

图 1-16　正文内容段落设置

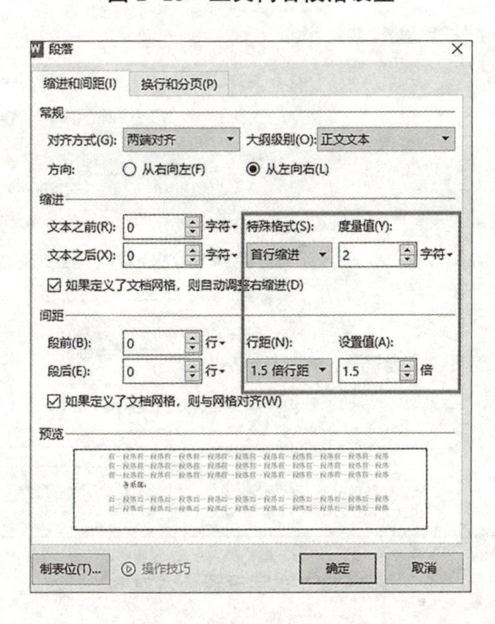

图 1-17　正文内容行距设置

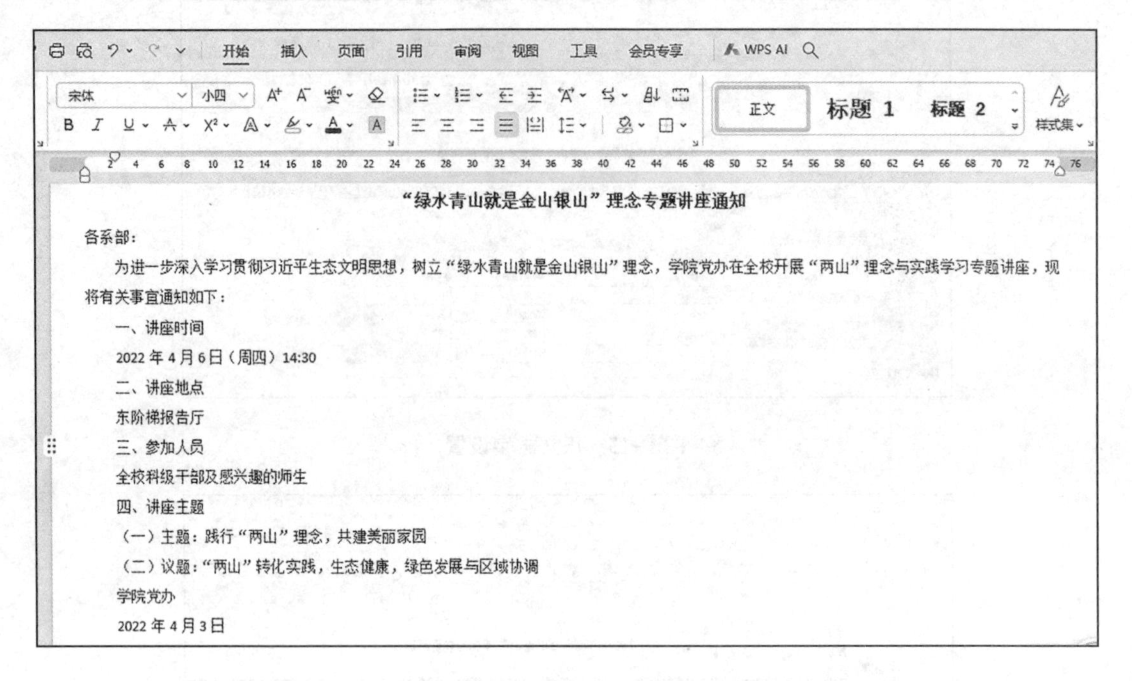

"绿水青山就是金山银山"理念专题讲座通知

各系部：

为进一步深入学习贯彻习近平生态文明思想，树立"绿水青山就是金山银山"理念，学院党办在全校开展"两山"理念与实践学习专题讲座，现将有关事宜通知如下：

一、讲座时间

2022 年 4 月 6 日（周四）14:30

二、讲座地点

东阶梯报告厅

三、参加人员

全校科级干部及感兴趣的师生

四、讲座主题

（一）主题：践行"两山"理念，共建美丽家园

（二）议题："两山"转化实践，生态健康，绿色发展与区域协调

学院党办

2022 年 4 月 3 日

图 1–18 正文内容设置效果

(6)选中"学院党办""2022 年 4 月 3 日"，选择"段落"→"对齐方式"→"右对齐"，并适当调整文字位置，如图 1–19 所示。

图 1–19 文字设置为右对齐

3. 保存

点击菜单栏中的“文件”→“保存”，或者使用快捷方式“Ctrl+S”保存，如图1-20所示。

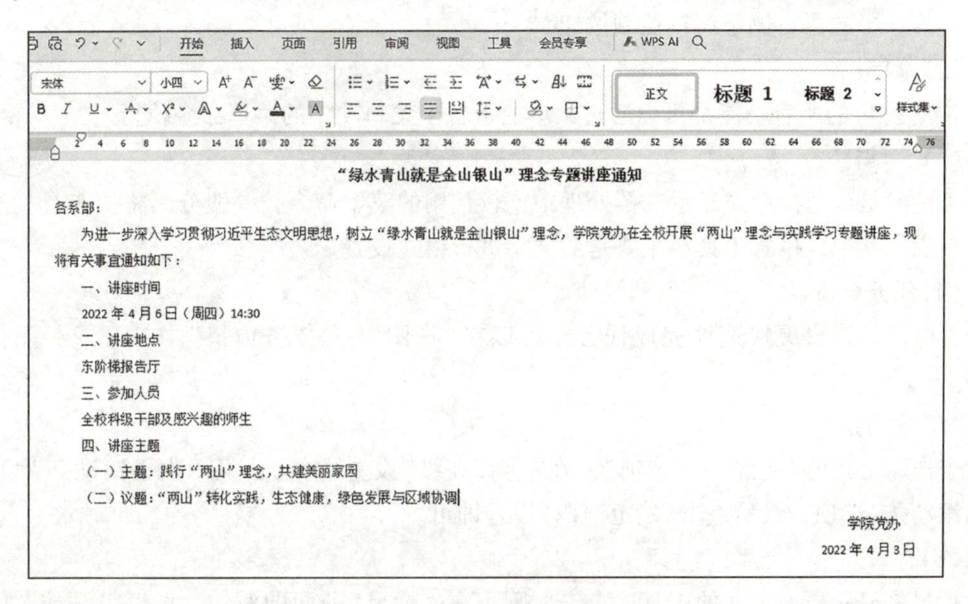

“绿水青山就是金山银山”理念专题讲座通知

各系部：

为进一步深入学习贯彻习近平生态文明思想，树立“绿水青山就是金山银山”理念，学院党办在全校开展“两山”理念与实践学习专题讲座，现将有关事宜通知如下：

一、讲座时间

2022年4月6日（周四）14:30

二、讲座地点

东阶梯报告厅

三、参加人员

全校科级干部及感兴趣的师生

四、讲座主题

（一）主题：践行“两山”理念，共建美丽家园

（二）议题：“两山”转化实践，生态健康，绿色发展与区域协调

学院党办

2022年4月3日

图1-20　文字设置右对齐效果图

温馨提示：按住Ctrl键并配合鼠标滚轮可进行页面缩放。

知识链接

认识WPS文档操作窗口

WPS文档操作窗口由标题栏、菜单栏、工具栏、滚动条、任务窗口、标尺等部分组成，如图1-21所示。

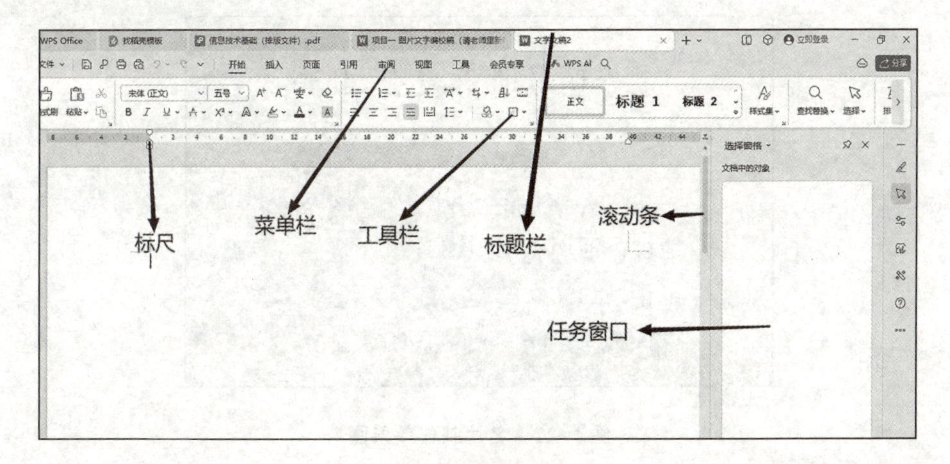

图1-21　WPS操作窗口

(1)标题栏

标题栏主要用于显示当前正在编辑的文档名称。标题栏左侧为文档名称，如果是新建文档，系统自动给其命名为"文档 1"，再创建新的文档时，会依次命名为"文档 2""文档 3"，等等。标题栏右侧是窗口控制按钮。

(2)菜单栏

WPS 提供的所有功能都可以通过菜单栏上各个菜单项中的菜单命令执行。

(3)工具栏

工具栏是以图标形式显示文档处理中比较常用的菜单命令，一般分为格式工具栏和常用工具栏。其中，格式工具栏主要是对文字进行格式设置。

(4)任务窗口

可以帮助用户更快速地完成任务，可以在"视图"→"任务窗口"中打开或关闭任务窗口。

(5)滚动条

点击左上角的"文件"→"选项"，在左侧"高级"设置中勾选"显示水平滚动条""显示垂直滚动条"选项，最后点击"确定"保存设置即可。

(6)标尺

标尺是显示页面尺寸的工具。点击"视图"→"标尺"前面的对勾，可以打开或关闭当前文档上方的标尺。

巩固训练

做一张如图 1-22 所示的名片。

要求：纸张方向为横向；页边距上下设置为 0.3 厘米，左右设置为 0.5 厘米；纸张大小宽度为 8 厘米，高度为 5 厘米；页眉、页脚均设置为 0。可根据自己喜好对文字的颜色、粗细、字体、字号等进行设置。

图 1-22　名片制作效果图

任务1-2 制作宣传页

任务目标

(1)掌握图片、艺术字等对象的插入、编辑和美化等操作。

(2)能够运用WPS中图文混排技巧解决生活、学习和工作中遇到的实际问题。

(3)提升信息意识，培养主动寻求恰当的方式捕获和分析信息，积极运用信息技术解决实际问题的能力。

任务描述

塞罕坝，这片曾经“黄沙遮天日，飞鸟无栖树”的荒漠，经过三代人五十余年的坚守与发展，现如今已实现18.3万吨造林碳汇，并在北京环境交易所挂牌出售，全面实现了交易获利1亿元以上的“反转”，诠释了“绿水青山就是金山银山”。本任务要求制作宣传页，向大家介绍塞罕坝的绿色奇迹是如何创造的，并通过图片、艺术字等对象的插入、编辑和美化等操作完成页面效果设置。

任务实施

1. 制作标题

(1)新建一个WPS文档，命名为“中国绿色奇迹——塞罕坝”，双击打开新建文档后，在菜单栏点击“插入”→“艺术字”，选择第二行第四个字体，如图1-23所示。

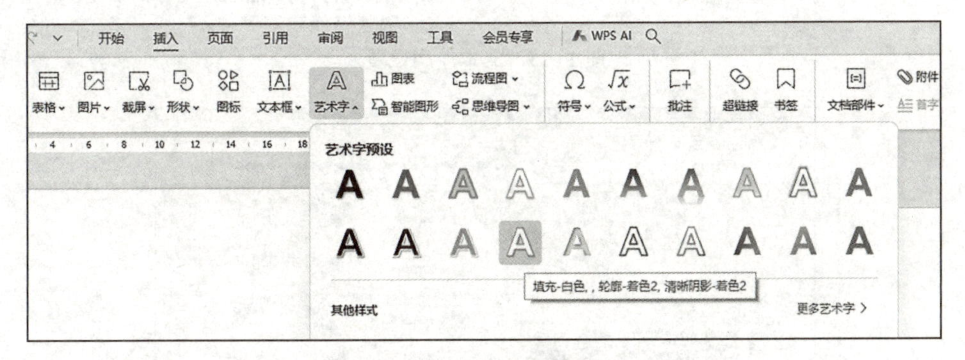

图1-23 选择艺术字

输入文字内容“中国绿色奇迹”，选中输入的文字，选择菜单栏上方的“文本工具”→“文本填充”，颜色为绿色(图1-24)；选择“文本轮廓”，颜色为黑色(图1-25)；选择“文本效果”→“转换”→“跟随路径”→“上弯弧”(图1-26)，并把“中国绿色奇迹”字体格式设置为楷体，加粗，字号为72(图1-27)。

（2）在菜单栏点击“插入”→“艺术字”输入文字“塞罕坝”选择“艺术字”面板中第一行倒数第二个字体，选择“文本填充”，颜色为绿色；选择“文本轮廓”，颜色为黑色；透明度为50%（图1-28）；文字格式设置为楷体、加粗、字号为36（图1-29）。

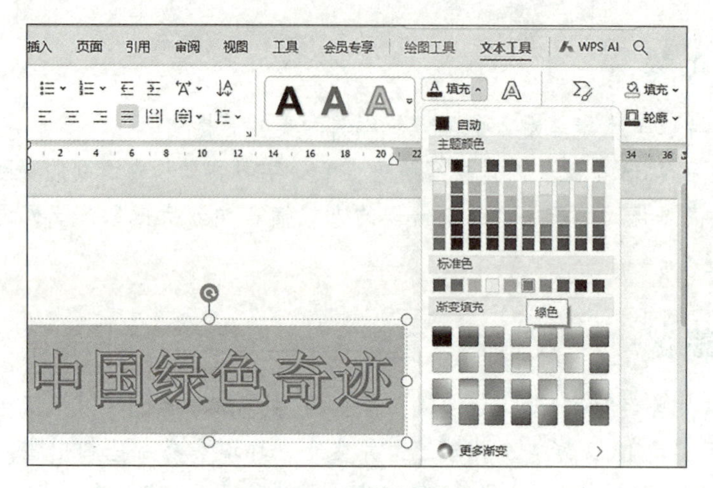

图1-24 文本填充设置

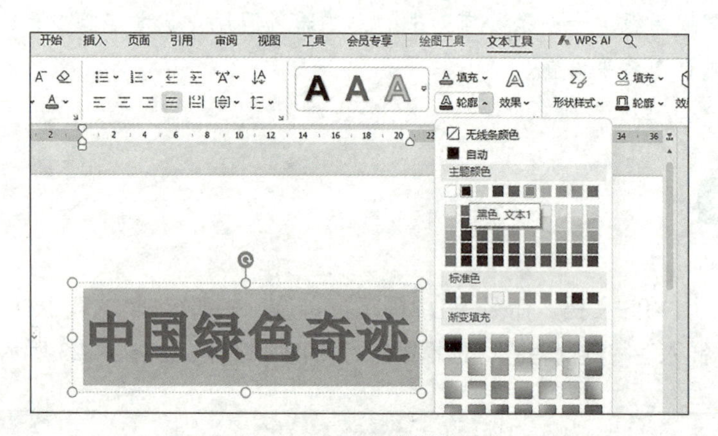

图1-25 文本轮廓设置

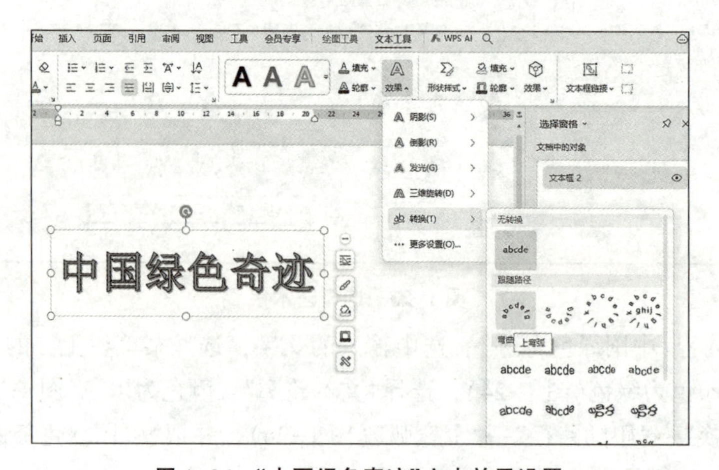

图1-26 “中国绿色奇迹”文本效果设置

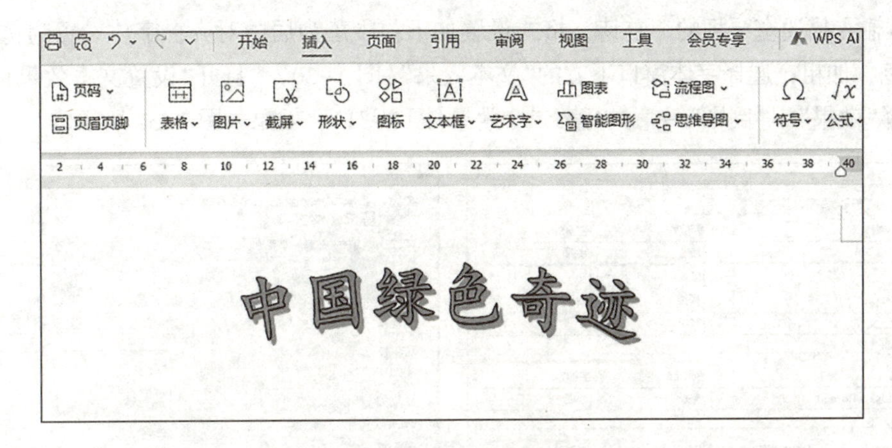

图 1-27 艺术字设置效果

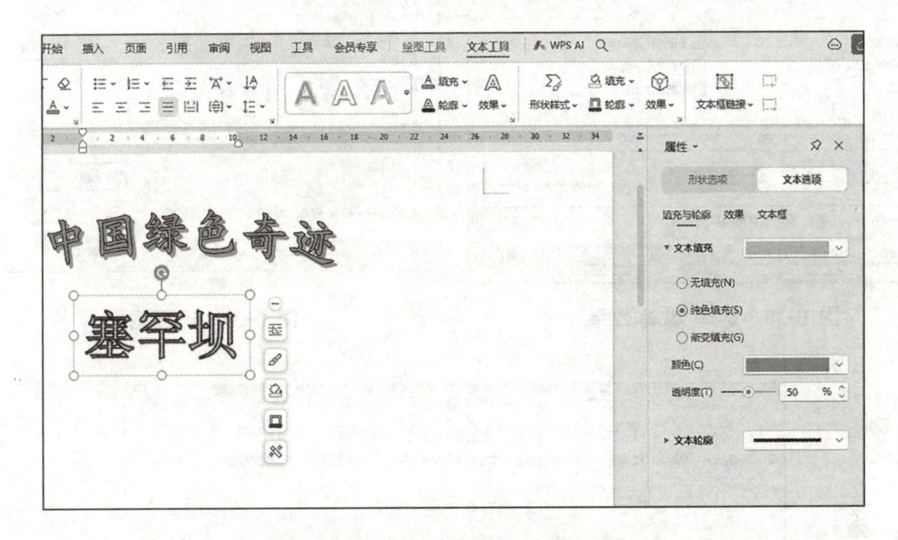

图 1-28 “塞罕坝”艺术字格式设置

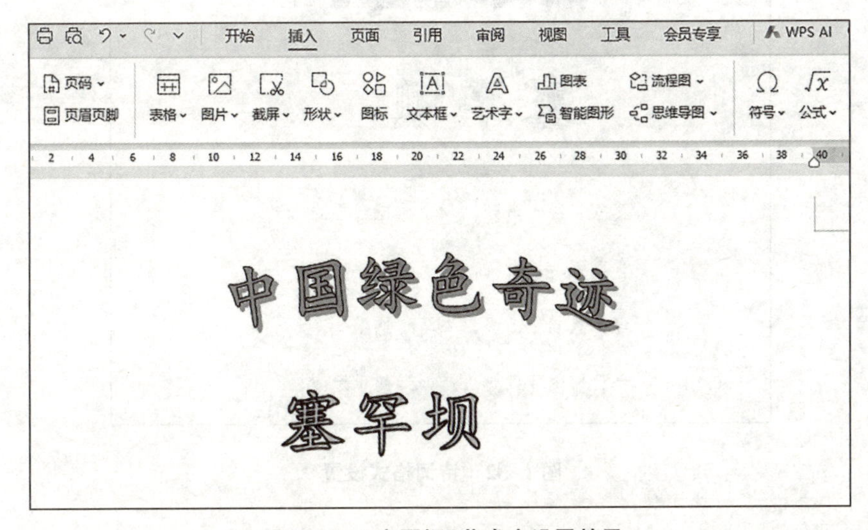

图 1-29 “塞罕坝”艺术字设置效果

（3）输入描述塞罕坝的一首诗，格式设置如下：段落为居中对齐；字体设置为仿宋、小四、绿色、加粗；选择字体窗口下方的“文本效果”（图 1-30），打开“设置文本效果格式”窗口，选择“效果”→“倒影”→第一行第二个效果（图 1-31），效果如图 1-32 所示。

图 1-30　选择“文本效果”

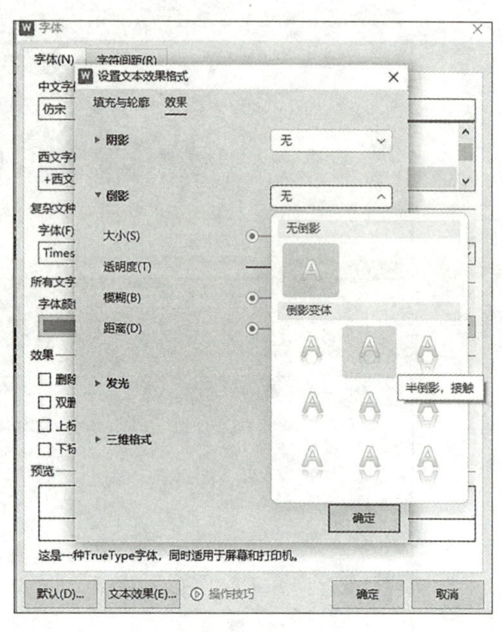

图 1-31　选择倒影

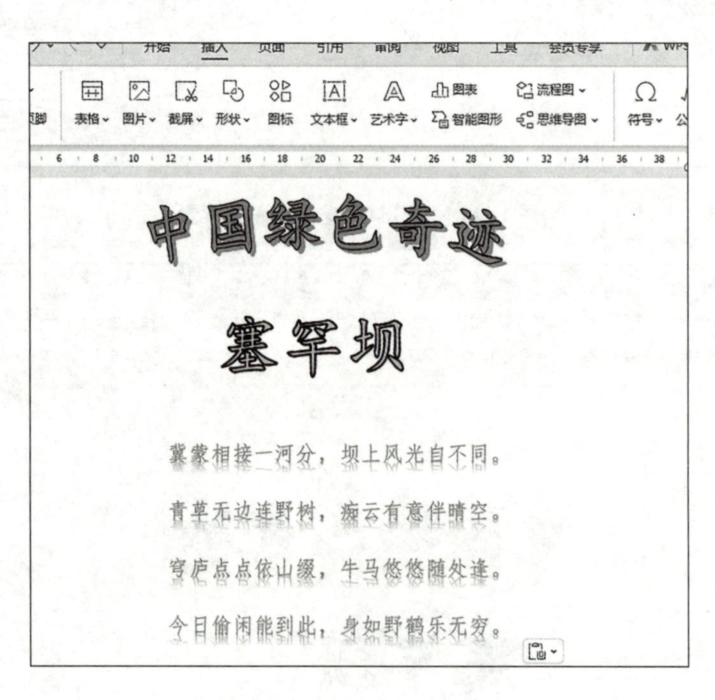

图 1-32　诗词格式设置

2. 制作首页

(1)将图1-33所示文本内容进行复制、粘贴：

开局一片沙漠，现已变成“金山银山”
——从塞罕坝看中国如何创造绿色奇迹

在内蒙古高原与河北北部山地的交界处，有一处优美的景区，它就是塞罕坝！

塞罕坝位于河北省承德市围场满族蒙古族自治县，面积有20029公顷，在历史上就颇负盛名。历史上的塞罕坝是一处水草丰沛、森林茂密、禽兽繁集的地方，在辽、金时期被称作“千里松林”，是皇帝狩猎之所，后一度变成风沙漫天的荒地，现今却草长莺飞，有着“水的源头、云的故乡、花的世界、林的海洋”的美誉，堪称是中国的绿色奇迹！

塞罕坝每棵树的年轮都记载着人类与大自然斗争的不屈精神，记录着生态文明建设发展的进程。

从1962年至2020年年底，塞罕坝森林面积由24万亩增加到115万亩，森林覆盖率从18%提高到82%。林木总蓄积量由33万立方米增加到1036万立方米。塞罕坝的百万亩林海，对当地的生态环境保护和经济发展，发挥着不可估量的作用。

一份来自中国林业科学研究院的评估资料显示，塞罕坝的森林生态系统每年提供着一百多亿元的生态服务价值。与建场初期相比，塞罕坝及周边区域小气候得到有效改善，无霜期由52天增加至64天，年均大风日数由83天减少到53天，年均降水量由不足410毫米增加到460毫米。在塞罕坝人的努力下，大自然也回馈塞罕坝巨大财富。

塞罕坝的成功修复只是中国生态文明建设的一个范例，公开资料显示，自20世纪70年代末以来，中国以生态修复和环境保护为目标，先后实施6项国家重点工程。

图1-33 文字素材

对“开局一片沙漠，现已变成‘金山银山’——从塞罕坝看中国如何创造绿色奇迹”标题进行设置，“段落”居中对齐，字体格式为楷体、加粗、四号，选择“字体”→“文字效果”→“文本填充”→“渐变填充”(图1-34)，文本轮廓实线颜色选择绿色，宽度设置为1磅(图1-35)。

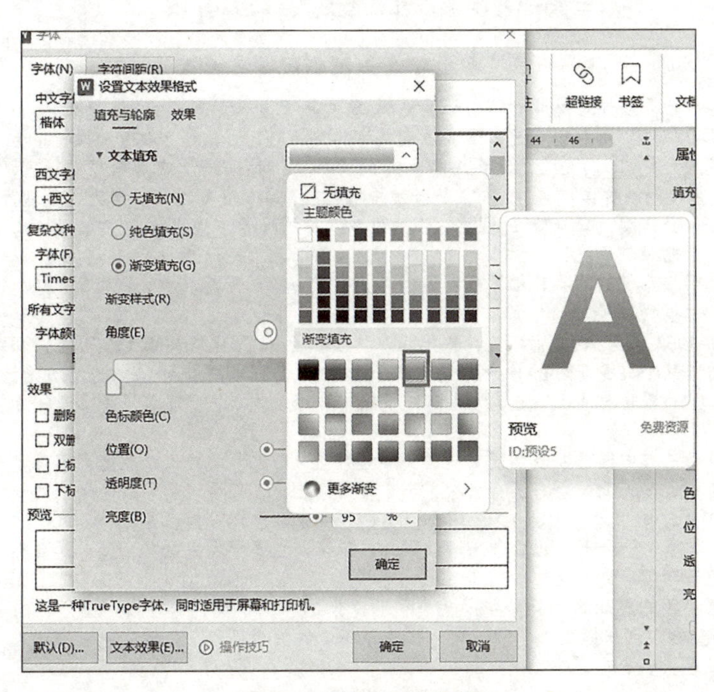

图1-34 渐变填充设置

把标题下方的正文文字格式设置为仿宋、小四，段落设置为首行缩进2个字符，设置完成后效果如图1-36所示。

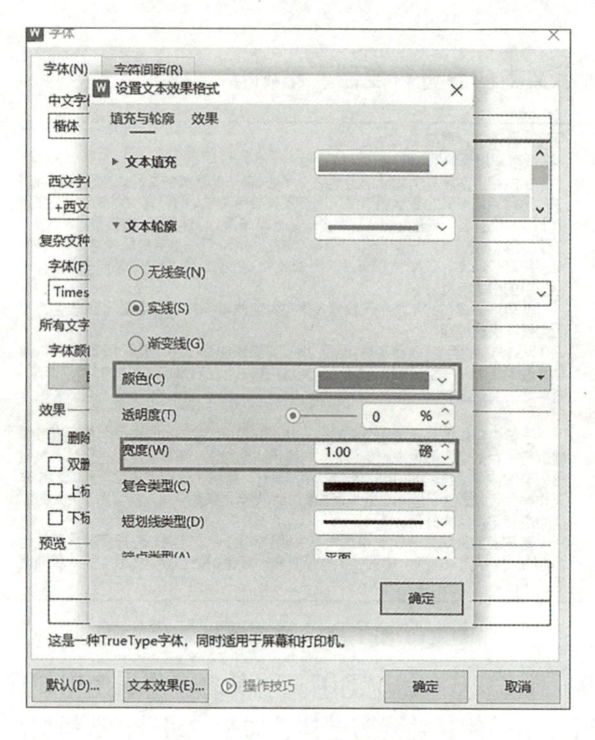

图 1-35　文本轮廓设置

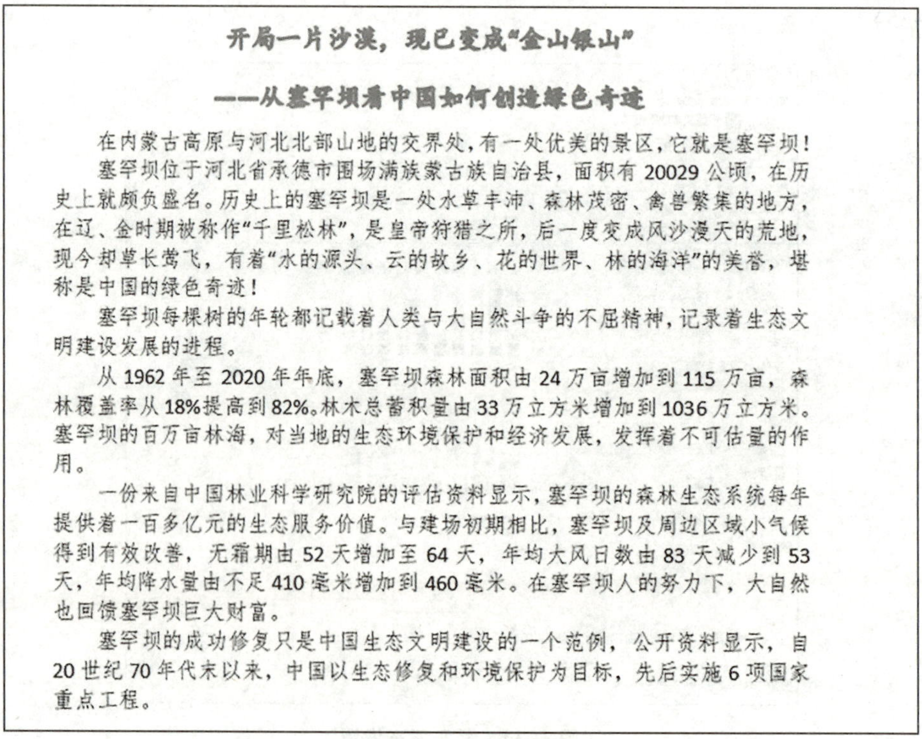

开局一片沙漠，现已变成“金山银山”

——从塞罕坝看中国如何创造绿色奇迹

在内蒙古高原与河北北部山地的交界处，有一处优美的景区，它就是塞罕坝！

塞罕坝位于河北省承德市围场满族蒙古族自治县，面积有 20029 公顷，在历史上就颇负盛名。历史上的塞罕坝是一处水草丰沛、森林茂密、禽兽繁集的地方，在辽、金时期被称作“千里松林”，是皇帝狩猎之所，后一度变成风沙漫天的荒地，现今却草长莺飞，有着“水的源头、云的故乡、花的世界、林的海洋”的美誉，堪称是中国的绿色奇迹！

塞罕坝每棵树的年轮都记载着人类与大自然斗争的不屈精神，记录着生态文明建设发展的进程。

从 1962 年至 2020 年年底，塞罕坝森林面积由 24 万亩增加到 115 万亩，森林覆盖率从 18%提高到 82%。林木总蓄积量由 33 万立方米增加到 1036 万立方米。塞罕坝的百万亩林海，对当地的生态环境保护和经济发展，发挥着不可估量的作用。

一份来自中国林业科学研究院的评估资料显示，塞罕坝的森林生态系统每年提供着一百多亿元的生态服务价值。与建场初期相比，塞罕坝及周边区域小气候得到有效改善，无霜期由 52 天增加至 64 天，年均大风日数由 83 天减少到 53 天，年均降水量由不足 410 毫米增加到 460 毫米。在塞罕坝人的努力下，大自然也回馈塞罕坝巨大财富。

塞罕坝的成功修复只是中国生态文明建设的一个范例，公开资料显示，自 20 世纪 70 年代末以来，中国以生态修复和环境保护为目标，先后实施 6 项国家重点工程。

图 1-36　文字设置效果

(2)选中刚才输入的文字进行分栏设置。选择菜单栏上方的“页面布局”→“分栏”→“更多分栏”，栏数为 2，勾选“分割线”(图 1-37)，设置完成后效果如图 1-38 所示。

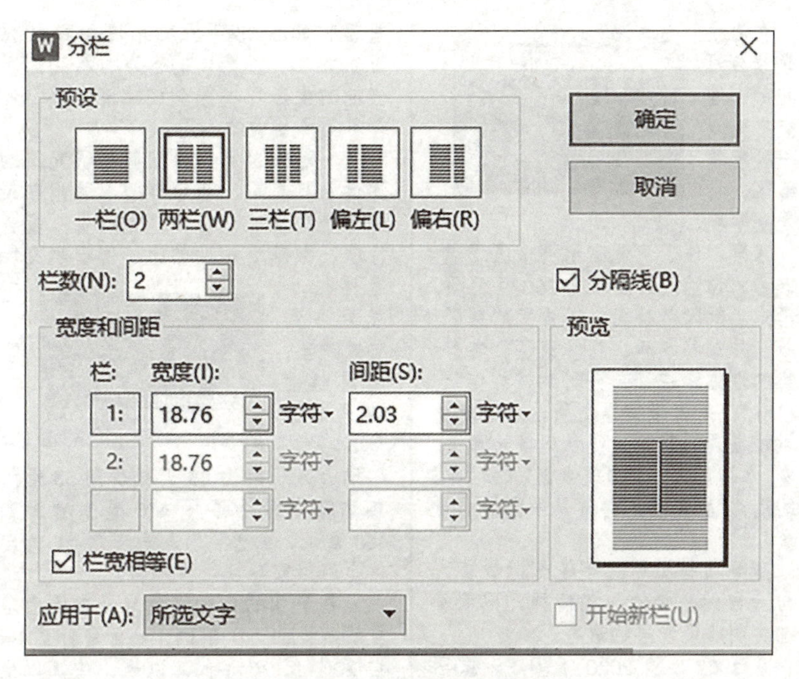

图 1-37 正文内容分栏设置

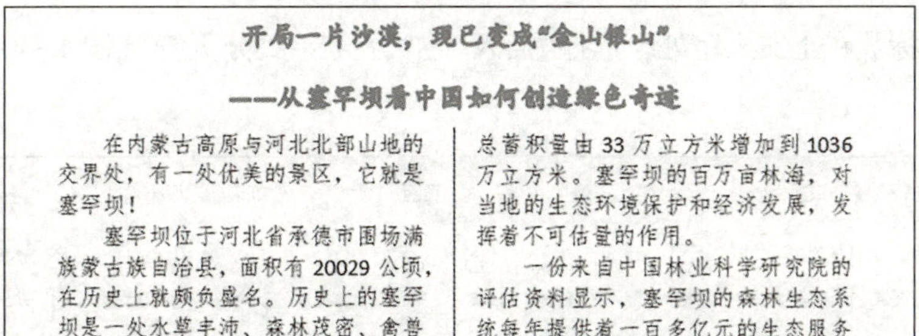

开局一片沙漠，现已变成“金山银山”

——从塞罕坝看中国如何创造绿色奇迹

在内蒙古高原与河北北部山地的交界处，有一处优美的景区，它就是塞罕坝！

塞罕坝位于河北省承德市围场满族蒙古族自治县，面积有 20029 公顷，在历史上就颇负盛名。历史上的塞罕坝是一处水草丰沛、森林茂密、禽兽繁集的地方，在辽、金时期被称作“千里松林”，是皇帝狩猎之所，后一度变成风沙漫天的荒地，现今却草长莺飞，有着“水的源头、云的故乡、花的世界、林的海洋”的美誉，堪称是中国的绿色奇迹！

塞罕坝每棵树的年轮都记载着人类与大自然斗争的不屈精神，记录着生态文明建设发展的进程。

从 1962 年至 2020 年年底，塞罕坝森林面积由 24 万亩增加到 115 万亩，森林覆盖率从 18% 提高到 82%。林木总蓄积量由 33 万立方米增加到 1036 万立方米。塞罕坝的百万亩林海，对当地的生态环境保护和经济发展，发挥着不可估量的作用。

一份来自中国林业科学研究院的评估资料显示，塞罕坝的森林生态系统每年提供着一百多亿元的生态服务价值。与建场初期相比，塞罕坝及周边区域小气候得到有效改善，无霜期由 52 天增加至 64 天，年均大风日数由 83 天减少到 53 天，年均降水量由不足 410 毫米增加到 460 毫米。在塞罕坝人的努力下，大自然也回馈塞罕坝巨大财富。

塞罕坝的成功修复只是中国生态文明建设的一个范例，公开资料显示，自 20 世纪 70 年代末以来，中国以生态修复和环境保护为目标，先后实施 6 项国家重点工程。

图 1-38 分栏设置效果

在正文合适位置插入图片，调整图片大小，并把图片格式设置为四周环绕型(图 1-39)。

开局一片沙漠，现已变成“金山银山”

——从塞罕坝看中国如何创造绿色奇迹

在内蒙古高原与河北北部山地的交界处，有一处优美的景区，它就是塞罕坝！

塞罕坝位于河北省承德市围场满族蒙古族自治县，面积有 20029 公顷，在历史上就颇负盛名。历史上的塞罕坝是一处水草丰沛、森林茂密、禽兽繁集的地方，在辽、金时期被称作“千里松林”，是皇帝狩猎之所，后一度变成风沙漫天的荒地，现今却草长莺飞，有着“水的源头、云的故乡、花的世界、林的海洋”的美誉，堪称是中国的绿色奇迹！

塞罕坝每棵树的年轮都记载着人类与大自然斗争的不屈精神，记录着生态文明建设发展的进程。

从 1962 年至 2020 年年底，塞罕总蓄积量由 33 万立方米增加到 1036 万立方米。塞罕坝的百万亩林海，对当地的生态环境保护和经济发展，发挥着不可估量的作用。

一份来自中国林业科学研究院的评估资料显示，塞罕坝的森林生态系统每年提供着一百多亿元的生态服务价值。与建场初期相比，塞罕坝及周边区域小气候得到有效改善，无霜期由 52 天增加至 64 天，

年均大风日数由 83 天减少到 53 天，年均降水量由不足 410 毫米增加到 460 毫米。在塞罕坝人的努力下，大自然也回馈塞罕坝巨大财富。

塞罕坝的成功修复只是中国生态文明建设的一个范例，公开资料显示，自 20 世纪 70 年代末以来，中国以生

图 1-39　插入图片效果

(3)把光标放在正文末尾处，选择“插入”→“分页”→“分页符”(图 1-40)，切换到下一页。

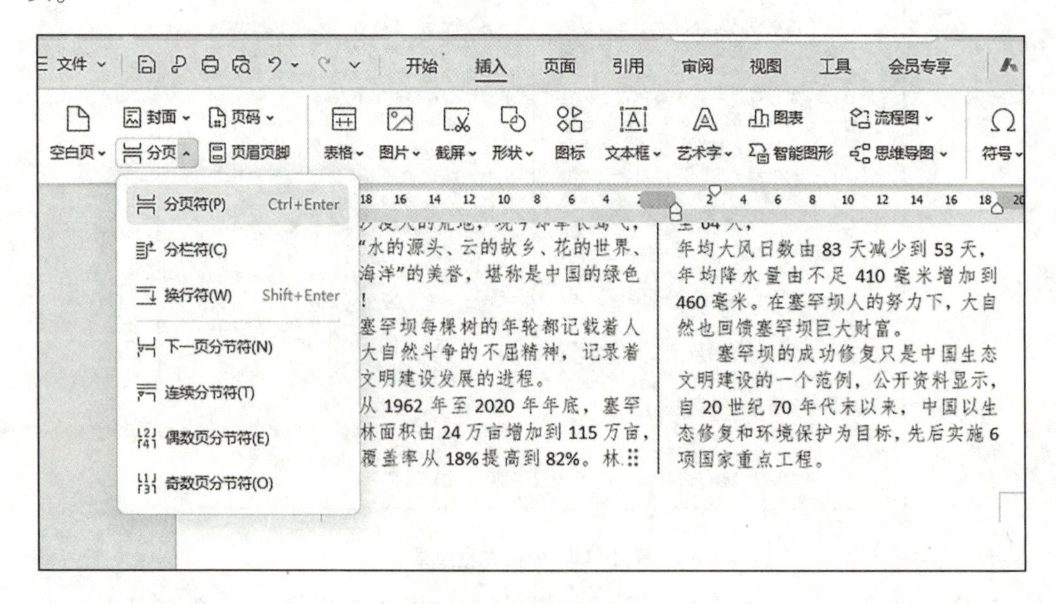

图 1-40　插入分页符

3. 制作塞罕坝风光页面

(1)插入艺术字，选择最后一行最后一个，输入文字“塞罕坝风光”，字体格式设置为楷体、初号，居中对齐，“文本轮廓”选择墨绿色，选择“文本效果”→“发光”→“发光变体”→第二行最后一个(图 1-41)，效果如图 1-42 所示。

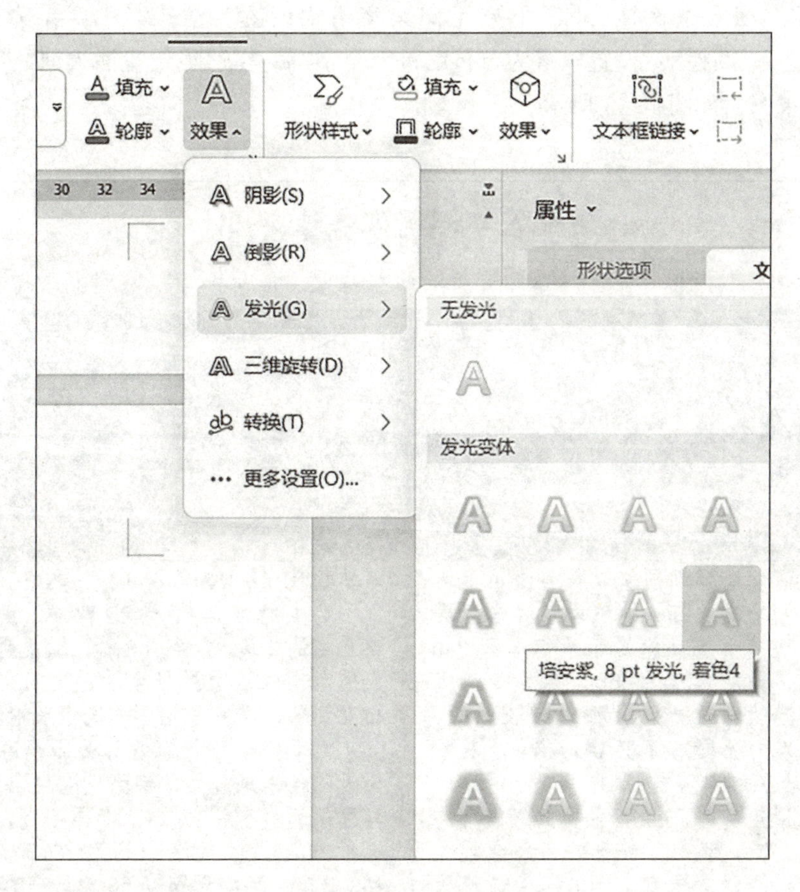

图 1-41 设置发光变体

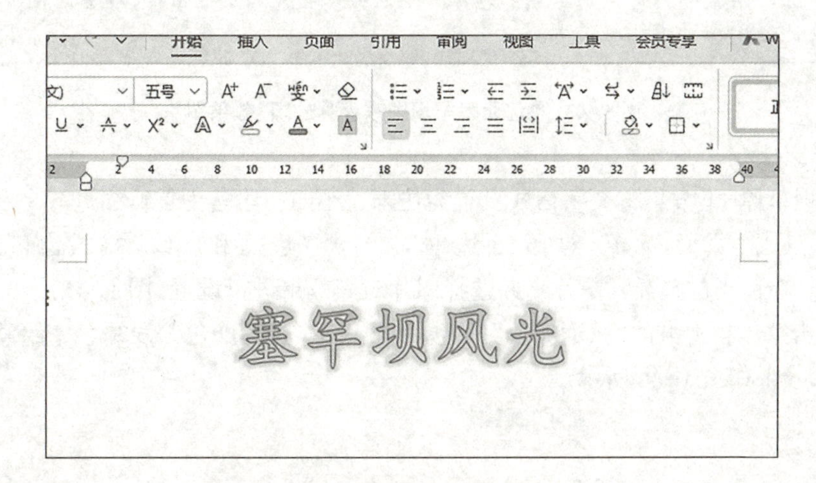

图 1-42 “塞罕坝风光”艺术字

(2)插入“河北塞罕坝国家森林公园”标题及正文文字，“塞罕坝草原”标题及正文文字。对“河北塞罕坝国家森林公园”“塞罕坝草原”标题的设置如下：段落居中对齐，字体格式为楷体、加粗、三号；“文本效果”窗口中阴影、倒影、发光等可自行设置。

“河北塞罕坝国家森林公园”下方正文文字格式设置为仿宋、小四；选择“页面布局”→“分栏”→“两栏”；设置段落为首行缩进 2 个字符。在适当位置插入河北塞罕坝国家森林公园效果图，如图 1-43 所示。

河北塞罕坝国家森林公园

河北塞罕坝国家森林公园位于承德市围场县北部，北邻内蒙古自治区赤峰市克什克腾旗，距承德市区 240 千米，距北京市区 460 千米，是清代皇家猎苑——木兰围场的一部分。

森林公园总面积 141 万亩，其中森林景观 106 万亩，草原景观 20 万亩，森林覆盖率达 75.2%。独特的气候与悠久的历史，造就了特殊的自然景观和人文景观：这里有浩瀚的林海、广袤的草原、清澈的高原湖泊和清代历史遗迹。塞罕坝动植物种类繁多，有高等植物 81 科 312 属 659 种，其中有以狍子为主的兽类 11 科 25 种，以黑琴鸡为主的鸟类 27 科，88 种。满蒙两族人民长期在这里聚居生活，民族文化相互交融，孕育了浓厚的民俗风情。

河北塞罕坝国家森林公园属寒温带大陆性季风气候，年均气温-1.4℃，盛夏平均温度在 25° C，冬季寒冷，极端最高、最低气温分别为 30.9℃和-43.2℃；年均无霜期 60 天，气候特点与东北大兴安岭相近，积雪时间为 7 个月。

图 1-43 “河北塞罕坝国家森林公园”效果图

“塞罕坝草原”下方正文文字格式设置为仿宋、小四；段落为首行缩进 2 个字符；选中所有文字，点击“页面布局”→“页面边框”，打开“边框和底纹”格式窗口进行设置(图 1-44)。在适当位置插入图片，并选择图片对其效果进行设置(图 1-45)。

(3)点击菜单栏上方的“页面布局”→“页面颜色”，选择颜色为浅绿色，给整个页面添加背景色，效果如图 1-46 所示。

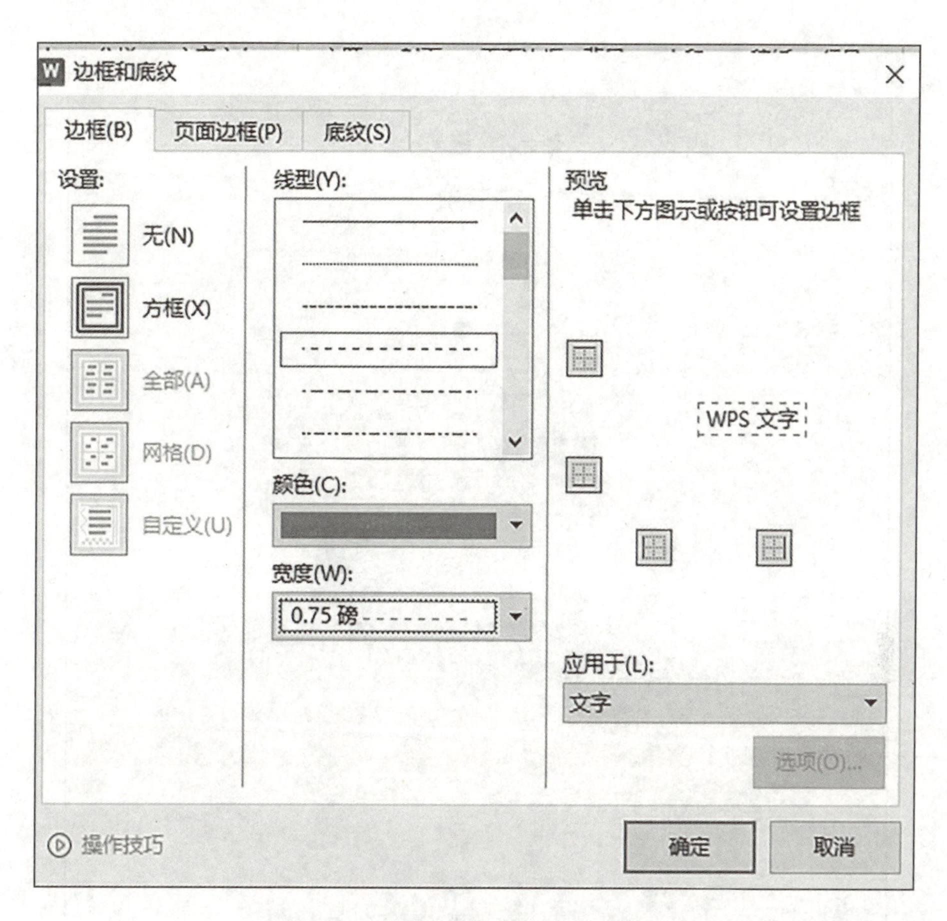

图 1-44 “塞罕坝草原”边框和底纹设置

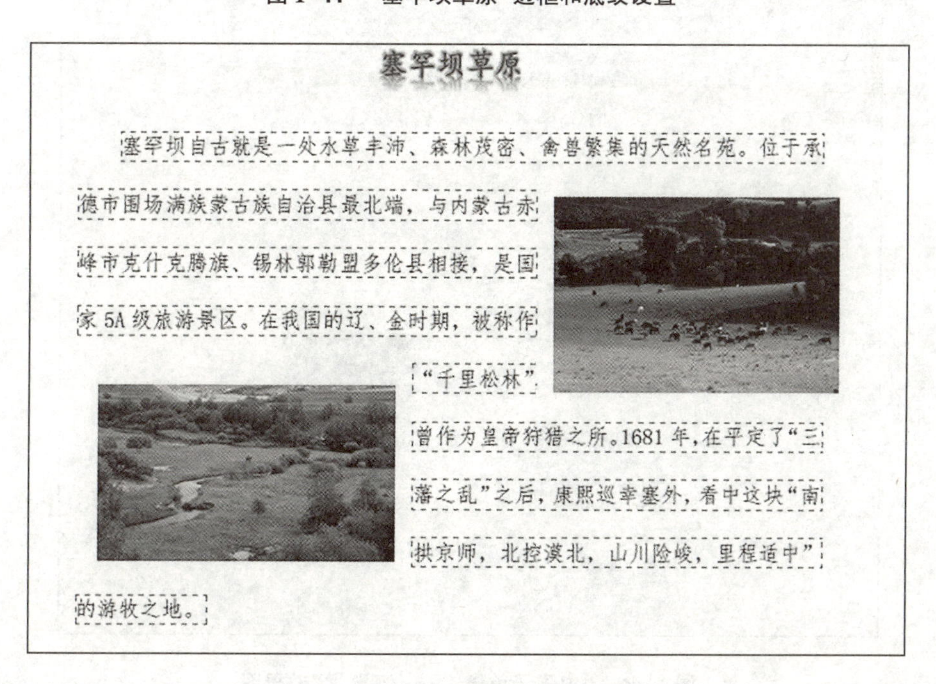

图 1-45 “塞罕坝草原”效果图

中国绿色奇迹

塞罕坝

今日偷闲能到此，身如野鹤乐无穷。

今日偷闲能到此，身如野鹤乐无穷。

开局一片沙漠，现已变成“金山银山”

——从塞罕坝看中国如何创造绿色奇迹

在内蒙古高原与河北北部山地的交界处，有一处优美的景区，它就是塞罕坝！

塞罕坝位于河北省承德市围场满族蒙古族自治县，面积有20029公顷，在历史上就颇负盛名。历史上的塞罕坝是一处水草丰沛、森林茂密、禽兽繁集的地方，在辽、金时期被称作“千里松林”，是皇帝狩猎之所，后一度变成风沙漫天的荒地，现今却草长莺飞，有着“水的源头、云的故乡、花的世界、林的海洋”的美誉，堪称是中国的绿色奇迹！

塞罕坝每棵树的年轮都记载着人类与大自然斗争的不屈精神，记录着生态文明建设发展的进程。

从1962年至2020年年底，塞罕坝森林面积由24万亩增加到115万亩，森林覆盖率从18%提高到82%，林木总蓄积量由33万立方米增加到1036万立方米。塞罕坝的百万亩林海，对当地的生态环境保护和经济发展，发挥着不可估量的作用。

一份来自中国林业科学研究院的评估资料显示，塞罕坝的森林生态系统每年提供着一百多亿元的生态服务价值。与建场初期相比，塞罕坝及周边区域小气候得到有效改善，无霜期由52天增加至64天，年均大风日数由83天减少到53天，年均降水量由不足410毫米增加到460毫米。在塞罕坝人的努力下，大自然也回馈塞罕坝巨大财富。

塞罕坝的成功修复只是中国生态文明建设的一个范例，公开资料显示，自20世纪70年代末以来，中国以生态修复和环境保护为目标，先后实施6项国家重点工程。

塞罕坝风光

河北塞罕坝国家森林公园

河北塞罕坝国家森林公园位于承德市围场县北部，北邻内蒙古自治区赤峰市克什克腾旗，距承德市区240千米，距北京市区460千米，是清代皇家猎苑——木兰围场的一部分。

森林公园总面积141万亩，其中森林景观106万亩，草原景观20万亩，森林覆盖率达75.2%。独特的气候与悠久的历史，造就了特殊的自然景观和人文景观：这里有浩瀚的林海、广袤的草原、清澈的高原湖泊和清代历史遗迹。塞罕坝动植物种类繁多，有高等植物81科312属659种，其中有以狍子为主的兽类11科25种，以黑琴鸡为主的鸟类27科、88种。满蒙两族人民长期在这里聚居生活，民族文化相互交融，孕育了浓厚的民俗风情。

河北塞罕坝国家森林公园属寒温带大陆性季风气候，年均气温-1.4℃，盛夏平均温度在25° C，冬季寒冷，极端最高、最低气温分别为30.9℃和-43.2℃；年均无霜期60天，气候特点与东北大兴安岭相近，积雪时间为7个月。

塞罕坝草原

塞罕坝自古就是一处水草丰沛、森林茂密、禽兽繁集的天然名苑，位于承德市围场满族蒙古族自治县最北端，与内蒙古赤峰市克什克腾旗、锡林郭勒盟多伦县相接，是国家5A级旅游景区，在我国的辽、金时期，被称作“千里松林”曾作为皇帝狩猎之所，1681年，在平定了“三藩之乱”之后，康熙巡幸塞外，看中这块“南拱京师，北控漠北，山川险峻，里程适中”的游牧之地。

图1-46 “中国绿色奇迹——塞罕坝”效果图

知识链接

1. WPS 文档分栏

WPS 在文档编辑过程中如果需要分栏，则需要使用“分栏”按钮，具体方法前文已经介绍，此处不再赘述，分栏窗口如图 1-47 所示。

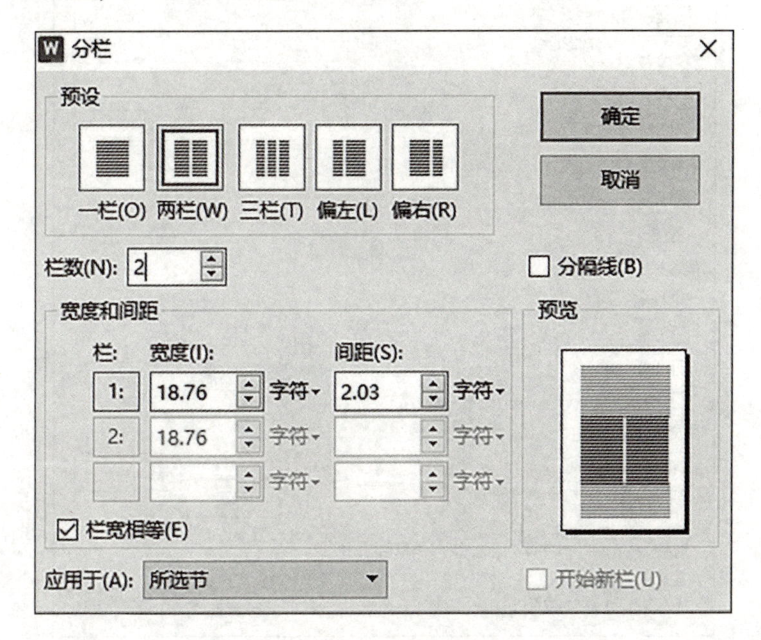

图 1-47　分栏窗口

在分栏时需要注意以下几点：

①左下角的应用于“整片文档”或“所选节”，如果不选中任何内容，将对整个文档进行分栏。

②默认情况下，选择栏数后，各栏宽度是相等的，如果要调整分栏宽度，可以取消对“栏宽相等”复选项的选择，然后根据所需设置栏宽和栏间距。设置完成后，可在右下角预览效果。

③如果要取消所选文字的分栏效果，可以选中分栏文字，打开分栏窗口，选择栏数为 1 即可。

2. WPS 文档文字效果

(1) 为文字添加效果

先选中文字，鼠标右键选择“字体”，然后选择“文本效果”。可以选择阴影、倒影、发光等效果，如图 1-48 所示。

(2) 为文字删除效果

点击菜单栏中的“开始”→“清除格式”，如图 1-49 所示。

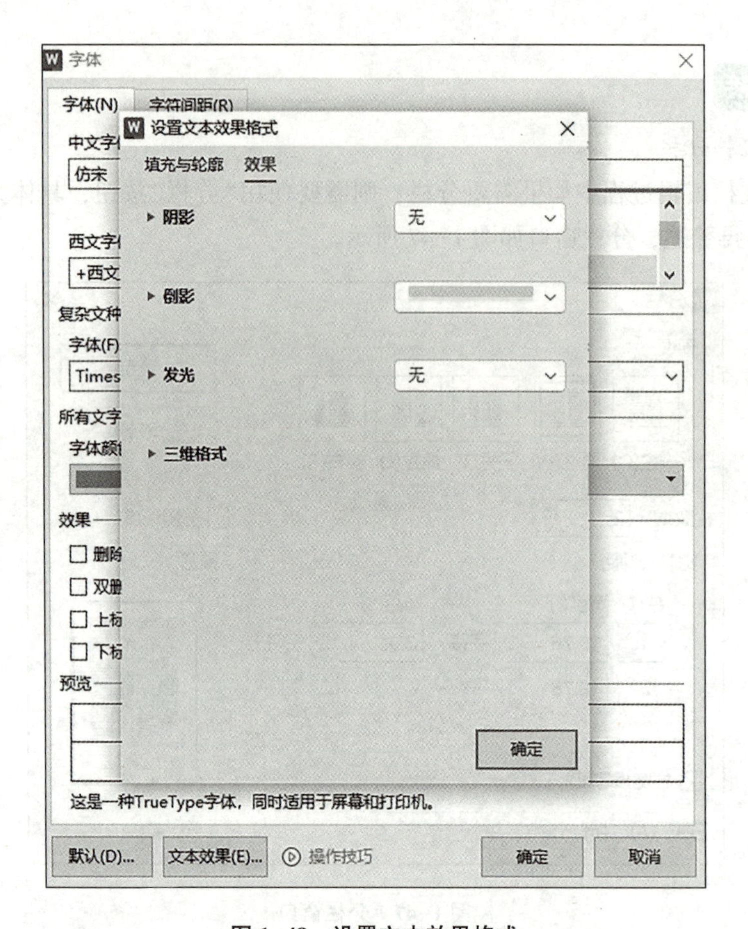

图 1-48 设置文本效果格式

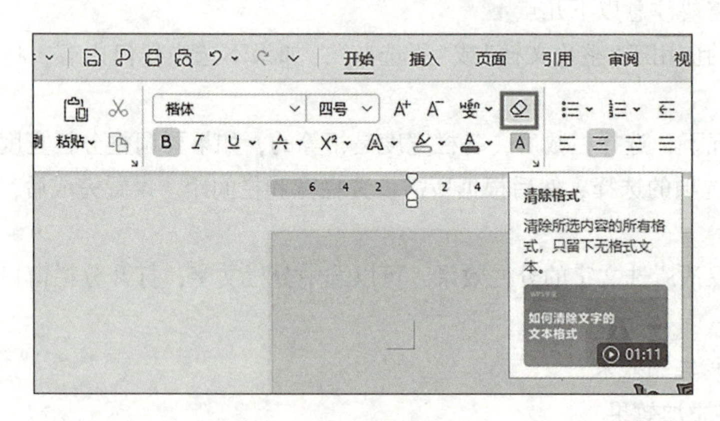

图 1-49 清除格式

巩固训练

做一张如图 1-50 所示的“文明洛阳”宣传页。

要求：第一页正文分栏设置为 2 栏、无分割线；第二页需要用到文本框，并设置文本框的背景图片、文本框线型。

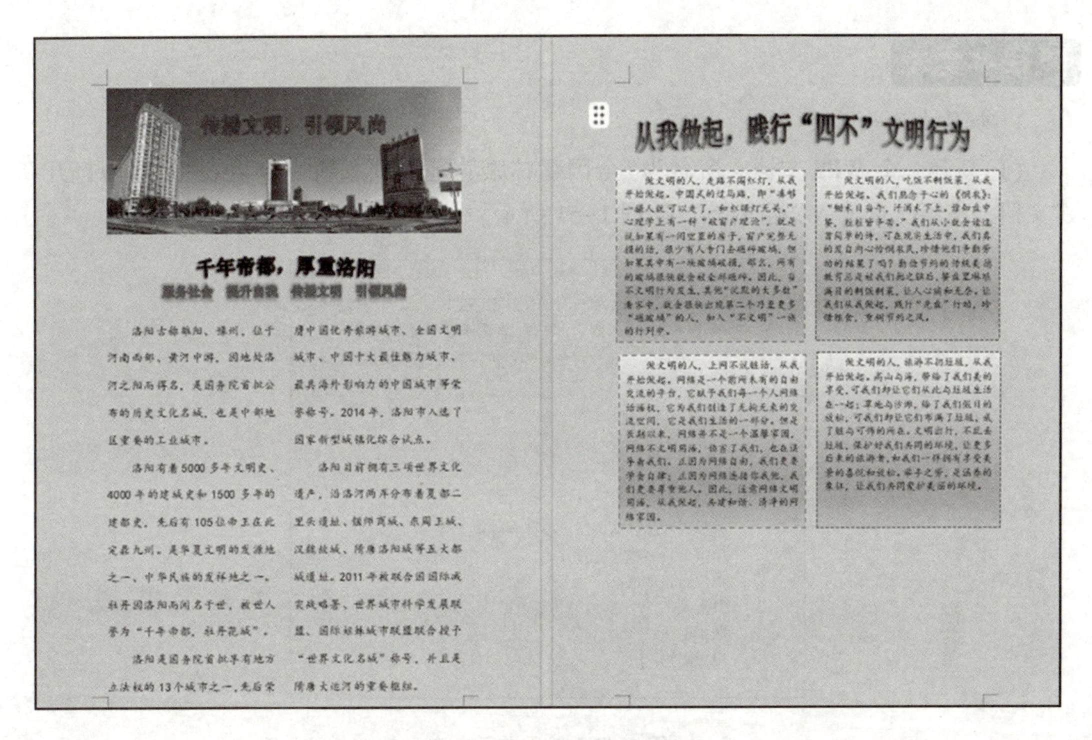

图 1-50 文明洛阳页面效果图

任务 1-3 制作申请表

任务目标

(1) 掌握表格的插入和编辑等。

(2) 能够运用 WPS 表格插入、编辑等完成日常学习、工作中的表格处理工作。

(3) 提升学生的信息意识，自觉利用信息技术解决生活、学习和工作中的实际问题。

任务描述

森林康养是林业与健康养生融合发展的新业态，是实施健康中国战略、推进林业生态价值实现、促进乡村振兴的重要举措。2019 年 3 月，国家林业和草原局、民政部、国家卫生健康委员会、国家中医药管理局联合发布《关于促进森林康养产业发展的意见》，提出到 2020 年，建成国家森林康养基地 300 处。到 2035 年，建成覆盖全国的森林康养服务体系，建设国家森林康养基地 1200 处。本任务通过文档中插入和编辑表格操作，对表格进行美化，制作一份全国森林康养基地试点项目申请表。

任务实施

1. 制作申请表首页

(1)新建一个 WPS 文档，命名为“全国森林康养基地试点项目申请表”。双击打开新建文档，在第一页输入文字内容，如图 1-51 所示。

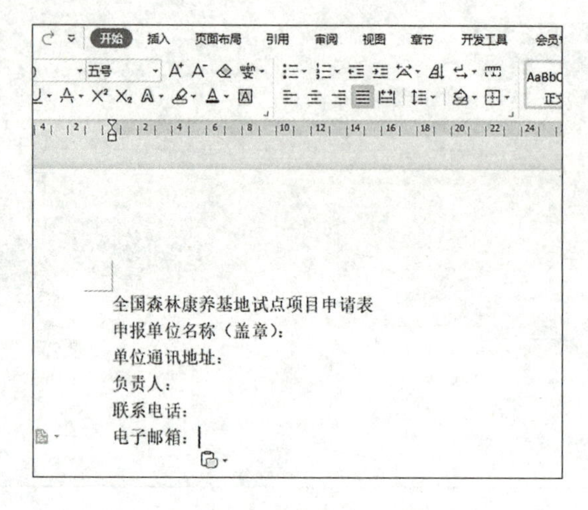

图 1-51　输入首页文字

(2)选中“全国森林康养基地试点项目申请表”，字体设置为宋体、加粗、二号，段落设置为居中对齐。选中“中国林业产业联合会监制”“年月日”，字体设置为宋体、加粗、小三，段落设置为居中对齐。选中剩余文字内容，设置字体为宋体、加粗、小三，段落设置为文本之前缩进 6 字符(图 1-52)，效果如图 1-53 所示。

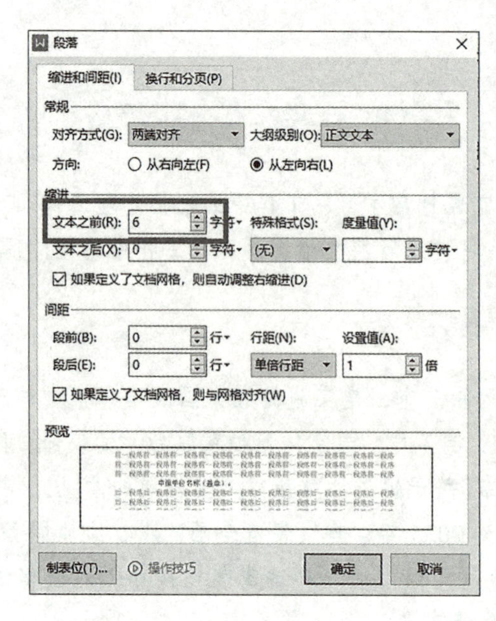

图 1-52　文本之前缩进 6 字符

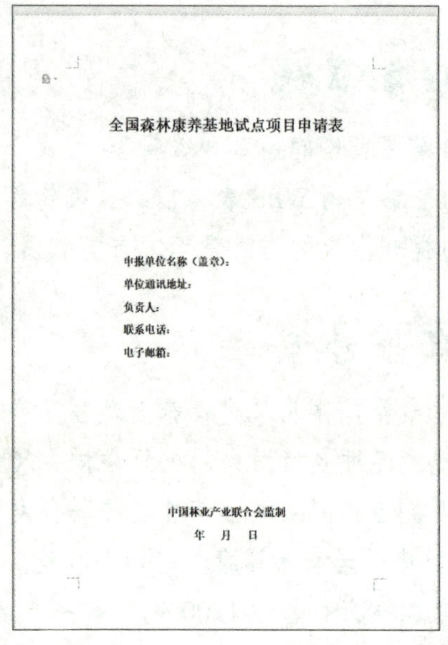

图 1-53　首页样式效果图

(3) 鼠标单击“年月日”文字之后，选择“插入”→“分页”→“分页符”，切换到下一个空白页。

2. 制作申请表具体过程

(1) 输入文字“全国森林康养基地试点项目申请表”，文字设置为宋体、加粗、三号，段落设置居中对齐。

(2) 点击上方菜单栏中的“插入”→“表格”→“插入表格”，弹出“插入表格”窗口，在其中设置列数为4列，行数为12行，其他默认(图1-54、图1-55)。

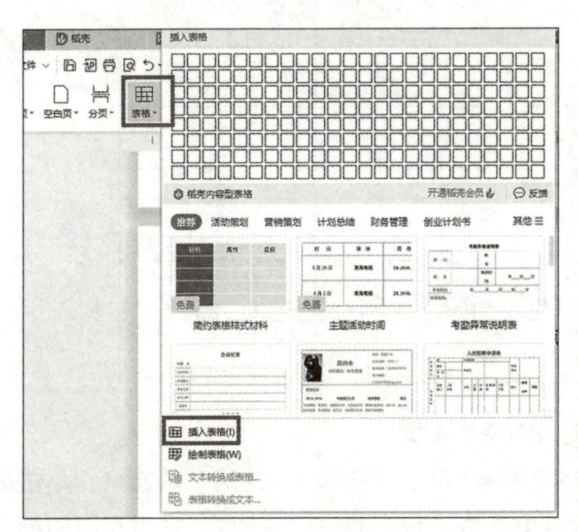

图1-54　插入表格

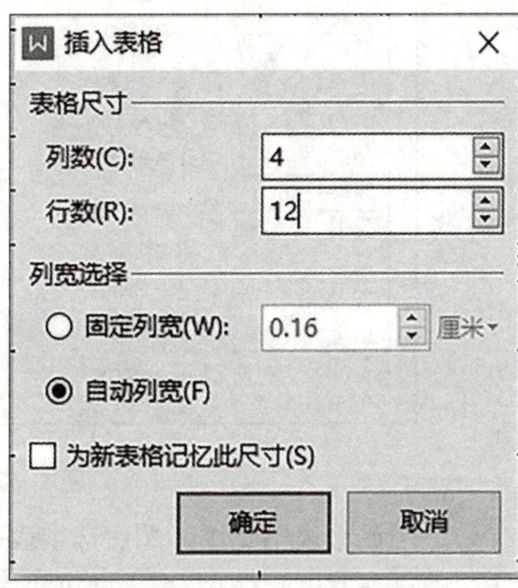

图1-55　表格设置

(3) 在表格中输入具体内容，如图1-56所示。

全国森林康养基地试点项目申请表

申报单位名称		单位性质	
法定代表人		联系电话	
联系人		联系电话	
电子邮箱			传真
单位地址			邮政编码
基地上年度收入（万元）		基地注册资金（万元）	
上年度接待游客或观众人数		其中外宾人数	
单位基本情况简介：（可另附页）			
附件目录			
县林业局初审意见			
省林业主管部门意见		中国林业产业联合会意见	
备注：1、本表上交一式两份；2、以上所有申报文字材料统一用A4纸打印。			

图1-56　在表格中输入内容

选中整个表格，设置整个表格的字号为小四，然后选中 1~5 行点击鼠标右键选择“表格属性”(图 1-57)，设置 1~5 行行高为 0.7 厘米(图 1-58)。

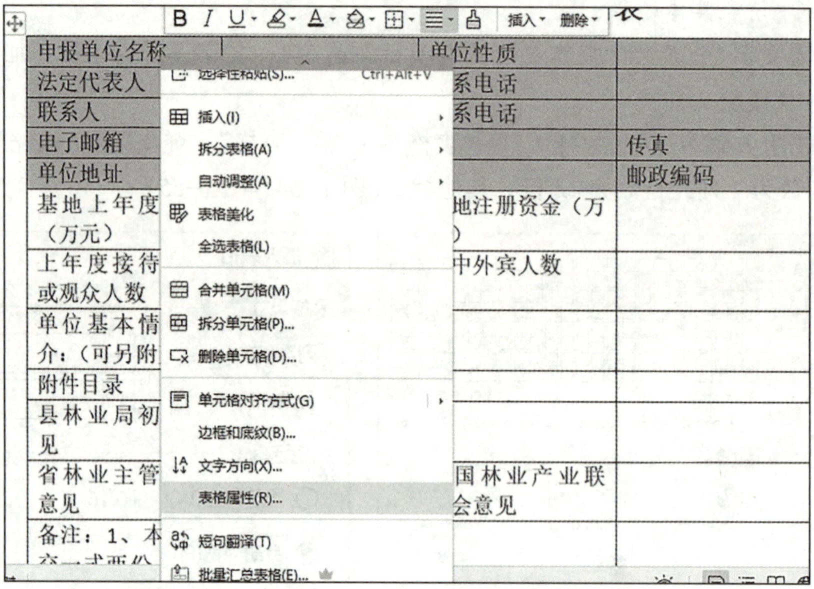

图 1-57　选择表格属性

(4)适当调整表格宽度，然后选中表格第四行“电子邮箱”右侧的两个单元格，单击鼠标右键选择“合并单元格”命令，即可将选定单元格进行合并(图 1-59)。采用相同的操作将“单位地址”等所在行的单元格进行合并。

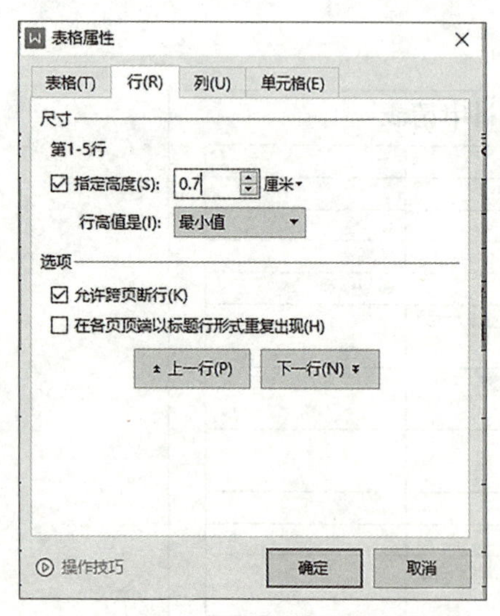

图 1-58　前五行行高设置

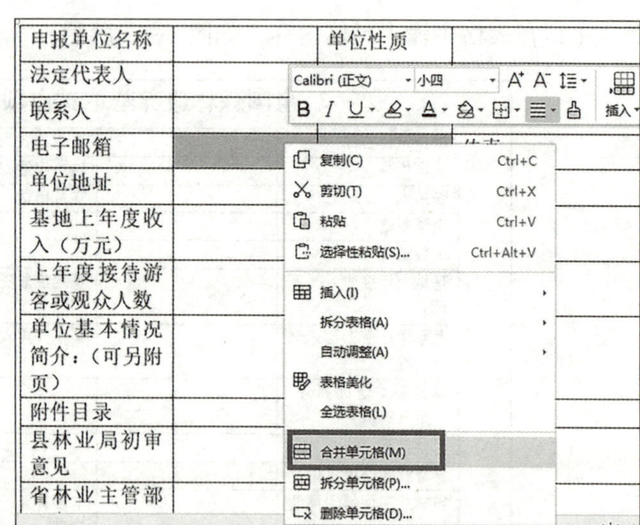

图 1-59　合并部分单元格

把鼠标放在“传真”单元格处，单击鼠标右键选择“拆分单元格”，弹出“拆分单元格”窗口(图 1-60)。设置列数为 2，行数为 1(图 1-61)。设置后 1~5 行，效果如图 1-62 所示。

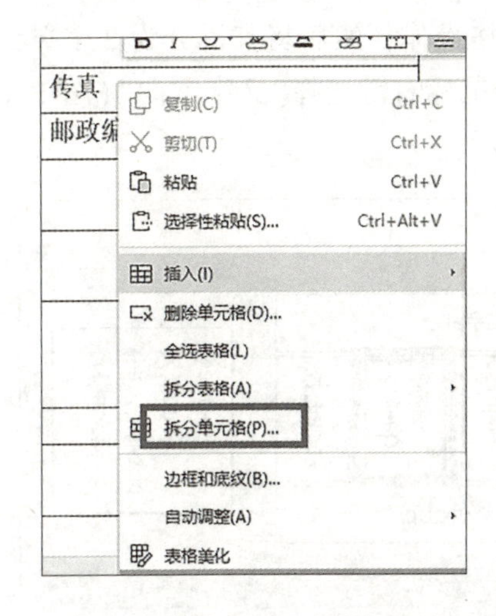

图 1-60 拆分单元格选定区域

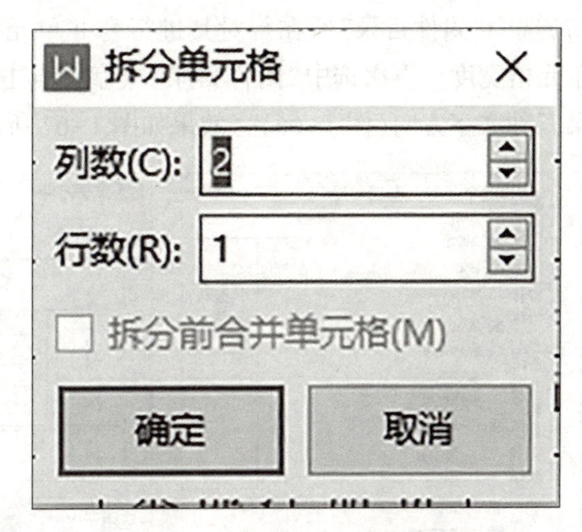

图 1-61 拆分单元格属性设置

(5)选中“基地上年度收入(万元)”文字，先对其进行合并单元格操作，再对其进行拆分单元格操作，拆分为2列，这样可以自行调节宽度。对“基地注册资金(万元)”“上年度接待游客或观众人数”“其中外宾人数”文字也做相同设置。然后对其设置行高为1厘米，效果如图1-63所示。

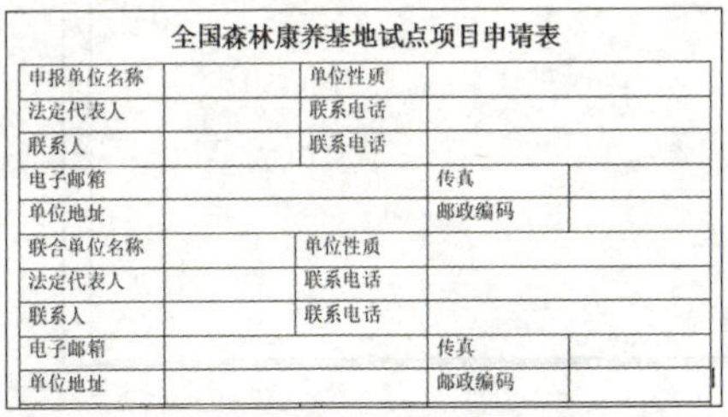

全国森林康养基地试点项目申请表

申报单位名称		单位性质	
法定代表人		联系电话	
联系人		联系电话	
电子邮箱		传真	
单位地址		邮政编码	
联合单位名称		单位性质	
法定代表人		联系电话	
联系人		联系电话	
电子邮箱		传真	
单位地址		邮政编码	

图 1-62 1~5行设置后效果

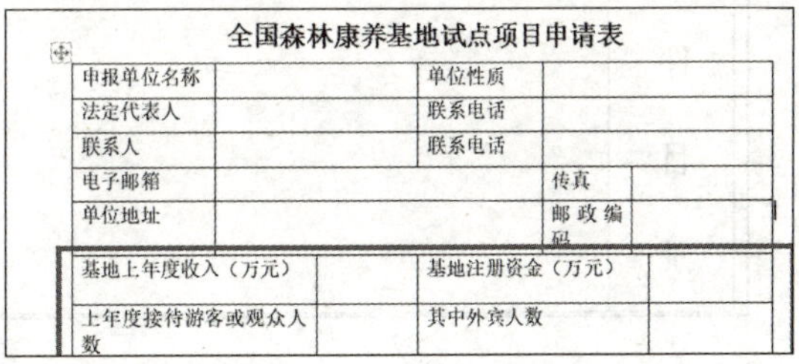

全国森林康养基地试点项目申请表

申报单位名称		单位性质	
法定代表人		联系电话	
联系人		联系电话	
电子邮箱		传真	
单位地址		邮政编码	
基地上年度收入（万元）		基地注册资金（万元）	
上年度接待游客或观众人数		其中外宾人数	

图 1-63 先合并再拆分效果

(6)选中“单位基本情况简介：(可另附页)”所在行对其进行合并单元格操作，设置行高为7厘米(图1-64)。

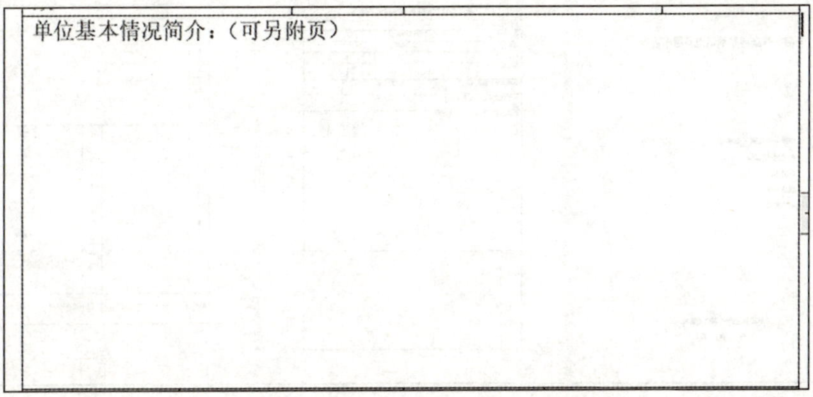

单位基本情况简介：（可另附页）

图 1-64 “单位基本情况简介”设置效果

(7)选中“附件目录”所在行对其进行合并单元格操作，然后将其拆分为2个单元格，调整单元格宽度。再次选中“附件目录”文字，点击鼠标右键选择“文字方向”(图1-65)，选择第三种文字方向(图1-66)，效果如图1-67所示。

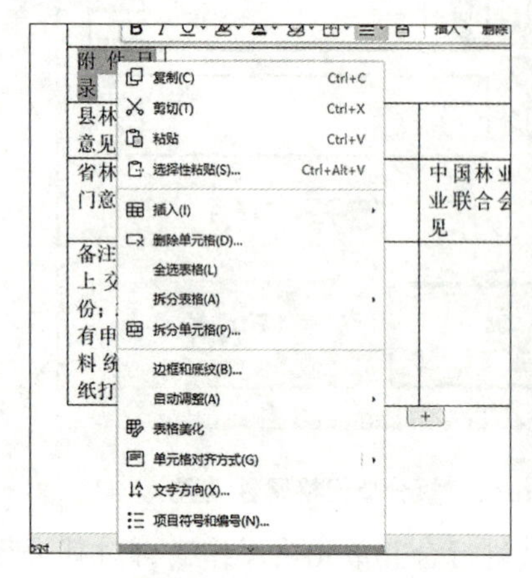

图1-65 选择“文字方向”

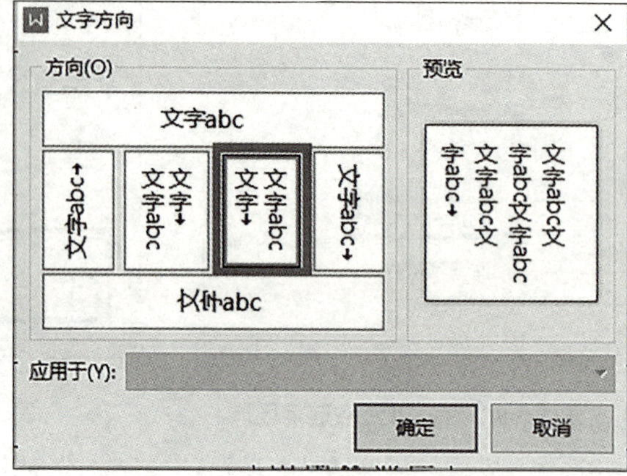

图1-66 选择第三种文字方向

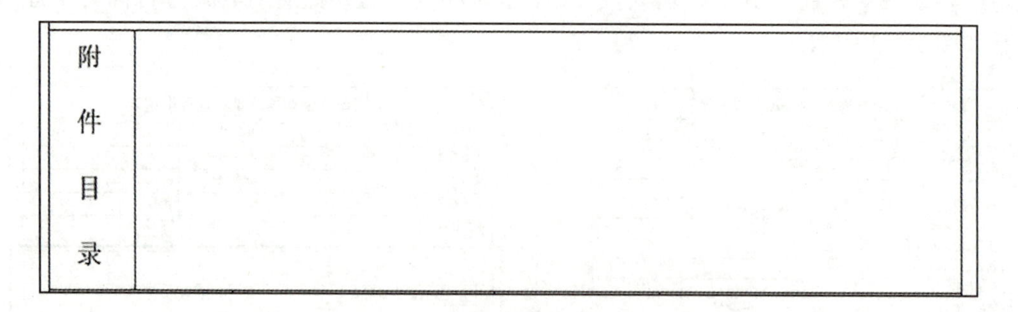

图1-67 “附件目录”文字效果

(8)用相同的方法完成表格剩余部分的设置，并对宽度和高度进行适当调整，效果如图1-68所示。

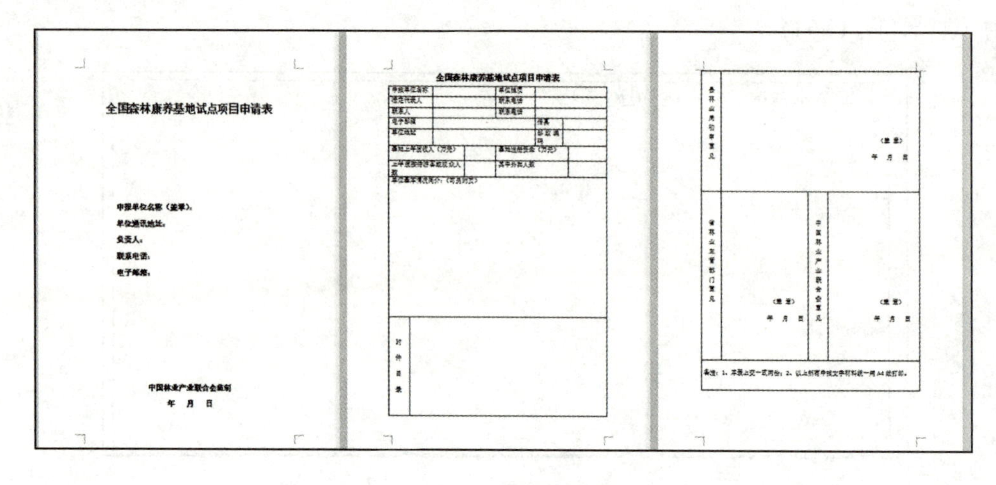

图1-68 申请表效果

3. 打印预览

一般在申请表打印之前点击“文件”→“打印预览”，预览其打印效果(图 1-69、图 1-70)。

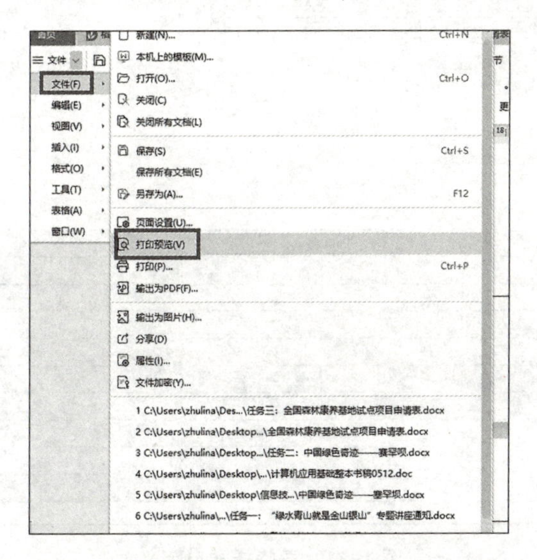

图 1-69　点击“打印预览”

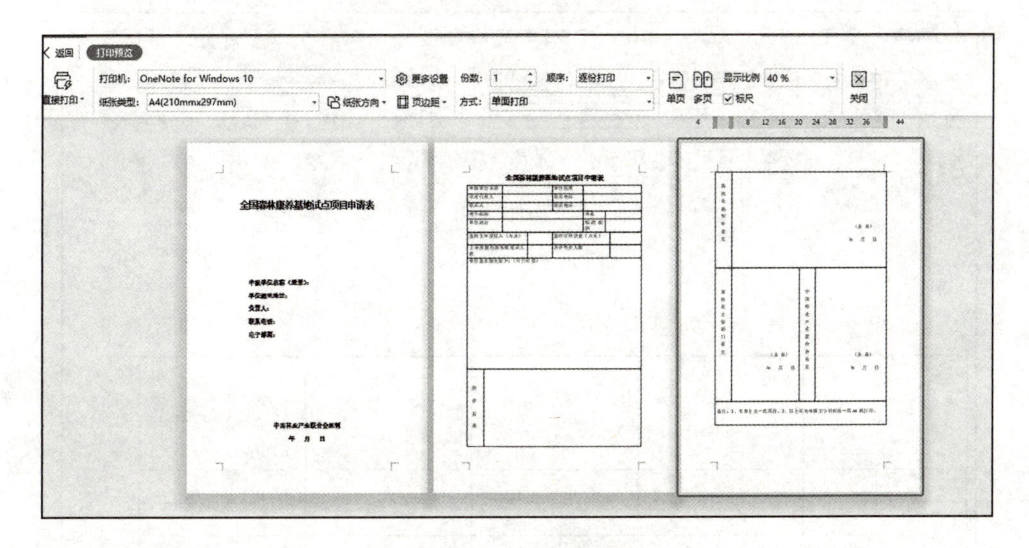

图 1-70　打印预览效果

知识链接

1. WPS 文档表格样式设置

(1)插入表格后，选中表格，点击菜单栏中的“表格样式”，选择表格样式(图 1-71)。

(2)选择第一个单元格对其进行绘制斜线表头操作(图 1-72)。

2. WPS 表格文字对齐方式

在表格中，选中需要设置的文字，点击鼠标右键选择“单元格对齐方式”选择其中选项即可。

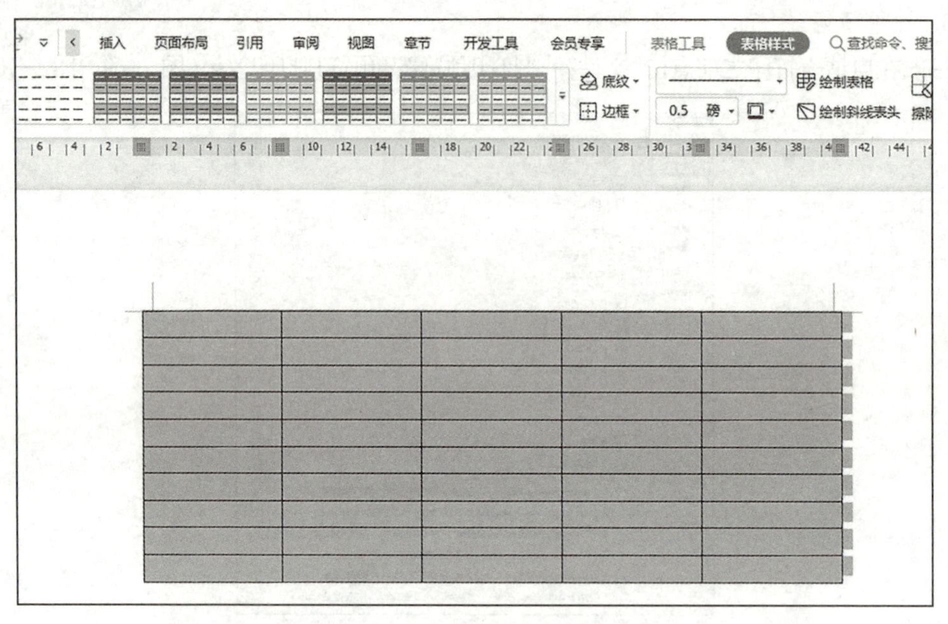

图 1-71 表格样式自定义

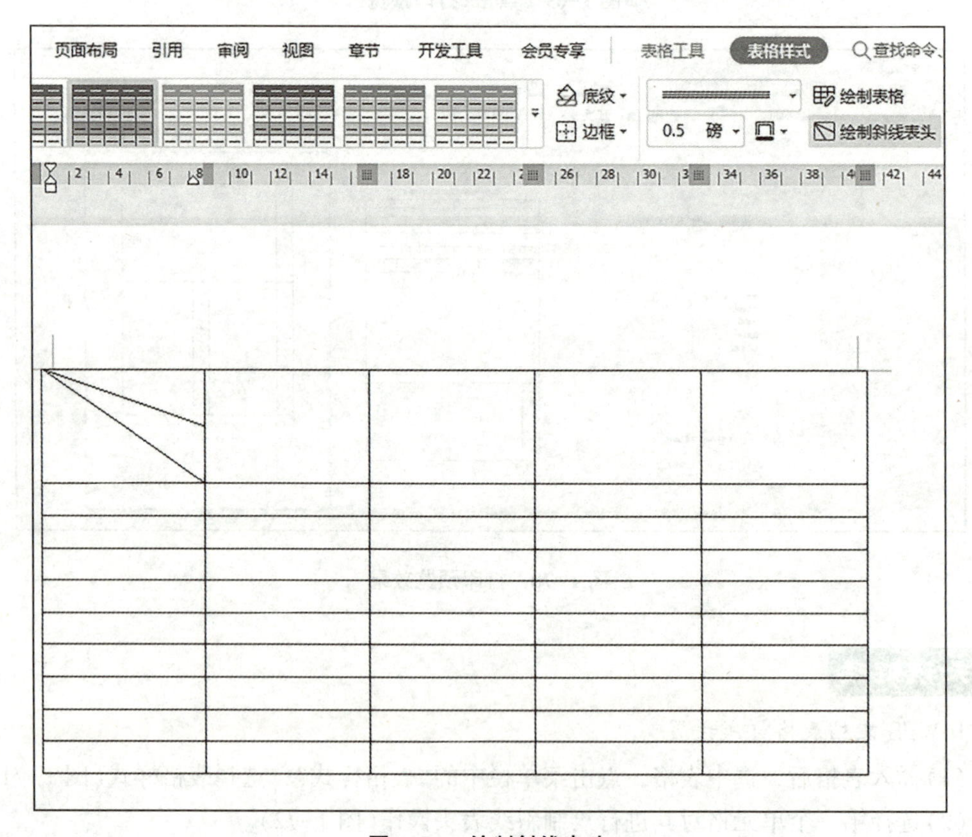

图 1-72 绘制斜线表头

巩固训练

做出一张个人简历页面。

要求：页面1“个人简历”为插入艺术字；页面2插入表格，使用表格中合并单元格、设置边框和底纹、调整行高等操作优化表格，效果如图1-73所示。

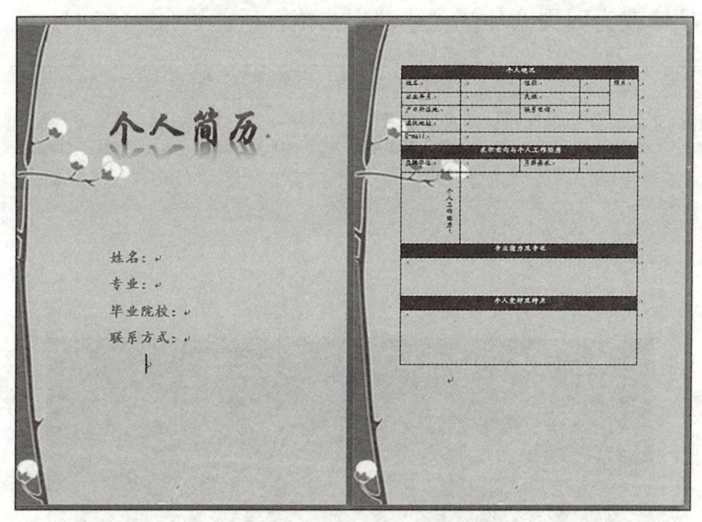

图1-73　个人简历效果

任务1-4　制作可行性报告建议书

任务目标

(1)掌握页眉页脚、页码、目录等的插入和编辑操作。

(2)能够灵活运用WPS中页眉页脚、目录等设置对日常学习、工作中的文档页面进行调整。

(3)培养学生探索问题、解决问题的能力。

任务描述

近年来，全球林业碳汇交易呈现如下特点：交易量持续上升，温室气体排放项目逐渐占据主导，国际核证碳减排标准被广泛采用。我国的碳市场已经纳入了林业碳汇项目，我国的试点市场交易活动频繁，呈现快速发展态势。本项目可行性报告是根据国家应对气候变化和节能减排有关政策要求，为充分开发森林资源，创新林业发展机制，积极探索生态扶贫新路径，因地制宜开发的林业碳汇资源项目。本任务通过页眉页脚、目录的插入和编辑等操作，制作一份林业碳汇项目可行性报告建议书，并把报告转换为PDF格式。

任务实施

1. 制作首页

(1)新建 WPS 文档，命名为“林业碳汇项目可行性报告建议书”，双击打开新建文档后，点击菜单栏中的“插入”→“图片”，从文件夹中选择“标题图片 . jpg”文件，并将图片格式中的布局选项修改为四周型环绕，移动到文档合适位置(图 1–74)。

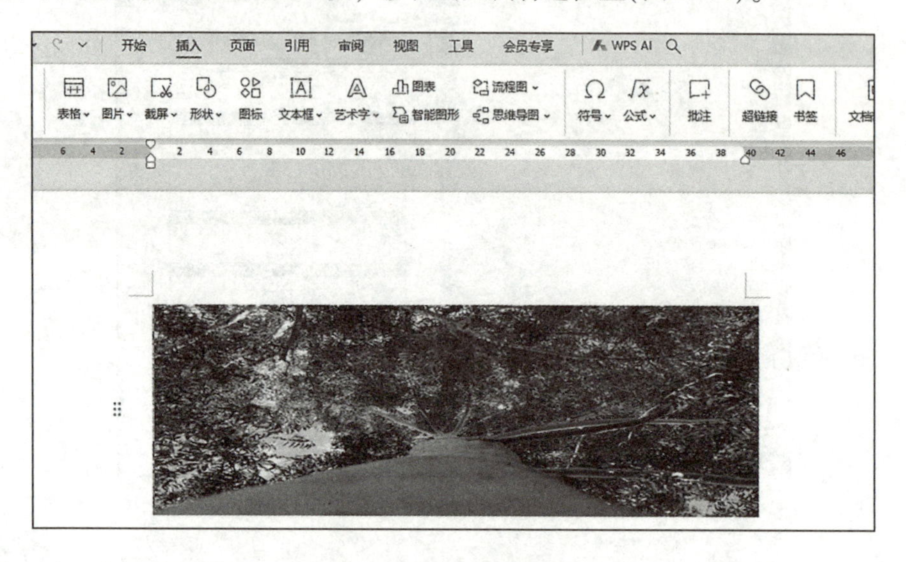

图 1–74　插入标题图片

> **温馨提示：**首页的目录自动生成在后面完成。

(2)选择菜单栏中的“插入”→“分页”，跳转到空白页。

2. 制作正文页面

(1)插入正文文字素材，并选择“开始”→“清除格式”，清除正文原有的格式(图 1–75)。

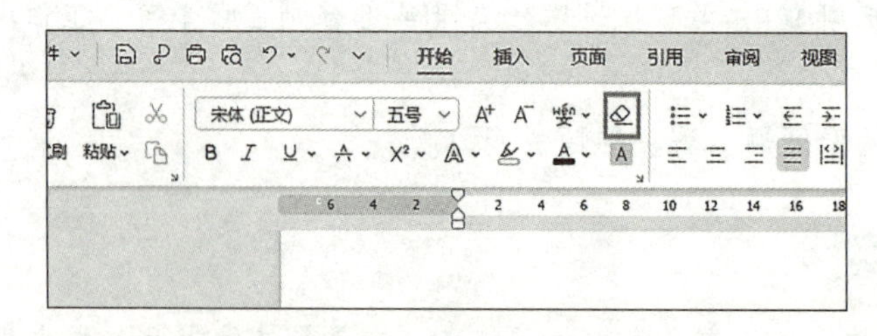

图 1–75　清除正文格式

(2)选中正文内容，设置字体为宋体、小四，设置段落对齐方式为两端对齐，大纲级别为正文文本，特殊格式为首行缩进 2 字符，行距设置为 1. 5 倍行距(图 1–76)。

(3)选中“一、项目背景”文字，设置字体为加粗，设置段落大纲级别为 1 级标题(图 1–77)。

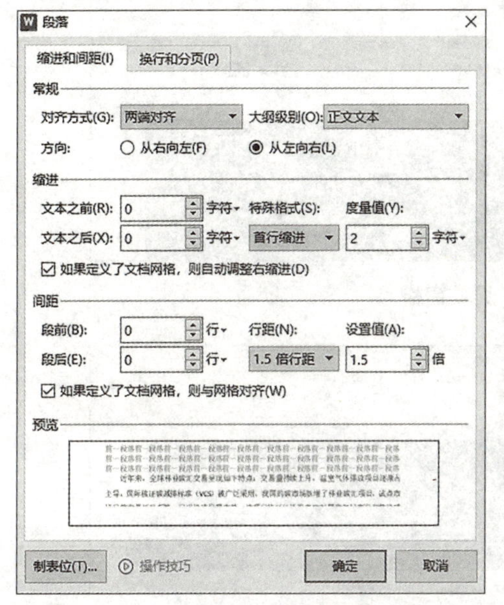

图 1-76 正文内容设置

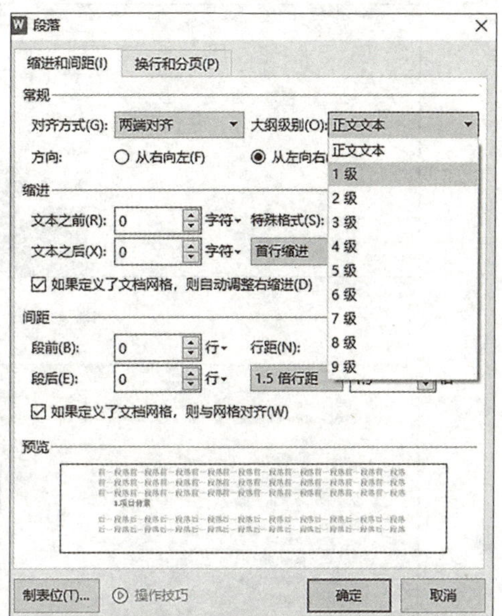

图 1-77 一级标题设置

用同样的方法设置其他 1 级标题及 2 级标题格式，设置完成效果如图 1-78 所示。

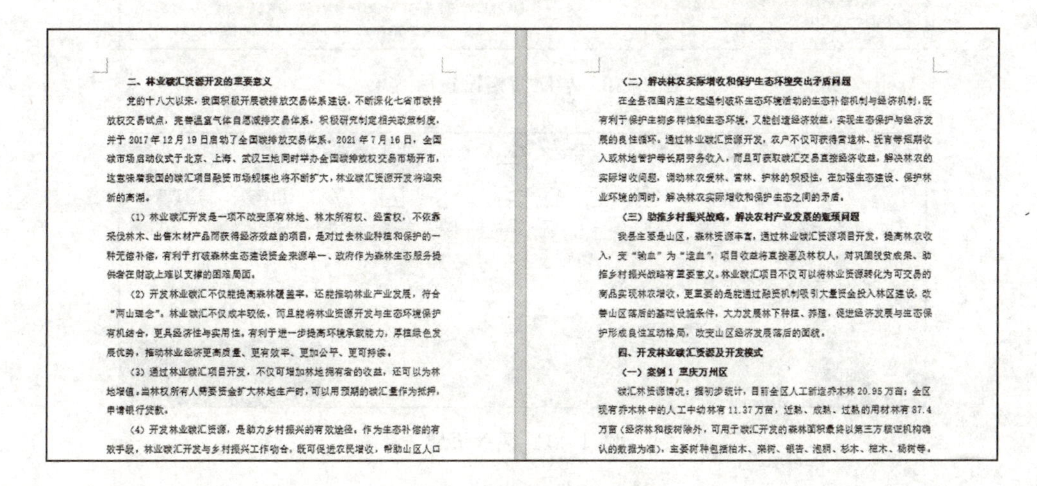

二、林业碳汇资源开发的重要意义

党的十八大以来，我国积极开展碳排放交易体系建设，不断深化七省市碳排放权交易试点，完善温室气体自愿减排交易体系，积极研究制定相关政策制度，并于 2017 年 12 月 19 日启动了全国碳排放交易体系。2021 年 7 月 16 日，全国碳市场启动仪式于北京、上海、武汉三地同时举办全国碳排放权交易市场开市，这意味着我国的碳汇项目融资市场规模也将不断扩大，林业碳汇资源开发将迎来新的高潮。

（1）林业碳汇开发是一项不改变原有林地、林木所有权、经营权，不依靠采伐林木、出售木材产品而获得经济效益的项目，是对过去林业种植和保护的一种无偿补偿，有利于打破森林生态建设资金来源单一、政府作为森林生态服务提供者在财政上难以支撑的困难局面。

（2）开发林业碳汇不仅能提高森林覆盖率，还能推动林业产业发展，符合“两山理念”。林业碳汇不仅成本较低，而且能将林业资源开发与生态环境保护有机结合，更具经济性与实用性，有利于进一步提高环境承载能力，厚植绿色发展优势，推动林业经济更高质量、更有效率、更加公平、更可持续。

（3）通过林业碳汇项目开发，不仅可增加林地拥有者的收益，还可以为林地增值，当林权所有人需要资金扩大林地生产时，可以用预期的碳汇量作为抵押，申请银行贷款。

（4）开发林业碳汇资源，是助力乡村振兴的有效途径，作为生态补偿的有效手段，林业碳汇开发与乡村振兴工作吻合，既可促进农民增收，帮助山区人口

（二）解决林农实际增收和保护生态环境突出矛盾问题

在全县范围内建立起遏制破坏生态环境活动的生态补偿机制与经济机制，既有利于保护生物多样性和生态环境，又能创造经济效益，实现生态保护与经济发展的良性循环。通过林业碳汇资源开发，农户不仅可获得营造林、抚育等短期收入或林地管护等长期劳务收入，而且可获取碳汇交易直接经济收益，解决林农的实际增收问题，调动林农爱林、营林、护林的积极性，在加强生态建设、保护林业环境的同时，解决林农实际增收和保护生态之间的矛盾。

（三）助推乡村振兴战略，解决农村产业发展的瓶颈问题

我县主要是山区，森林资源丰富，通过林业碳汇资源项目开发，提高林农收入，变“输血”为“造血”，项目收益将直接惠及林权人，对巩固脱贫成果、助推乡村振兴战略有重要意义。林业碳汇项目不仅可以将林业资源转化为可交易的商品实现林农增收，更重要的是能通过融资机制吸引大量资金投入林区建设，改善山区落后的基础设施条件，大力发展林下种植、养殖，促进经济发展与生态保护形成良性互动格局，改变山区经济发展落后的面貌。

四、开发林业碳汇资源及开发模式

（一）案例 1 重庆万州区

碳汇林资源情况：据初步统计，目前全区人工新造乔木林 20.95 万亩；全区现有乔木林中的人工中幼林有 11.37 万亩，近熟、成熟、过熟的用材林有 87.4 万亩（经济林和核桃除外，可用于碳汇开发的森林面积最终以第三方核证机构确认的数据为准），主要树种包括柏木、栎树、银杏、泡桐、杉木、桤木、杨树等。

图 1-78 标题设置后效果

3. 设置导航窗格

选择“视图”，点击“导航窗格”(图 1-79)，默认为“隐藏”，选择“靠左”，效果图如图 1-80 所示。

4. 插入页眉

(1)在正文任意位置点击鼠标，选择“插入”→“页眉页脚”(图 1-81)，输入文字“林业碳汇项目可行性报告建议书”，设置文字为居中(图 1-82)，点击“关闭”按钮，或鼠标在页面其他位置双击，即可关闭页眉(图 1-83)，设置后效果如图 1-84 所示。

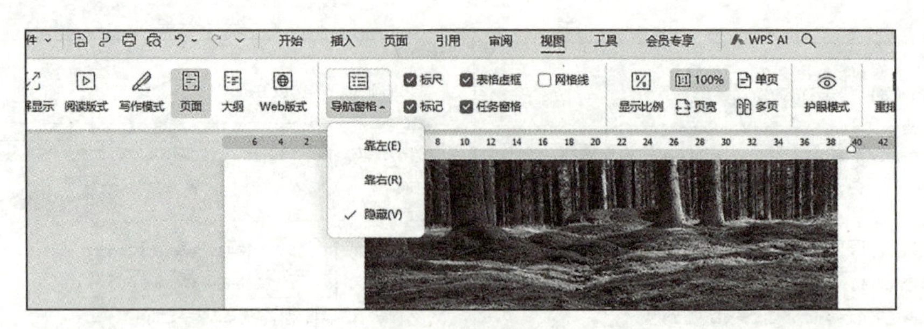

图 1-79　导航窗格

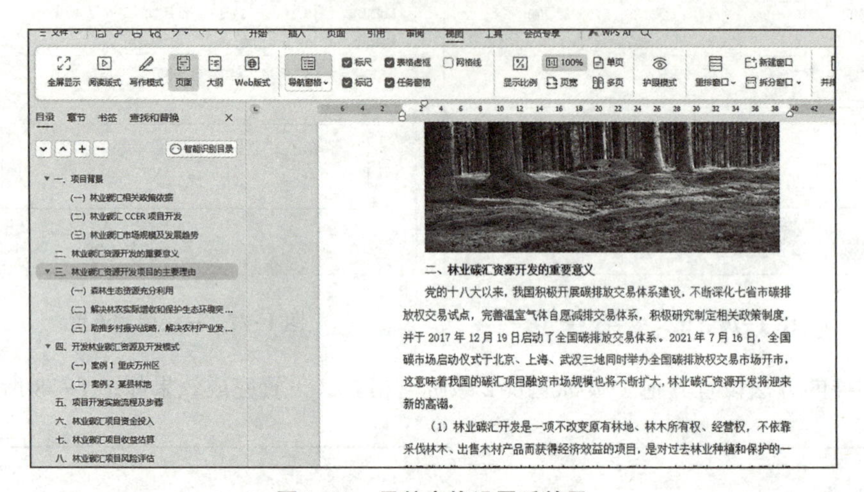

图 1-80　导航窗格设置后效果

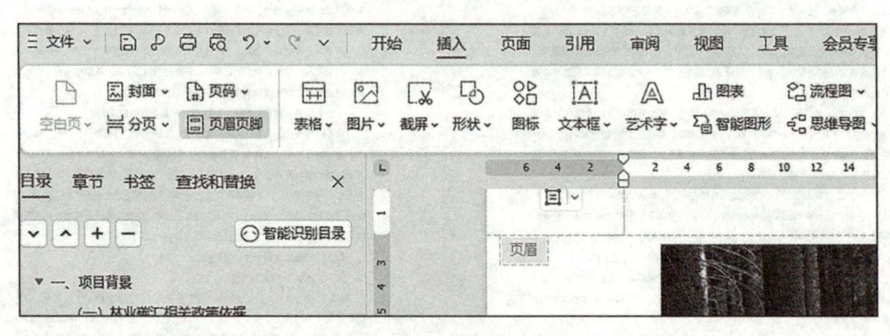

图 1-81　插入页眉

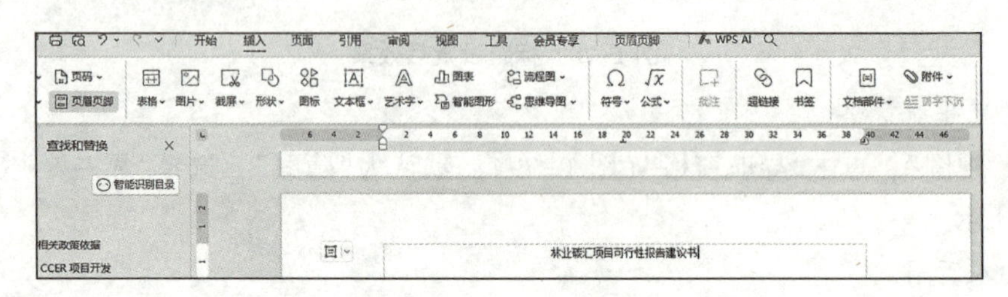

图 1-82　输入页眉文字

(2)一般目录页不会出现页眉。用鼠标点击第二页页眉，在上方工具栏会看到“同前节”按钮，并显示已选择状态。点击该按钮，使其处于未选择状态(图 1-85)。

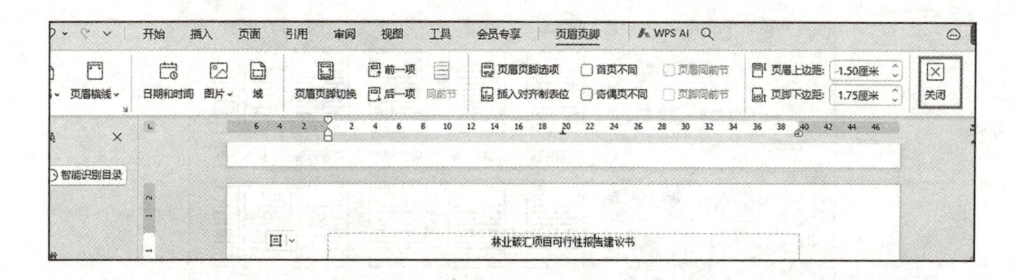

图 1-83 关闭页眉

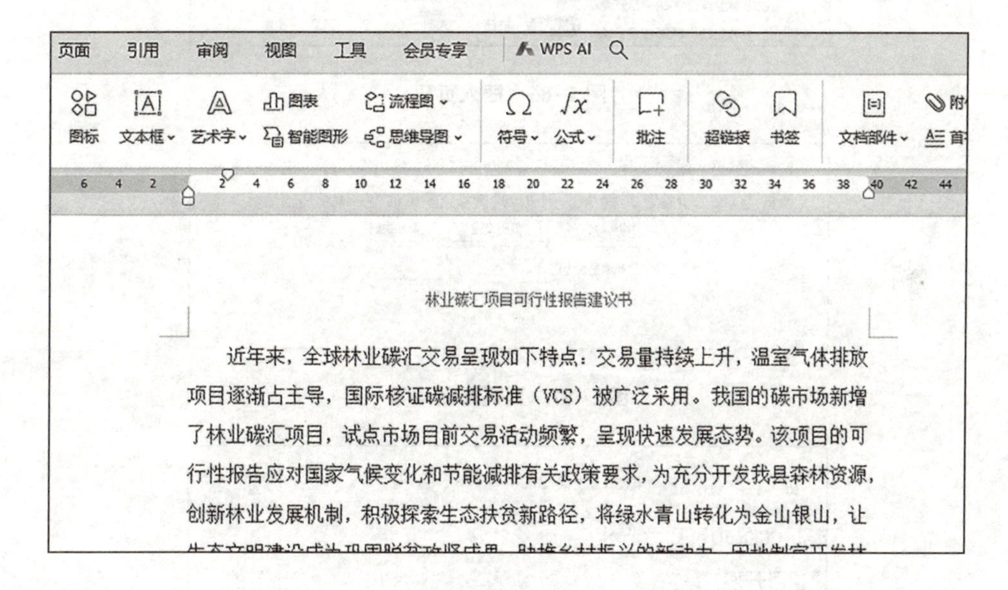

图 1-84 页眉效果

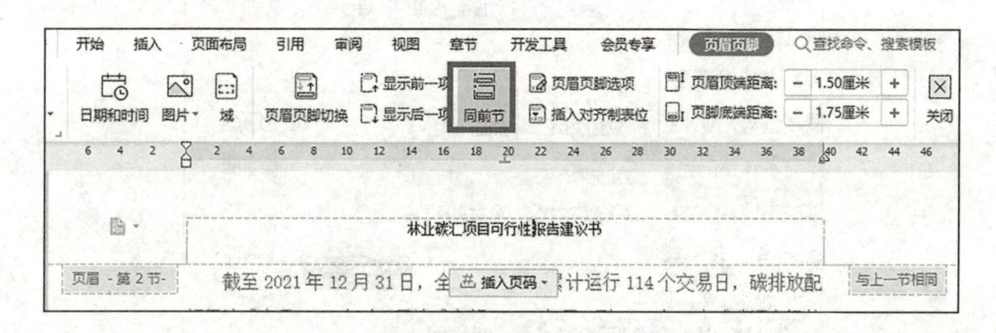

图 1-85 “同前节”设置

(3)回到首页双击页眉处，将首页页眉内容删除，再次双击，即完成操作。完成以上操作，首页不再保留页眉，而后面文档则保留页眉。

5. 插入页码

(1)把鼠标放置在第二页，选择“插入”→“页码”→“页脚中间”(图 1-86)，插入后选择第二页页码，点击“重新编号”将页码编号设为 1(图 1-87)，选择“页码设置”设置应用范围为本节及之后(图 1-88)。

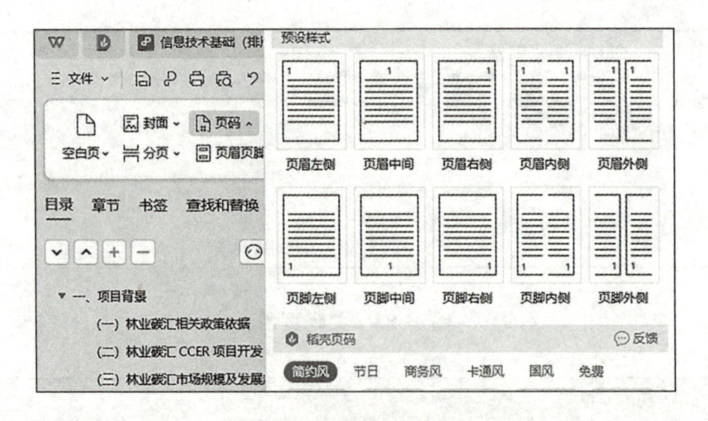

图 1-86 插入页码

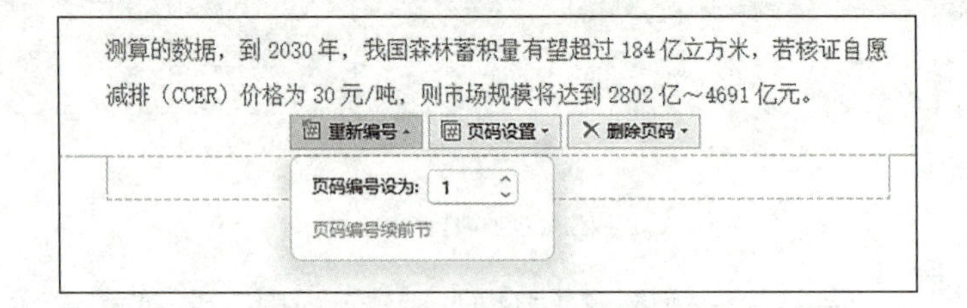

图 1-87 页码重新编号

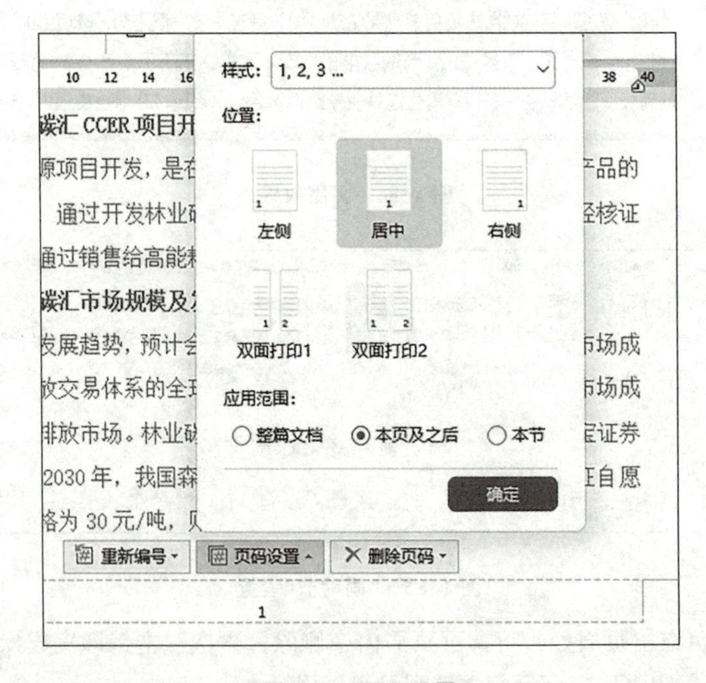

图 1-88 页码设置

(2)在首页页码处点击鼠标，在“删除页码”中选择“本页”(图 1-89)。

6. 插入目录

(1)把鼠标定位在首页，选择菜单栏中的“引用”→“目录”→“自定义目录”(图 1-90)，

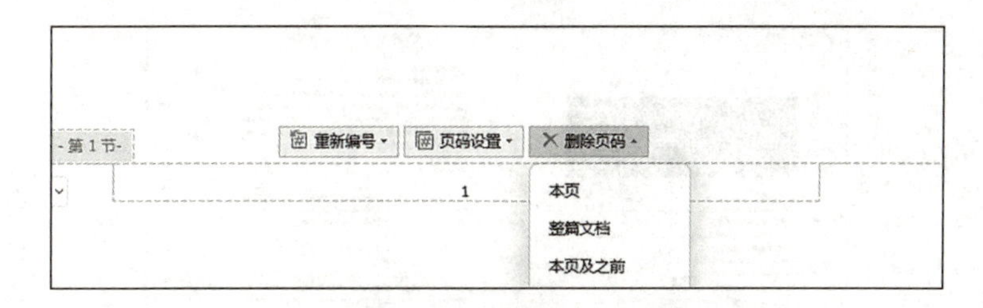

图 1-89　首页页码删除

因本文档中只有 2 级标题，设置目录显示级别为 2(图 1-91)，设置后显示效果如图 1-92 所示。

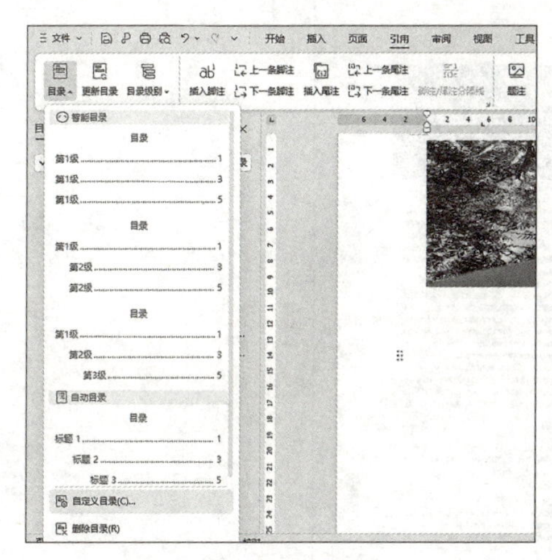

图 1-90　插入目录

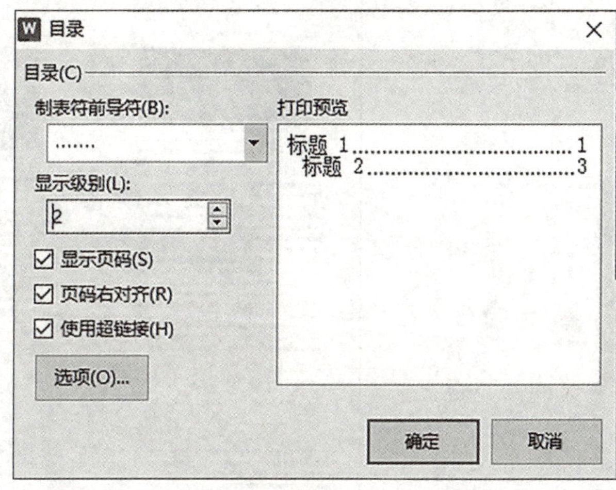

图 1-91　设置目录显示级别

(2)目录字体选择小四，段落选择行距为 1.5 倍行距，并在合适位置插入文字“目录”，字体为宋体、三号、加粗，效果如图 1-93 所示。

页面效果如图 1-94 所示。

一、项目背景 1
（一）林业碳汇相关政策依据 1
（二）林业碳汇 CCER 项目开发 1
（三）林业碳汇市场规模及发展趋势 1
二、林业碳汇资源开发的重要意义 2
三、林业碳汇资源开发项目的主要理由 3
（一）森林生态资源充分利用 3
（二）解决林农实际增收和保护生态环境突出矛盾问题 3
（三）助推乡村振兴战略，解决农村产业发展的瓶颈问题 3
四、开发林业碳汇资源及开发模式 4
（一）案例 1 重庆万州区 4
（二）案例 2 某县林地 4
五、项目开发实施流程及步骤 5
六、林业碳汇项目资金投入 5
七、林业碳汇项目收益估算 6
八、林业碳汇项目风险评估 6

图 1-92　目录效果

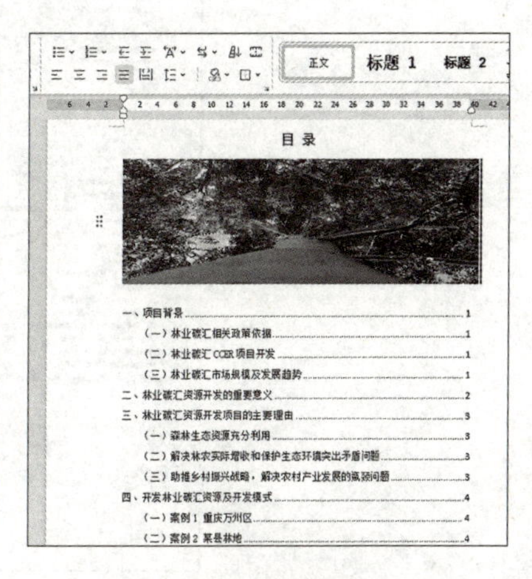

图 1-93　页面目录设置

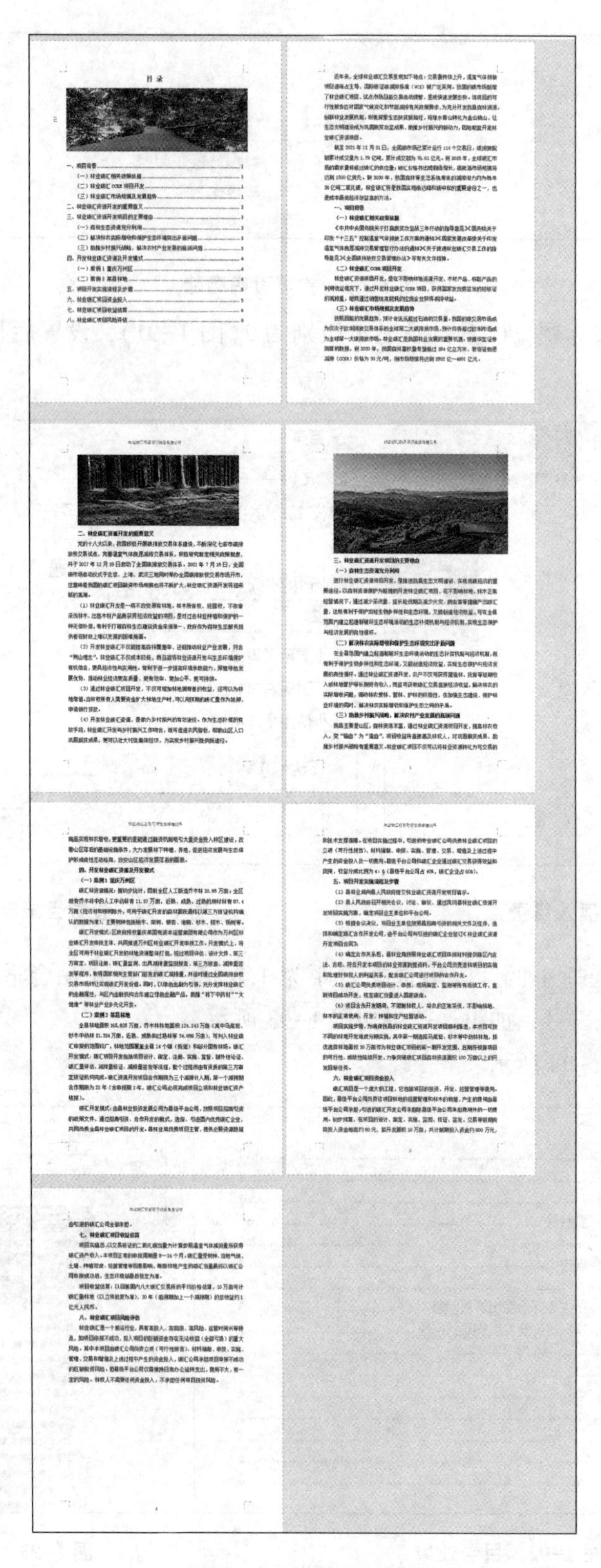

图 1-94　页面效果图

7. 存为 PDF 格式文件

选择“文件”→“另存为”，选择文件类型为 PDF，即可存为 PDF 格式的文件，如图 1-95 所示。

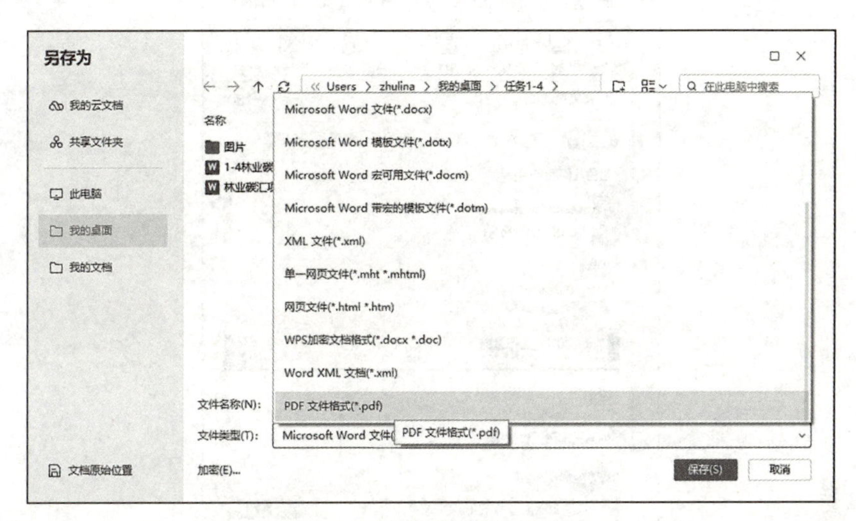

图 1-95　存为 PDF 格式文件

知识链接

1. WPS 中页眉和页脚设置

点击菜单栏上方的“插入”→“页眉”，出现如图 1-96 所示的页眉模板参考。在如图 1-97 所示菜单栏中还有页眉顶端距离、页眉底端距离、对齐方式等设置，设置页眉后可点击上方的“关闭页眉和页脚”，或者双击文档。

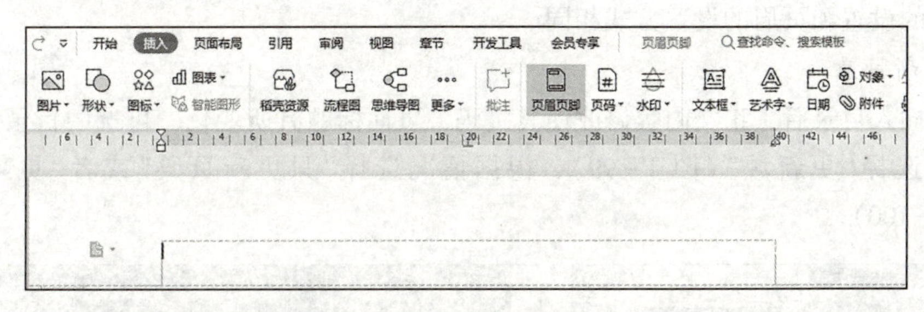

图 1-96　插入页眉

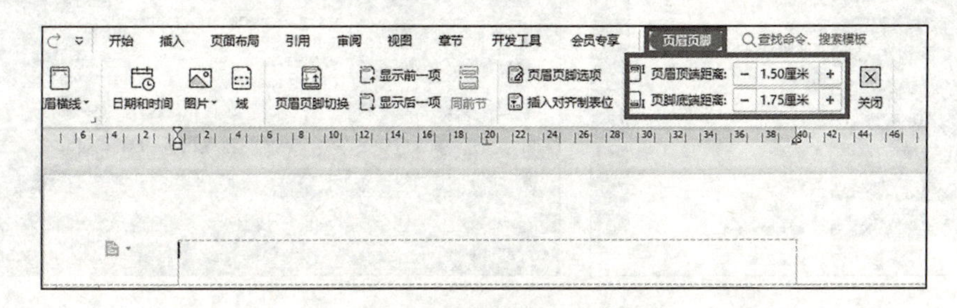

图 1-97　页眉和页脚工具设计

如果想删除页眉、页脚，可点击菜单栏中的“插入”→“页眉”→“删除页眉”，如图 1-98 所示。

图 1-98　删除页眉

页脚的设置和页眉的设置方式相同。

2. 更新目录

如果插入目录后，正文内容修改使其页码、页面标题有所变化，可选中目录，点击鼠标右键，选择“更新域”（图 1-99），根据情况选择“只更新页码”或者“更新整个目录”（图 1-100）。

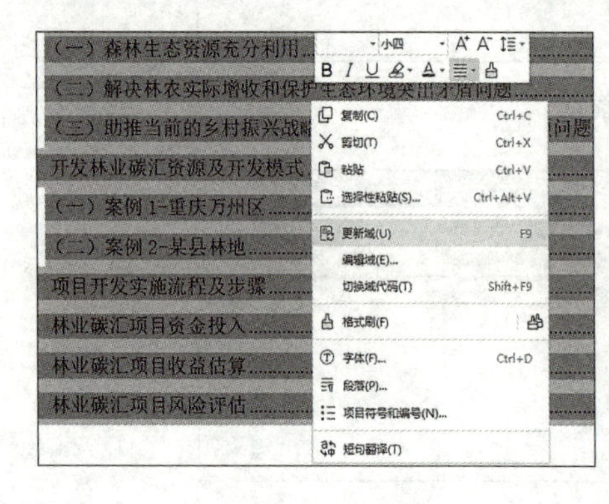

图 1-99　更新域

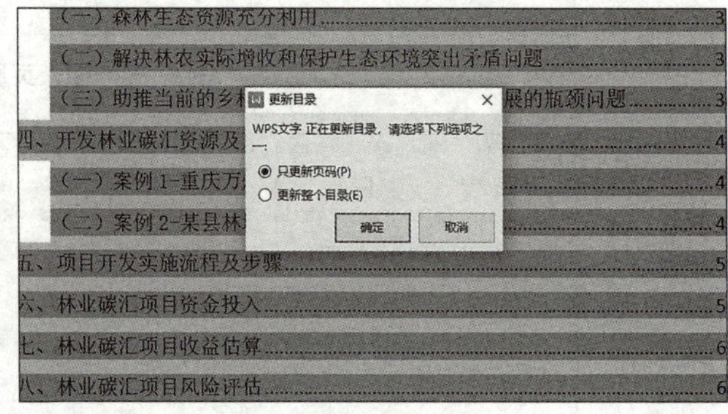

图 1-100　更新目录

巩固训练

做一张如图 1-101、图 1-102 所示的学校运动会简报。

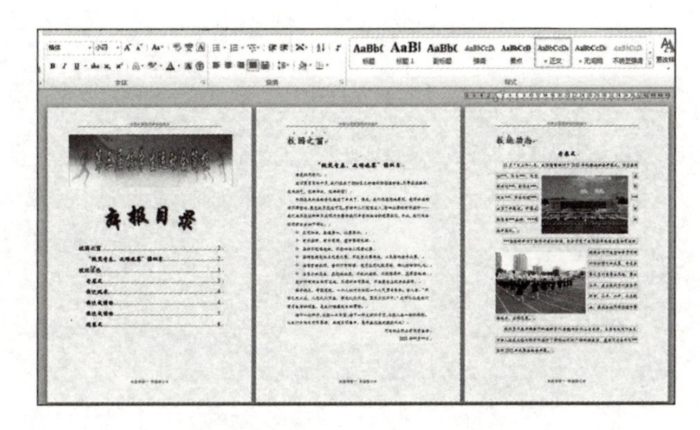

图 1-101　学校运动会简报效果图一

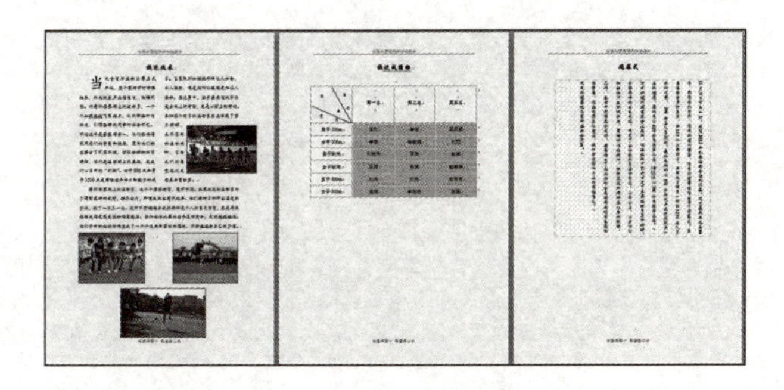

图 1-102　学校运动会简报效果图二

要求：第一页设置大纲级别为“2 级”的自动生成目录；第四页图片有边框；第五页表格为斜线表头；第六页为竖排文本框，并设置文本框背景，边框为虚线。

项目2　电子表格处理

电子表格处理是信息化办公的重要组成部分，在数据分析和处理中发挥着重要的作用，广泛应用于财务、管理、统计、金融等领域。WPS表格是WPS办公组件中，可兼容Excel电子表格组件，让数据处理和数据分析变得更加简便快捷。

任务 2-1　制作“城市城区空气环境质量状况”表格

任务目标

（1）了解电子表格的应用场景，熟悉相关工具的功能和操作界面；掌握单元格、行和列的相关操作；掌握数据录入的技巧；熟悉工作簿的保护、撤销保护和共享，工作表的保护、撤销保护。

（2）能够使用 WPS 表格完成数据的录入、排版和展示，并对表格进行美化。

（3）培养自觉利用信息解决生活、学习和工作中实际问题的意识。

（4）培养团队协作精神，养成数字化学习与实践创新的习惯，开展自主学习、协同工作、知识分享与创新创业实践，形成可持续发展能力。

任务描述

为了宣传环境保护，增强大家的环境保护意识，小蒋从城市环境保护局网站查询到了城市一天的环境质量状况相关数据，准备制作一份城市城区空气环境质量状况表，表格包含控制质量指数、$PM_{2.5}$、PM_{10} 等指标，完成表格内容后进行美化并预览打印效果。

任务实施

1. 数据录入

（1）执行“开始”→“程序”→“WPS Office 文件夹”→“WPS Office”命令，或者直接在计算机桌面上单击鼠标右键，新建一个 XLSX 工作表，命名为“城市城区空气环境质量状况表”，如图 2-1 所示。双击打开空白表格，如图 2-2 所示。

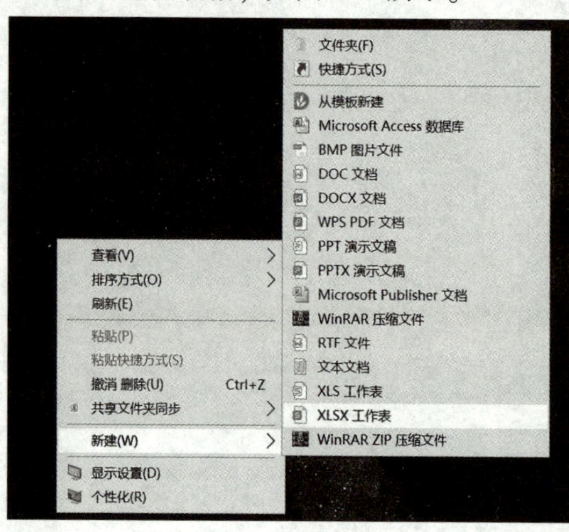

图 2-1　新建电子表格

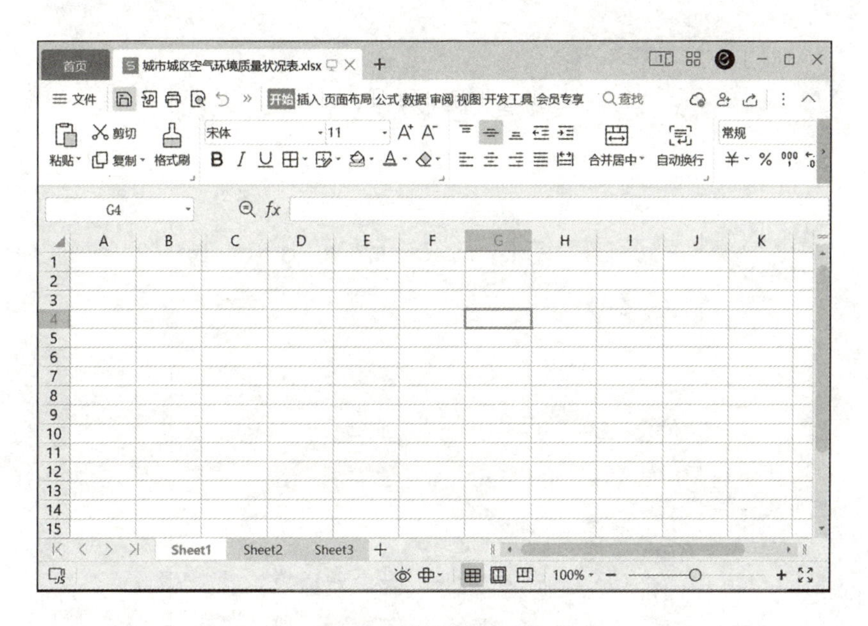

图 2-2　打开空白表格

(2)选中 A1 单元格，输入文字“城市城区空气环境质量状况”；依次选中 A2、B2、C2、D2 单元格，分别输入“项目”“监测值”“达标值”和“评价”，如图 2-3 所示；执行“插入”→“符号”命令，如图 2-4 所示，完成特殊符号“m³”“≤”和“~”的输入。

	A	B	C	D	E
1	城市城区空气环境质量状况				
2	项目	监测值	达标值	评价	
3	空气质量指数（AQI）	93	0-100	良	
4	PM2.5	0.069mg/m³	≤0.075mg/m³	达标	
5	PM10	0.129mg/m³	≤0.150mg/m³	达标	
6	二氧化硫	0.024mg/m³	≤0.150mg/m³	达标	
7	二氧化氮	0.028mg/m³	≤0.120mg/m³	达标	
8	一氧化碳	0.915mg/m³	≤4.0mg/m³	达标	
9	臭氧最大1小时平均	0.107mg/m³	≤0.200mg/m³	达标	
10	臭氧最大8小时滑动平均	0.097mg/m³	≤0.160mg/m³	达标	
11	2022年6月24日空气质量预报（AQI）	70～90			
12					

图 2-3　输入文本数据

(3)将鼠标移动到字母 A 上，单击右键，在弹出的下拉菜单中选择“列宽”，设置列宽为 25 字符。按照此方法，对 B 列和 C 列设置列宽为 16 字符，D 列为 9 字符。将鼠标移动到最左侧的数字 1 上，单击右键，在弹出的下拉菜单中选择“行高”，设置行高为 30 磅。鼠标移到最左侧，选中第二至第十行，右键单击，在弹出的下拉菜单中选择“行高”，设置行高为 20 磅。按照此方法，设置第十一行行高为 32 磅，如图 2-5 所示。

(4)选中 A1 到 D1 单元格，点击“开始”工具栏下的“合并居中”按钮，同时设置字体为宋体，字号为 16，加粗。选中 B11 到 D11 单元格，点击“开始”工具栏下的“合并居中”按钮。选中 A11 单元格，点击“开始”工具栏下的“自动换行”按钮。选中 B13∶D13 区域，点击“合并单元格”按钮，输入文字“市环境保护局”；选中 B14∶D14 区域，点击“合并居

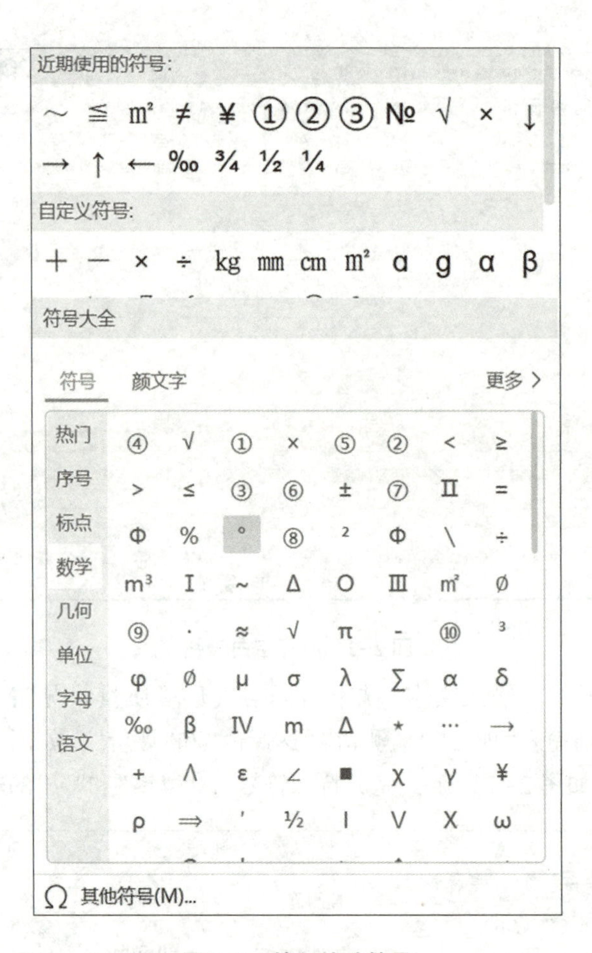

图 2-4 输入特殊符号

	A	B	C	D	E
1	城市城区空气环境质量状况				
2	项目	监测值	达标值	评价	
3	空气质量指数（AQI）	93	0-100	良	
4	PM2.5	0.069mg/m³	≤0.075mg/m³	达标	
5	PM10	0.129mg/m³	≤0.150mg/m³	达标	
6	二氧化硫	0.024mg/m³	≤0.150mg/m³	达标	
7	二氧化氮	0.028mg/m³	≤0.120mg/m³	达标	
8	一氧化碳	0.915mg/m³	≤4.0mg/m³	达标	
9	臭氧最大1小时平均	0.107mg/m³	≤0.200mg/m³	达标	
10	臭氧最大8小时滑动平均	0.097mg/m³	≤0.160mg/m³	达标	
11	2022年6月24日空气质量预报	70～90			
12					

图 2-5 设置行高和列宽

中”按钮。输入文字“2022 年 6 月 24 日 10：00 发布”。按照第四步的方法，设置第十三行和第十四行的行高为 15 磅，如图 2-6 所示。

	A	B	C	D
1	城市城区空气环境质量状况			
2	项目	监测值	达标值	评价
3	空气质量指数（AQI）	93	0-100	良
4	PM2.5	0.069mg/m^3	≤0.075mg/m^3	达标
5	PM10	0.129mg/m^3	≤0.150mg/m^3	达标
6	二氧化硫	0.024mg/m^3	≤0.150mg/m^3	达标
7	二氧化氮	0.028mg/m^3	≤0.120mg/m^3	达标
8	一氧化碳	0.915mg/m^3	≤4.0mg/m^3	达标
9	臭氧最大1小时平均	0.107mg/m^3	≤0.200mg/m^3	达标
10	臭氧最大8小时滑动平均	0.097mg/m^3	≤0.160mg/m^3	达标
11	2022年6月24日空气质量预报（AQI）	70～90		
12				
13		市环境保护局		
14		2022年6月24日 10:00发布		
15				

图 2-6　合并单元格和自动换行

(5)选中 A1:D14 区域，单击右键，在下拉菜单中选择复制；选中单元格 A16，按快捷键“Ctrl+V”，粘贴复制区域，删除多余的行后，修改相应文本及数据。选中 A16:D26 区域，按快捷键“Ctrl+C”，复制区域，选中单元格 A28，点击“开始”工具栏下的“粘贴”按钮，选择“保留源格式”，粘贴复制区域，删除多余行，修改相应文本及数据，效果如图 2-7 所示。

16	城市城区空气环境质量状况			
17	项目	监测值	达标值	评价
18	空气质量指数（AQI）	48	0-100	优
19	PM2.5	0.032mg/m^3	≤0.075mg/m^3	达标
20	PM10	0.048mg/m^3	≤0.150mg/m^3	达标
21	二氧化硫	0.021mg/m^3	≤0.150mg/m^3	达标
22	二氧化氮	0.018mg/m^3	≤0.120mg/m^3	达标
23	负氧离子	3200-4800个/cm^3	/	/
24				
25		市环境保护局		
26		2022年6月24日 10:00发布		
27				
28	城市地表水水质量状况			
29	项目	监测值	达标值	评价
30	pH	8.26	6-9	达标
31	高猛酸盐指数	2.2mg/1	≤6mg/1	达标
32	氨氮	0.39mg/1	≤1.0mg/1	达标
33	总磷	0.038mg/1	≤0.2mg/1	达标
34	石油类	未检出	≤0.05mg/1	达标
35				
36		市环境保护局		
37		2022年6月24日 10:00发布		

图 2-7　复制编辑文本

2. 美化表格

(1)选择 A2:D11 区域，点击“开始”菜单栏下面的“水平居中”按钮；在选中区域任意位置单击鼠标右键，在弹出的下拉菜单中选择“设置单元格格式”，弹出“单元格格式”对话框，选择“字体”选项卡，设置字号为 13，如图 2-8 所示；选择“边框”选项卡，设置颜色为浅蓝色，线条样式为粗实线，预置为外边框和内部，如图 2-9 所示；选择“图案”选项卡，设置单元格底纹颜色，如图 2-10 所示。

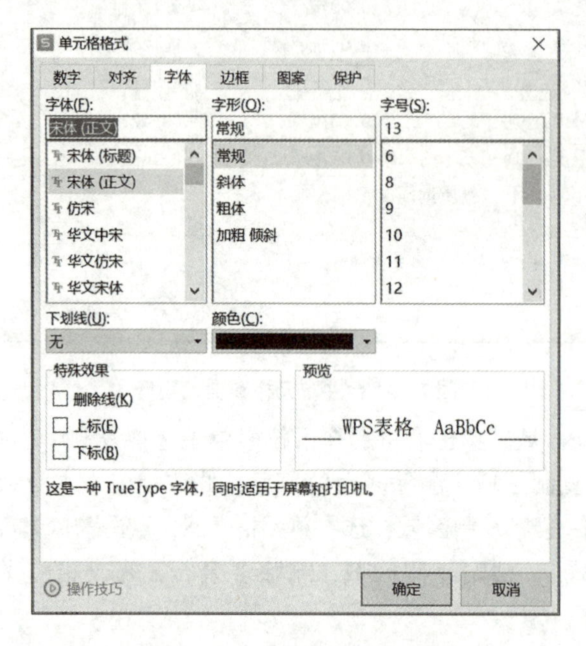

图 2-8 设置单元格字体格式

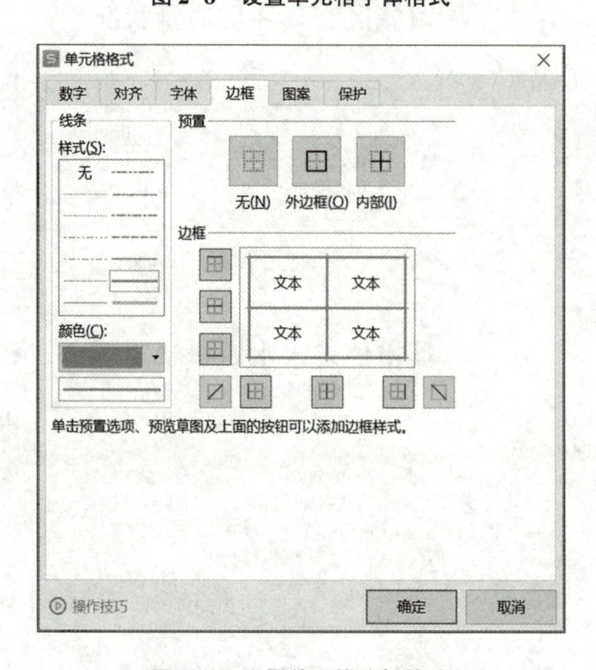

图 2-9 设置单元格边框格式

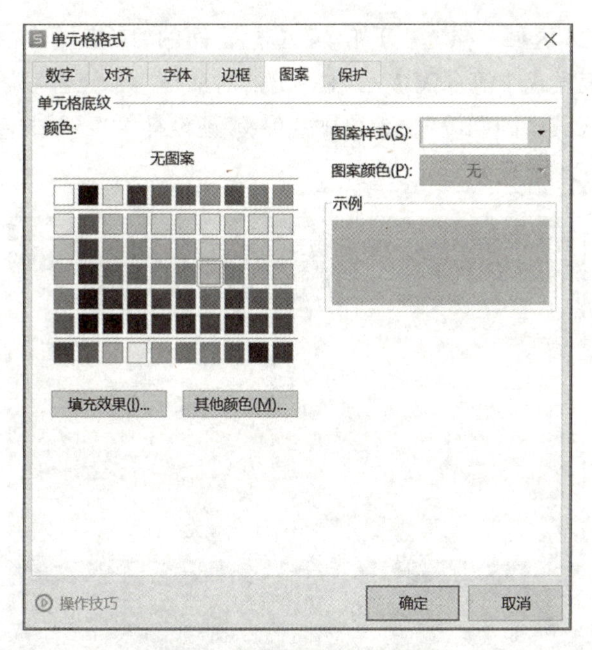

图 2-10 设置单元格图案格式

(2)选中 A1 单元格，点击“开始”菜单栏下面的“填充颜色”按钮，选择“浅灰绿着色 3 深色 25%”；选择 A2∶D2 区域，单击“开始”菜单栏下面的“加粗”按钮；为所选单元格区域字体加粗。同样为 B13∶B14 区域字体加粗，效果如图 2-11 所示。

	A	B	C	D
1	城市城区空气环境质量状况			
2	项目	监测值	达标值	评价
3	空气质量指数（AQI）	93	0-100	良
4	PM2.5	0.069mg/m³	≤0.075mg/m³	达标
5	PM10	0.129mg/m³	≤0.150mg/m³	达标
6	二氧化硫	0.024mg/m³	≤0.150mg/m³	达标
7	二氧化氮	0.028mg/m³	≤0.120mg/m³	达标
8	一氧化碳	0.915mg/m³	≤4.0mg/m³	达标
9	臭氧最大1小时平均	0.107mg/m³	≤0.200mg/m³	达标
10	臭氧最大8小时滑动平均	0.097mg/m³	≤0.160mg/m³	达标
11	2022年6月24日空气质量预报（AQI）	70～90		
12				
13		市环境保护局		
14		2022年6月24日 10:00发布		

图 2-11 文本填充颜色及加粗

(3)选中表格第一至十五行，单击鼠标右键，在弹出的选项卡中选择“隐藏”，将第一至十五行隐藏起来，如图 2-12 所示。

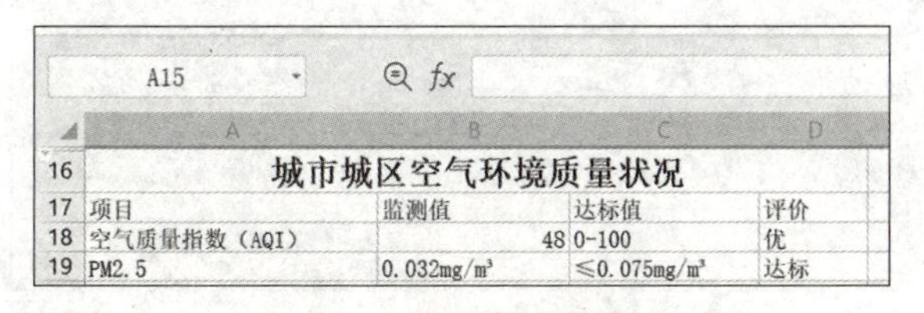

A15 fx

	A	B	C	D
16	城市城区空气环境质量状况			
17	项目	监测值	达标值	评价
18	空气质量指数（AQI）	48	0-100	优
19	PM2.5	0.032mg/m³	≤0.075mg/m³	达标

图 2-12 隐藏数据文本

(4)选择 A16:D26 区域，点击“开始”菜单栏下面的“表格样式”按钮，设置“预设样式”→“中色系”→“表样式中等深浅 7”，在弹出的对话框中，点击“确定”按钮，按默认设置；选择 A28:D34 区域，同样设置“表格样式”→“预设样式”→“中色系”→“表样式中等深浅 12”，效果如图 2-13 所示。

	A	B	C	D
16	城市城区空气环境质量状况			
17	项目	监测值	达标值	评价
18	空气质量指数（AQI）	48	0-100	优
19	PM2.5	0.032mg/m^3	≤0.075mg/m^3	达标
20	PM10	0.048mg/m^3	≤0.150mg/m^3	达标
21	二氧化硫	0.021mg/m^3	≤0.150mg/m^3	达标
22	二氧化氮	0.018mg/m^3	≤0.120mg/m^3	达标
23	负氧离子	3200-4800个/cm^3	/	/
24				
25			市环境保护局	
26			2022年6月24日 10:00发布	
27				
28	城市地表水水质量状况			
29	项目	监测值	达标值	评价
30	pH	8.26	6-9	达标
31	高猛酸盐指数	2.2mg/l	≤6mg/l	达标
32	氨氮	0.39mg/l	≤1.0mg/l	达标
33	总磷	0.038mg/l	≤0.2mg/l	达标
34	石油类	未检出	≤0.05mg/l	达标
35				
36			市环境保护局	
37			2022年6月24日 10:00发布	

图 2-13 设置表格样式

(5)按照上述方法设置行高和数据文本格式，效果如图 2-14 所示。

	A	B	C	D
16	城市城区空气环境质量状况			
17	项目	监测值	达标值	评价
18	空气质量指数（AQI）	48	0-100	优
19	PM2.5	0.032mg/m^3	≤0.075mg/m^3	达标
20	PM10	0.048mg/m^3	≤0.150mg/m^3	达标
21	二氧化硫	0.021mg/m^3	≤0.150mg/m^3	达标
22	二氧化氮	0.018mg/m^3	≤0.120mg/m^3	达标
23	负氧离子	3200-4800个/cm^3	/	/
24				
25			市环境保护局	
26			2022年6月24日 10:00发布	
27				
28	城市地表水水质量状况			
29	项目	监测值	达标值	评价
30	pH	8.26	6-9	达标
31	高猛酸盐指数	2.2mg/l	≤6mg/l	达标
32	氨氮	0.39mg/l	≤1.0mg/l	达标
33	总磷	0.038mg/l	≤0.2mg/l	达标
34	石油类	未检出	≤0.05mg/l	达标
35				
36			市环境保护局	
37			2022年6月24日 10:00发布	

图 2-14 设置行高及数据文本格式

(6) 鼠标移动到第一行的最左端，单击鼠标右键，选择“取消隐藏”，将之前隐藏的数据文本重新显示出来，效果如图 2-15 所示。

城市城区空气环境质量状况			
项目	监测值	达标值	评价
空气质量指数（AQI）	93	0-100	良
PM2.5	0.069mg/m³	≤0.075mg/m³	达标
PM10	0.129mg/m³	≤0.150mg/m³	达标
二氧化硫	0.024mg/m³	≤0.150mg/m³	达标
二氧化氮	0.028mg/m³	≤0.120mg/m³	达标
一氧化碳	0.915mg/m³	≤4.0mg/m³	达标
臭氧最大1小时平均	0.107mg/m³	≤0.200mg/m³	达标
臭氧最大8小时滑动平均	0.097mg/m³	≤0.160mg/m³	达标
2022年6月24日空气质量预报（AQI）	70～90		

市环境保护局
2022年6月24日 10:00发布

城市景区空气环境质量状况			
项目	监测值	达标值	评价
空气质量指数（AQI）	48	0-100	优
PM2.5	0.032mg/m³	≤0.075mg/m³	达标
PM10	0.048mg/m³	≤0.150mg/m³	达标
二氧化硫	0.021mg/m³	≤0.150mg/m³	达标
二氧化氮	0.018mg/m³	≤0.120mg/m³	达标
负氧离子	3200-4800个/cm³	/	/

市环境保护局
2022年6月24日 10:00发布

城市地表水水质量状况			
项目	监测值	达标值	评价
pH	8.26	6-9	达标
高锰酸盐指数	2.2mg/l	≤6mg/l	达标
氨氮	0.39mg/l	≤1.0mg/l	达标
总磷	0.038mg/l	≤0.2mg/l	达标
石油类	未检出	≤0.05mg/l	达标

市环境保护局
2022年6月24日 10:00发布

图 2-15　效果

3. 编辑工作表

(1) 双击工作表 Sheet1，进入文本编辑状态，输入文字“城市空气环境质量状况表”，如图 2-16 所示。

37　2022年6月24日 10:00发布
38
城市空气环境质量状况表　Sheet2　Sheet3　+

图 2-16　重命名工作表

(2)右键单击工作表 Sheet2，在弹出的列表中选择“删除工作表”，如图 2-17 所示。

图 2-17　删除工作表

(3)右键单击工作表 Sheet3，在弹出的列表中选择“隐藏工作表”，如图 2-18 所示。

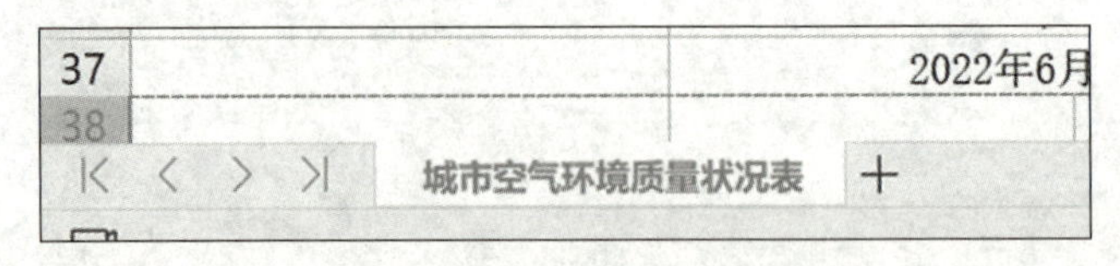

图 2-18　隐藏工作表

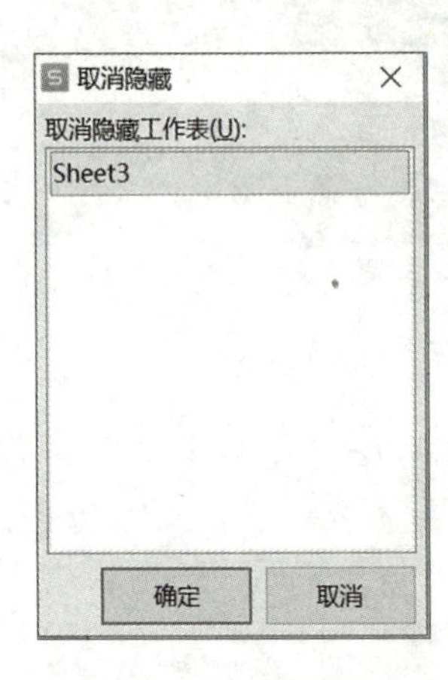

图 2-19　取消隐藏工作表

(4)右键单击工作表名，在弹出的列表中选择“取消隐藏工作表”，然后在弹出的对话框中选择需要取消隐藏的工作表，如图 2-19 所示。

4. 页面布局

(1)选中 A1:D37 单元格区域，点击“页面布局”选项卡下面的“打印区域”按钮，选择“设置打印区域”；点击“页边距”下拉按钮，选择“自定义页边距”，弹出“页面设置”对话框，设置页边距上、下均为 1.5，居中方式勾选“水平”，如图 2-20 所示。

(2)在“页眉/页脚”选项卡中，点击“自定义页眉”，在“中”位置输入文本“城市空气质量监测”，字号为 14；设置页脚为第一页，如图 2-21、图 2-22 所示。

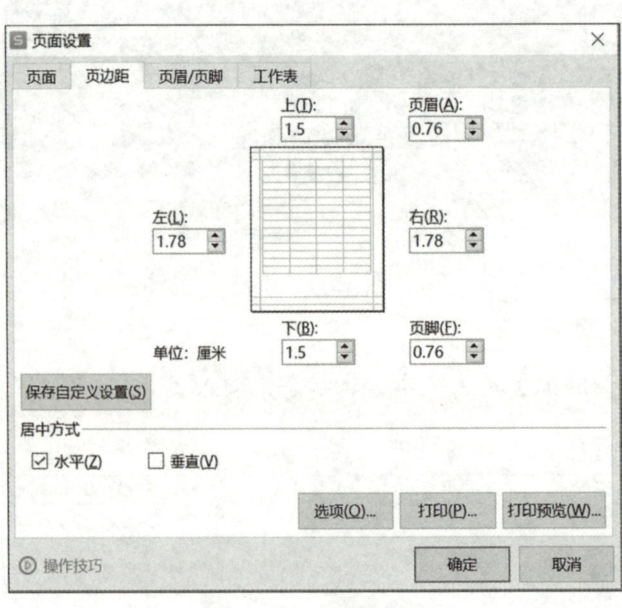

图 2-20　设置页边距

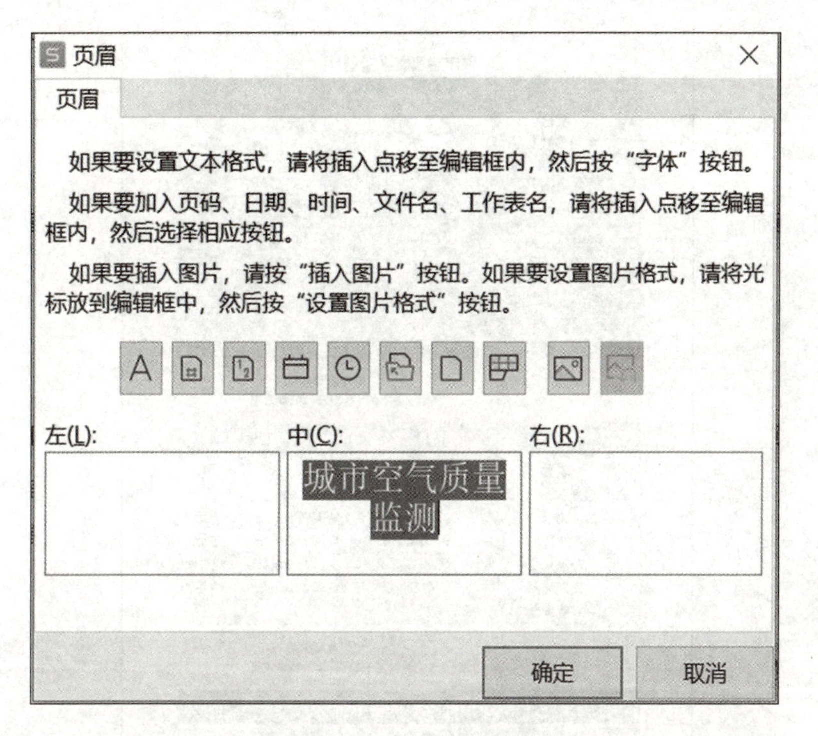

图 2-21　自定义页眉

图 2-22　设置页眉/页脚

(3)点击“打印预览”按钮，显示打印效果如图 2-23 所示。

城市空气质量监测

城市城区空气环境质量状况			
项目	监测值	达标值	评价
空气质量指数（AQI）	93	0-100	良
PM2.5	0.069mg/m³	≤0.075mg/m³	达标
PM10	0.129mg/m³	≤0.150mg/m³	达标
二氧化硫	0.024mg/m³	≤0.150mg/m³	达标
二氧化氮	0.028mg/m³	≤0.120mg/m³	达标
一氧化碳	0.915mg/m³	≤4.0mg/m³	达标
臭氧最大1小时平均	0.107mg/m³	≤0.200mg/m³	达标
臭氧最大8小时滑动平均	0.097mg/m³	≤0.160mg/m³	达标
2022年6月24日空气质量预报（AQI）	70～90		

市环境保护局
2022年6月24日 10:00发布

城市城区空气环境质量状况			
项目	监测值	达标值	评价
空气质量指数（AQI）	48	0-100	优
PM2.5	0.032mg/m³	≤0.075mg/m³	达标
PM10	0.048mg/m³	≤0.150mg/m³	达标
二氧化硫	0.021mg/m³	≤0.150mg/m³	达标
二氧化氮	0.018mg/m³	≤0.120mg/m³	达标
负氧离子	3200-4800个/cm³	/	/

市环境保护局
2022年6月24日 10:00发布

城市地表水水质量状况			
项目	监测值	达标值	评价
pH	8.26	6-9	达标
高锰酸盐指数	2.2mg/l	≤6mg/l	达标
氨氮	0.39mg/l	≤1.0mg/l	达标
总磷	0.038mg/l	≤0.2mg/l	达标
石油类	未检出	≤0.05mg/l	达标

市环境保护局
2022年6月24日 10:00发布

第 1 页

图 2-23　打印效果

知识链接

1. 移动和复制文本

文本在移动和复制时，可以利用“开始”工具栏中的“剪切”“复制”和“粘贴”按钮实现，也可以通过鼠标拖动的方法实现。使用鼠标拖动的方法为：如果移动文本，可将选定内容直接拖动到目标单元格；如果复制文本，则在按住 Ctrl 键的同时将选定内容拖动到目标单元格。

2. 设置单元格格式

在对表格进行设置、修饰和美化时，可通过“设置单元格格式”对话框完成以下设置。

(1)“数字”选项卡：可设置单元格数字格式为常规、数值、货币、日期、百分比和文本等。

(2)“对齐”选项卡：可设置单元格的文本对齐方式、文本方向及文本控制。

(3)“字体”选项卡：可设置单元格文本的字体、字形、字号、颜色及特殊效果等。

(4)“边框”选项卡：可设置单元格边框的线条、颜色等。

(5)“图案”选项卡：可设置单元格底纹的颜色、样式及填充效果。

(6)“保护”选项卡：可通过对单元格进行锁定和隐藏操作来保护单元格。

3. 自动套用表格样式

如果想快速设置表格样式，可以直接利用 WPS 表格中提供的多种预定表格样式。选中需要设置的单元格，点击“表格样式”下拉按钮，在“预设样式”中选择符合要求的样式，直接套用即可。

4. 调整行高和列宽

初次输入数据文本后，有些列的列宽或者行的行高可能不够，将光标定位到两列的列标或者两行的行标中间，当光标变成✛后，拖动鼠标到合适的宽度或高度即可。也可以在两列的列标或者两行的行标中间双击，将前一行或者前一列调整到合适的宽度或高度。

巩固训练

做一张如图 2-24 所示的城市天气预报表。

	A	B	C	D
1	城市未来十五天天气预报（2022年6月24日）			
2	时间	天气	温度	
3			最高	最低
4	6月25日	大雨	26℃	20℃
5	6月26日	晴	32℃	21℃
6	6月27日	晴	33℃	23℃
7	6月28日	小雨	33℃	22℃
8	6月29日	小雨	28℃	22℃
9	6月30日	小雨	31℃	23℃
10	7月1日	多云	30℃	23℃
11	7月2日	多云	35℃	22℃
12	7月3日	小雨	29℃	21℃
13	7月4日	多云	31℃	23℃
14	7月5日	小雨	30℃	22℃
15	7月6日	小雨	29℃	21℃
16	7月7日	多云	29℃	22℃
17	7月8日	晴	31℃	22℃
18	7月9日	晴	28℃	20℃
19				
20	填表人：	程恒	审核人：	张帅

图 2-24 “城市天气预报表”效果图

要求：标题行，微软雅黑，16，加粗；正文，楷体，14；表格样式，表样式深色 10；单元格边框，印度红，粗线。

任务 2-2　制作“碳交易平台每日行情”表格

任务目标

(1) 掌握单元格格式、数据有效性的设置方法，能够熟练使用公式和函数，学会工作表的保护及撤销、工作簿的加密。

(2) 能够灵活运用公式和函数处理电子表格中的数据。

(3) 能够综合利用各种信息资源，运用计算思维解决问题，并将这种方式运用到职业岗位或生活情境的相关问题解决过程中。

任务描述

2009 年《京都议定书》明确了林业碳汇，意味着森林除了以往的林产品、木材产品这些可见的实物外，其不可见的“碳汇”功能也可以“换钱”。全国碳排放权交易市场(简称碳市场)是实现碳达峰与碳中和目标的核心政策工具之一。2021 年 7 月 16 日，全国碳排放权交易市场开市。

为了更加深入地了解全国的碳交易市场，小蒋从相关网站查询了碳交易市场的相关数据，准备制作一份碳交易市场每日行情表格。

任务实施

1. 数据自动填充

(1) 执行“开始”→“程序”→“WPS Office 文件夹”→“WPS Office”命令，或者直接在计算机桌面上单击鼠标右键，新建一个 XLSX 工作表，命名为“碳交易平台每日行情”，如图 2-25 所示。

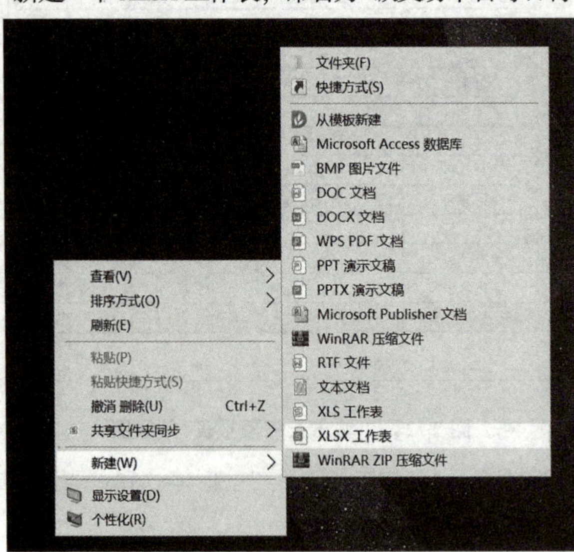

图 2-25　新建电子表格

双击打开空白表格，将 Sheet1 重命名为“碳交易平台每日行情”，并删除 Sheet2 和 Sheet3 两个工作表，如图 2-26 所示。

图 2-26 打开空白表格

(2)选中 A1 单元格，输入文本“四川联合环境交易所碳交易平台每日行情”；依次选中 A2、B2、C2、D2、E2、F2 单元格，分别输入“交易日期”“交易机构”“交易品种”“成交均价”“成交量”和“成交金额”，如图 2-27 所示。

	A	B	C	D	E	F
1	四川联合环境交易所碳交易平台每日行情					
2	交易日期	交易机构	交易品种	成交均价	成交量	成交金额
3						

图 2-27 输入文本数据

(3)选中 A3 单元格，输入文本“2022/7/1”，单击鼠标右键，在下拉菜单中选择“设置单元格格式”，数字格式设置为“日期”，如图 2-28 所示。

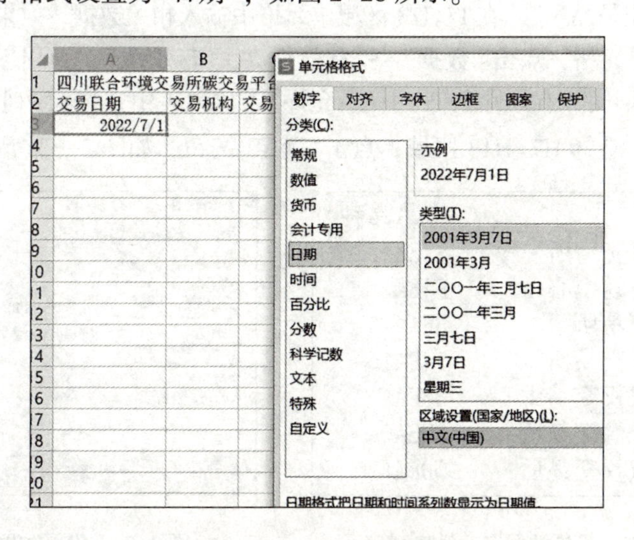

图 2-28 设置日期格式

(4)选中 A3 单元格，鼠标移动到选中单元格右下角，出现“＋”时，按住鼠标左键，向下拖动至 A6 单元格，点击选中单元格右下角的自动填充选项按钮，在弹出的菜单中选择“以序列方式填充”，如图 2-29 所示。

(5)选中 A6 单元格，将文本修改为“2022/7/4”，按照上述步骤，使用填充柄填充至 A11 单元格，在自动填充选项中选择“以序列方式填充”，如图 2-30 所示。

(6)重复上述步骤，完成 A 列交易日期的数据录入，效果如图 2-31 所示。

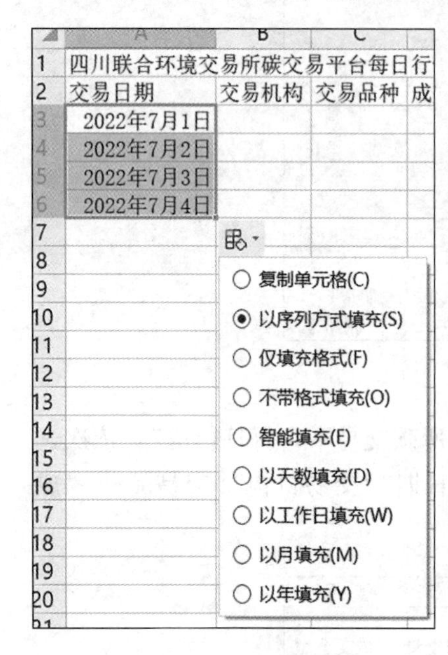

图 2-29　填充柄的使用

图 2-30　设置文本自动填充

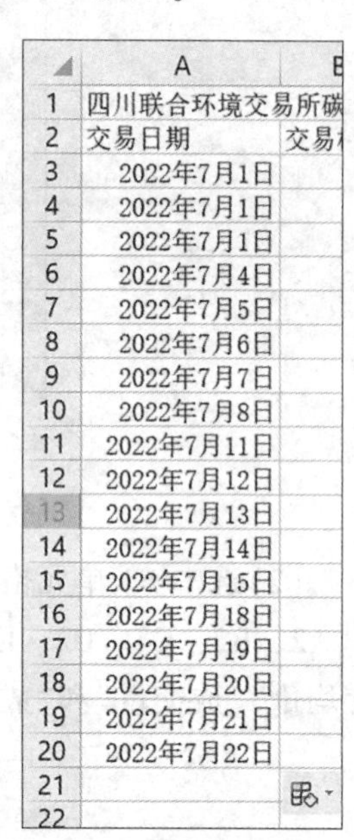

图 2-31　自动填充数据效果

2. 数据有效性

(1)选中 H6 单元格，输入“交易机构”，在 H7:H13 区域单元格中输入相关数据；选中 I6 单元格，输入“交易品种”，在 I7:I13 区域单元格中输入相关数据，效果如图 2-32 所示。

(2)选中 B3 单元格，点击“数据”→“有效性”→“有效性”，弹出“数据有效性”对话框，在“设置”选项卡的“有效性条件”中，“允许”下拉列表中选择“序列”，“来源”中点击选择区域按钮，选择 H7:H13 区域，点击“确定”按钮，如图 2-33 所示。

交易机构	交易品种
深圳排放权交易所	SZEA
福建海峡交易中心	FJEA
北京绿色交易所	BEA
天津排放权交易所	TJEA16
湖北碳排放权交易中心	HBEA
上海环境能源交易所	SHEA
广州碳排放权交易所	GDEA

图 2-32　设置数据有效性序列

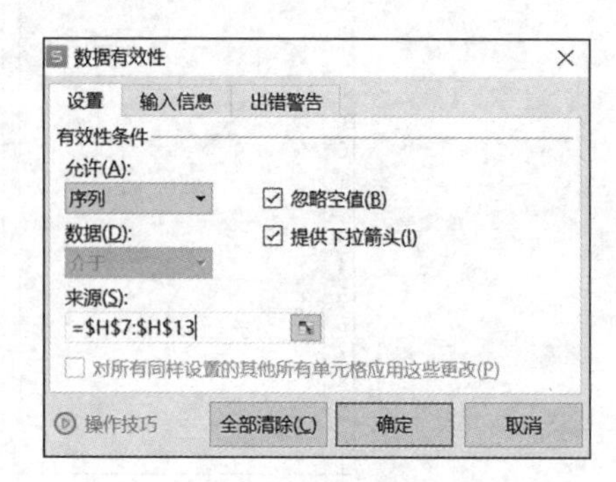

图 2-33　设置数据有效性

(3)选中C3单元格，按照上面的步骤，设置数据有效性，其中序列的来源选择I7:I13区域。

(4)选中B3:C3区域，使用填充柄，将上面的数据有效性填充至B3:C20区域单元格中。在B3:C20区域每个单元格的下拉选项中选择相应的数据，完成相关数据的录入，效果如图2-34所示。

交易机构	交易品种
深圳排放权交易所	SZEA
湖北碳排放权交易中心	HBEA
广州碳排放权交易所	GDEA
湖北碳排放权交易中心	HBEA
福建海峡交易中心	FJEA
北京绿色交易所	BEA
天津排放权交易所	TJEA16
北京绿色交易所	BEA
福建海峡交易中心	FJEA
天津排放权交易所	TJEA16
湖北碳排放权交易中心	HBEA
深圳排放权交易所	SZEA
广州碳排放权交易所	GDEA
上海环境能源交易所	SHEA
广州碳排放权交易所	GDEA
北京绿色交易所	BEA
福建海峡交易中心	FJEA
湖北碳排放权交易中心	HBEA

图2-34 填充数据有效性及选择数据

3. 数据计算

(1)在D3:E20区域，录入成交均价和成交量的相关数据，效果如图2-35所示。

(2)选中F3单元格，输入公式"=D3*E3"，计算出成交金额，然后用填充柄填充至F20单元格。选中F3:F20单元格，单击右键选择"设置单元格格式"，在"数字"选项卡中选择货币、小数位数为2，效果如图2-36所示。

(3)选中B22单元格，输入"交易数量"；选中E22单元格，点击上方工具栏中的公式按钮 fx，弹出"插入函数"对话框，如图2-37所示。选择"COUNT"函数，点击"确定"按钮，弹出"函数参数"对话框，点击选择区域按钮，选择区域E3:E20(图2-38)，点击"确定"按钮，显示计算结果。

四川联合环境交易所碳交易平台每日行情					
交易日期	交易机构	交易品种	成交均价	成交量	成交金额
2022年7月1日	深圳排放权交易所	SZEA	37.27	6646	
2022年7月1日	湖北碳排放权交易中心	HBEA	48.44	2098	
2022年7月1日	广州碳排放权交易所	GDEA	78.02	70420	
2022年7月4日	湖北碳排放权交易中心	HBEA	49.04	480	
2022年7月5日	福建海峡交易中心	FJEA	20.55	18999	
2022年7月6日	北京绿色交易所	BEA	85.5	500	
2022年7月7日	天津排放权交易所	TJEA16	30.11	63521	
2022年7月8日	北京绿色交易所	BEA	86	500	
2022年7月11日	福建海峡交易中心	FJEA	15.3	3000	
2022年7月12日	天津排放权交易所	TJEA16	29.86	153000	
2022年7月13日	湖北碳排放权交易中心	HBEA	46.19	8682	
2022年7月14日	深圳排放权交易所	SZEA	39.94	407	
2022年7月15日	广州碳排放权交易所	GDEA	75.55	42335	
2022年7月18日	上海环境能源交易所	SHEA	61.1	10	
2022年7月19日	广州碳排放权交易所	GDEA	79.36	5500	
2022年7月20日	北京绿色交易所	BEA	87	1000	
2022年7月21日	福建海峡交易中心	FJEA	24.21	1617	
2022年7月22日	湖北碳排放权交易中心	HBEA	45.31	9101	

图2-35 数据录入

四川联合环境交易所碳交易平台每日行情					
交易日期	交易机构	交易品种	成交均价	成交量	成交金额
2022年7月1日	深圳排放权交易所	SZEA	37.27	6646	￥247,696.42
2022年7月1日	湖北碳排放权交易中心	HBEA	48.44	2098	￥101,627.12
2022年7月1日	广州碳排放权交易所	GDEA	78.02	70420	￥5,494,168.40
2022年7月4日	湖北碳排放权交易中心	HBEA	49.04	480	￥23,539.20
2022年7月5日	福建海峡交易中心	FJEA	20.55	18999	￥390,429.45
2022年7月6日	北京绿色交易所	BEA	85.5	500	￥42,750.00
2022年7月7日	天津排放权交易所	TJEA16	30.11	63521	￥1,912,617.31
2022年7月8日	北京绿色交易所	BEA	86	500	￥43,000.00
2022年7月11日	福建海峡交易中心	FJEA	15.3	3000	￥45,900.00
2022年7月12日	天津排放权交易所	TJEA16	29.86	153000	￥4,568,580.00
2022年7月13日	湖北碳排放权交易中心	HBEA	46.19	8682	￥401,021.58
2022年7月14日	深圳排放权交易所	SZEA	39.94	407	￥16,255.58
2022年7月15日	广州碳排放权交易所	GDEA	75.55	42335	￥3,198,409.25
2022年7月18日	上海环境能源交易所	SHEA	61.1	10	￥611.00
2022年7月19日	广州碳排放权交易所	GDEA	79.36	5500	￥436,480.00
2022年7月20日	北京绿色交易所	BEA	87	1000	￥87,000.00
2022年7月21日	福建海峡交易中心	FJEA	24.21	1617	￥39,147.57
2022年7月22日	湖北碳排放权交易中心	HBEA	45.31	9101	￥412,366.31

图 2-36　计算成交金额

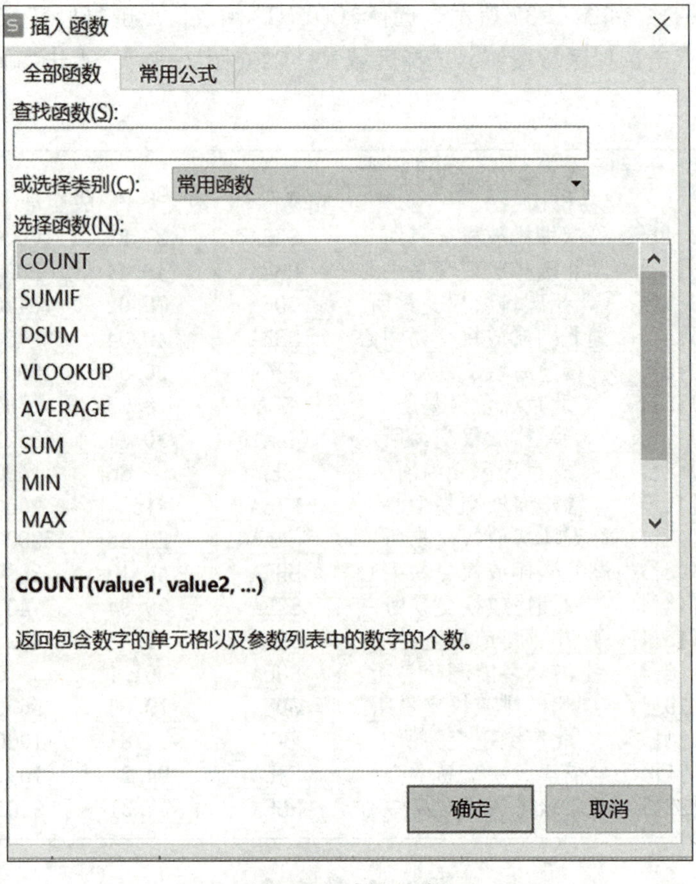

插入函数

全部函数　常用公式

查找函数(S):

或选择类别(C): 常用函数

选择函数(N):

COUNT
SUMIF
DSUM
VLOOKUP
AVERAGE
SUM
MIN
MAX

COUNT(value1, value2, ...)

返回包含数字的单元格以及参数列表中的数字的个数。

确定　取消

图 2-37　插入函数

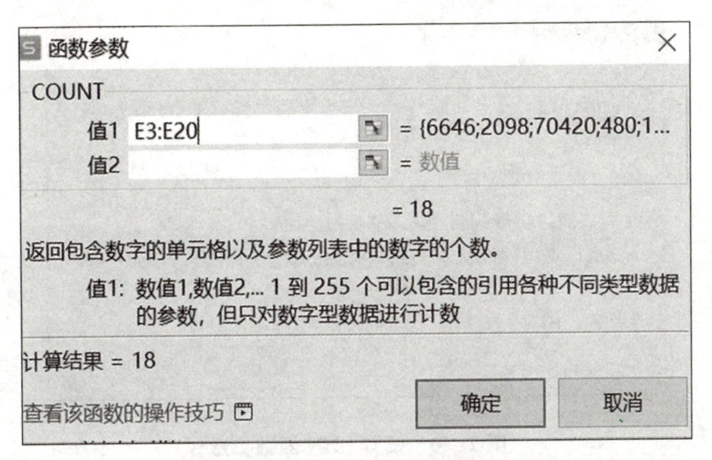

图 2-38　设置 COUNT 函数参数

(4)选中 B23 单元格，输入“单日最大成交量”；选中 E23 单元格，点击上方工具栏中的公式按钮Σ，弹出“插入函数”对话框，选择“MAX”函数，点击“确定”按钮，弹出“函数参数”对话框，点击选择区域按钮，选择 E3∶E20 区域(图 2-39)，点击“确定”按钮，显示计算结果。

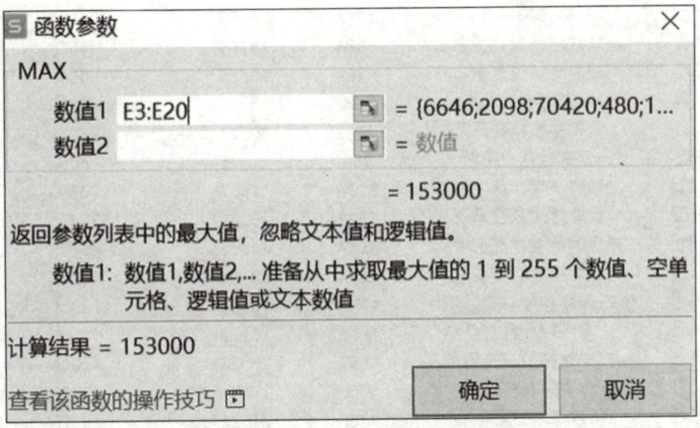

图 2-39　设置 MAX 函数参数

(5)选中 B24 单元格，输入“单日最小成交量”；选中 E24 单元格，点击上方工具栏中的公式按钮Σ，弹出“插入函数”对话框，选择“MIN”函数，点击“确定”按钮，弹出“函数参数对话框”，点击选择区域按钮，选择 E3∶E20 区域(图 2-40)，然后点击“确定”按钮，显示计算结果。

(6)选中 B25 单元格，输入“总成交额”；选中 E25 单元格，点击“开始”→“求和”→“求和”，弹出如图 2-41 所示 SUM 函数公式，选择 F3∶F20 区域，然后按回车键，直接显示计算结果。

(7)选中 B26 单元格，输入“平均成交额”；选中 E26 单元格，点击“开始”→“求和”→“平均值”，弹出如图 2-42 所示 AVERAGE 函数公式，选择 F3∶F20 区域，然后按回车键，直接显示计算结果。

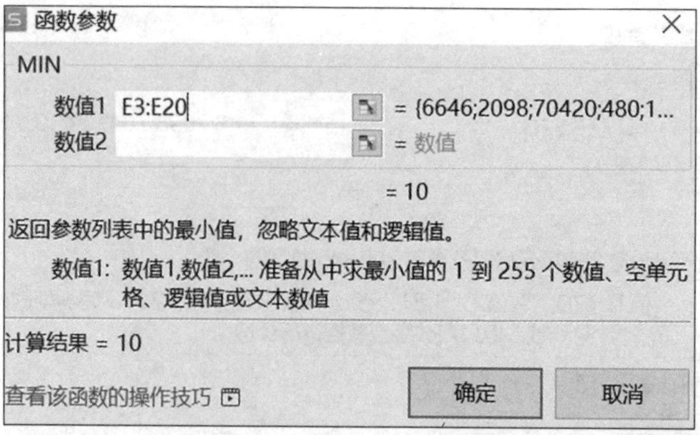

函数参数

MIN

数值1 E3:E20 = {6646;2098;70420;480;1...

数值2 = 数值

= 10

返回参数列表中的最小值，忽略文本值和逻辑值。

数值1：数值1,数值2,... 准备从中求最小值的 1 到 255 个数值、空单元格、逻辑值或文本数值

计算结果 = 10

查看该函数的操作技巧 确定 取消

图 2-40 设置 MIN 函数参数

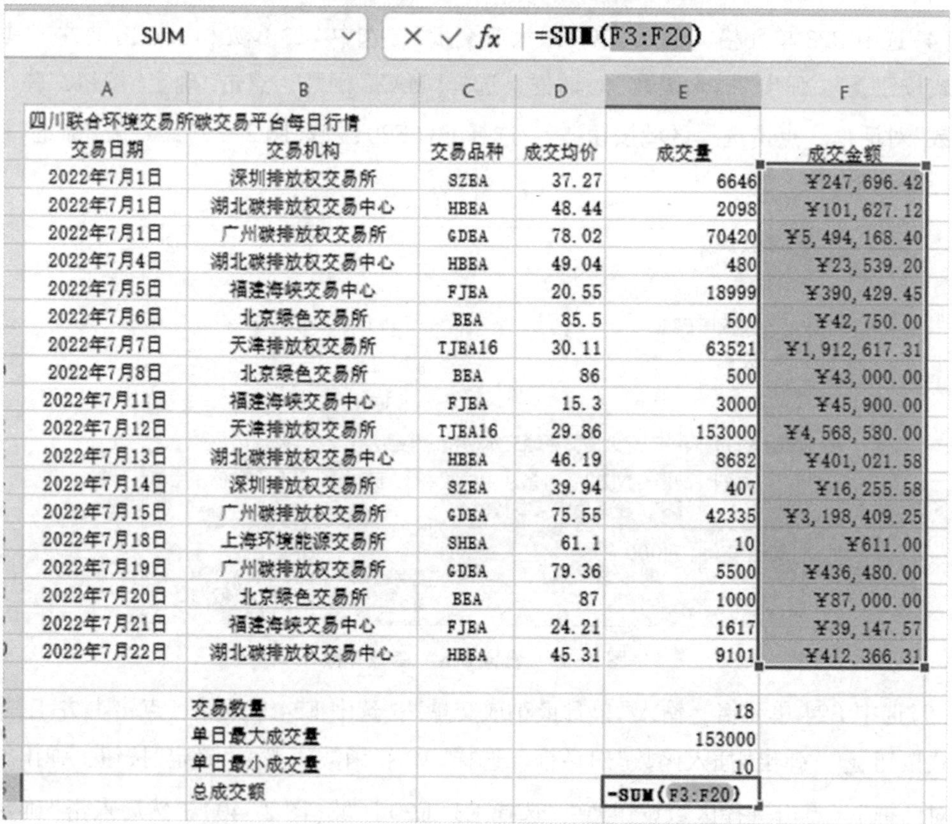

SUM =SUM(F3:F20)

A	B	C	D	E	F
四川联合环境交易所碳交易平台每日行情					
交易日期	交易机构	交易品种	成交均价	成交量	成交金额
2022年7月1日	深圳排放权交易所	SZEA	37.27	6646	¥247,696.42
2022年7月1日	湖北碳排放权交易中心	HBEA	48.44	2098	¥101,627.12
2022年7月1日	广州碳排放权交易所	GDEA	78.02	70420	¥5,494,168.40
2022年7月4日	湖北碳排放权交易中心	HBEA	49.04	480	¥23,539.20
2022年7月5日	福建海峡交易中心	FJEA	20.55	18999	¥390,429.45
2022年7月6日	北京绿色交易所	BEA	85.5	500	¥42,750.00
2022年7月7日	天津排放权交易所	TJEA16	30.11	63521	¥1,912,617.31
2022年7月8日	北京绿色交易所	BEA	86	500	¥43,000.00
2022年7月11日	福建海峡交易中心	FJEA	15.3	3000	¥45,900.00
2022年7月12日	天津排放权交易所	TJEA16	29.86	153000	¥4,568,580.00
2022年7月13日	湖北碳排放权交易中心	HBEA	46.19	8682	¥401,021.58
2022年7月14日	深圳排放权交易所	SZEA	39.94	407	¥16,255.58
2022年7月15日	广州碳排放权交易所	GDEA	75.55	42335	¥3,198,409.25
2022年7月18日	上海环境能源交易所	SHEA	61.1	10	¥611.00
2022年7月19日	广州碳排放权交易所	GDEA	79.36	5500	¥436,480.00
2022年7月20日	北京绿色交易所	BEA	87	1000	¥87,000.00
2022年7月21日	福建海峡交易中心	FJEA	24.21	1617	¥39,147.57
2022年7月22日	湖北碳排放权交易中心	HBEA	45.31	9101	¥412,366.31
	交易数量			18	
	单日最大成交量			153000	
	单日最小成交量			10	
	总成交额			=SUM(F3:F20)	

图 2-41 设置 SUM 函数参数

（8）选中 F20 单元格，点击“开始”→“格式刷”，选择 E25∶E26 单元格，复制单元格格式，效果如图 2-43 所示。

4. 美化工作表

（1）选择 A1∶F1 区域，点击“开始”→“合并居中”，设置字号为 18；选择 A2∶F20 区域，然后按住“Ctrl”键，同时选择 B22∶F26 区域，点击“开始”→“水平居中”；设置字号为 13，框线为所有框线，如图 2-44 所示。

SUM | =AVERAGE(F3:F20)

A	B	C	D	E	F
四川联合环境交易所碳交易平台每日行情					
交易日期	交易机构	交易品种	成交均价	成交量	成交金额
2022年7月1日	深圳排放权交易所	SZEA	37.27	6646	¥247,696.42
2022年7月1日	湖北碳排放权交易中心	HBEA	48.44	2098	¥101,627.12
2022年7月1日	广州碳排放权交易所	GDEA	78.02	70420	¥5,494,168.40
2022年7月4日	湖北碳排放权交易中心	HBEA	49.04	480	¥23,539.20
2022年7月5日	福建海峡交易中心	FJEA	20.55	18999	¥390,429.45
2022年7月6日	北京绿色交易所	BEA	85.5	500	¥42,750.00
2022年7月7日	天津排放权交易所	TJEA16	30.11	63521	¥1,912,617.31
2022年7月8日	北京绿色交易所	BEA	86	500	¥43,000.00
2022年7月11日	福建海峡交易中心	FJEA	15.3	3000	¥45,900.00
2022年7月12日	天津排放权交易所	TJEA16	29.86	153000	¥4,568,580.00
2022年7月13日	湖北碳排放权交易中心	HBEA	46.19	8682	¥401,021.58
2022年7月14日	深圳排放权交易所	SZEA	39.94	407	¥16,255.58
2022年7月15日	广州碳排放权交易所	GDEA	75.55	42335	¥3,198,409.25
2022年7月18日	上海环境能源交易所	SHEA	61.1	10	¥611.00
2022年7月19日	广州碳排放权交易所	GDEA	79.36	5500	¥436,480.00
2022年7月20日	北京绿色交易所	BEA	87	1000	¥87,000.00
2022年7月21日	福建海峡交易中心	FJEA	24.21	1617	¥39,147.57
2022年7月22日	湖北碳排放权交易中心	HBEA	45.31	9101	¥412,366.31
	交易数量			18	
	单日最大成交量			153000	
	单日最小成交量			10	
	总成交额			17461599.19	
	平均成交额			=AVERAGE(F3:F20)	

图 2-42　设置 AVERAGE 函数参数

交易数量			18	
单日最大成交量			153000	
单日最小成交量			10	
总成交额			¥17,461,599.19	
平均成交额			¥970,088.84	

图 2-43　数据计算效果

(2)选择 B22:D22 区域，点击“开始”→“合并居中”，然后选择 E22:F22 区域，同样将其合并居中。

(3)点击“页面布局”→“主题”，选择“华丽”主题，效果如图 2-45 所示。

(4)点击“页面布局”工具栏下的“背景图片”按钮，弹出“工作表背景”对话框，选择路径，找到相应的背景图片，点击“打开”按钮，效果如图 2-46 所示。

5. 工作表的保护

(1)点击“审阅”→“保护工作表”，弹出“保护工作表”对话框，如图 2-47 所示。输入密码，选择“允许此工作表所有用户可进行”的“选定锁定单元格”“选定未锁定单元格”操作后，点击“确定”按钮，再次确认密码，完成对工作表的保护。

(2)点击“审阅”→“撤销工作表保护”，弹出“撤销工作表保护”对话框，如图 2-48 所示，输入密码后，完成对工作表保护的撤销。

	A	B	C	D	E	F
1	四川联合环境交易所碳交易平台每日行情					
2	交易日期	交易机构	交易品种	成交均价	成交量	成交金额
3	2022年7月1日	深圳排放权交易所	SZEA	37.27	6646	¥247,696.42
4	2022年7月1日	湖北碳排放权交易中心	HBEA	48.44	2098	¥101,627.12
5	2022年7月1日	广州碳排放权交易所	GDEA	78.02	70420	¥5,494,168.40
6	2022年7月4日	湖北碳排放权交易中心	HBEA	49.04	480	¥23,539.20
7	2022年7月5日	福建海峡交易中心	FJEA	20.55	18999	¥390,429.45
8	2022年7月6日	北京绿色交易所	BEA	85.5	500	¥42,750.00
9	2022年7月7日	天津排放权交易所	TJEA16	30.11	63521	¥1,912,617.31
10	2022年7月8日	北京绿色交易所	BEA	86	500	¥43,000.00
11	2022年7月11日	福建海峡交易中心	FJEA	15.3	3000	¥45,900.00
12	2022年7月12日	天津排放权交易所	TJEA16	29.86	153000	¥4,568,580.00
13	2022年7月13日	湖北碳排放权交易中心	HBEA	46.19	8682	¥401,021.58
14	2022年7月14日	深圳排放权交易所	SZEA	39.94	407	¥16,255.58
15	2022年7月15日	广州碳排放权交易所	GDEA	75.55	42335	¥3,198,409.25
16	2022年7月18日	上海环境能源交易所	SHEA	61.1	10	¥611.00
17	2022年7月19日	广州碳排放权交易所	GDEA	79.36	5500	¥436,480.00
18	2022年7月20日	北京绿色交易所	BEA	87	1000	¥87,000.00
19	2022年7月21日	福建海峡交易中心	FJEA	24.21	1617	¥39,147.57
20	2022年7月22日	湖北碳排放权交易中心	HBEA	45.31	9101	¥412,366.31
21						
22		交易数量			18	
23		单日最大成交量			153000	
24		单日最小成交量			10	
25		总成交额			¥17,461,599.19	
26		平均成交额			¥970,088.84	
27						

图 2-44 设置单元格格式

	A	B	C	D	E	F
1	四川联合环境交易所碳交易平台每日行情					
2	交易日期	交易机构	交易品种	成交均价	成交量	成交金额
3	2022年7月1日	深圳排放权交易所	SZEA	37.27	6646	¥247,696.42
4	2022年7月1日	湖北碳排放权交易中心	HBEA	48.44	2098	¥101,627.12
5	2022年7月1日	广州碳排放权交易所	GDEA	78.02	70420	¥5,494,168.40
6	2022年7月4日	湖北碳排放权交易中心	HBEA	49.04	480	¥23,539.20
7	2022年7月5日	福建海峡交易中心	FJEA	20.55	18999	¥390,429.45
8	2022年7月6日	北京绿色交易所	BEA	85.5	500	¥42,750.00
9	2022年7月7日	天津排放权交易所	TJEA16	30.11	63521	¥1,912,617.31
10	2022年7月8日	北京绿色交易所	BEA	86	500	¥43,000.00
11	2022年7月11日	福建海峡交易中心	FJEA	15.3	3000	¥45,900.00
12	2022年7月12日	天津排放权交易所	TJEA16	29.86	153000	¥4,568,580.00
13	2022年7月13日	湖北碳排放权交易中心	HBEA	46.19	8682	¥401,021.58
14	2022年7月14日	深圳排放权交易所	SZEA	39.94	407	¥16,255.58
15	2022年7月15日	广州碳排放权交易所	GDEA	75.55	42335	¥3,198,409.25
16	2022年7月18日	上海环境能源交易所	SHEA	61.1	10	¥611.00
17	2022年7月19日	广州碳排放权交易所	GDEA	79.36	5500	¥436,480.00
18	2022年7月20日	北京绿色交易所	BEA	87	1000	¥87,000.00
19	2022年7月21日	福建海峡交易中心	FJEA	24.21	1617	¥39,147.57
20	2022年7月22日	湖北碳排放权交易中心	HBEA	45.31	9101	¥412,366.31
21						
22		交易数量			18	
23		单日最大成交量			153000	
24		单日最小成交量			10	
25		总成交额			¥17,461,599.19	
26		平均成交额			¥970,088.84	
27						

图 2-45 设置工作表的主题

四川联合环境交易所碳交易平台每日行情

交易日期	交易机构	交易品种	成交均价	成交量	成交金额
2022年7月1日	深圳排放权交易所	SZEA	37.27	6646	¥247,696.42
2022年7月1日	湖北碳排放权交易中心	HBEA	48.44	2098	¥101,627.12
2022年7月1日	广州碳排放权交易所	GDEA	78.02	70420	¥5,494,168.40
2022年7月4日	湖北碳排放权交易中心	HBEA	49.04	480	¥23,539.20
2022年7月5日	福建海峡交易中心	FJEA	20.55	18999	¥390,429.45
2022年7月6日	北京绿色交易所	BEA	85.5	500	¥42,750.00
2022年7月7日	天津排放权交易所	TJEA16	30.11	63521	¥1,912,617.31
2022年7月8日	北京绿色交易所	BEA	86	500	¥43,000.00
2022年7月11日	福建海峡交易中心	FJEA	15.3	3000	¥45,900.00
2022年7月12日	天津排放权交易所	TJEA16	29.86	153000	¥4,568,580.00
2022年7月13日	湖北碳排放权交易中心	HBEA	46.19	8682	¥401,021.58
2022年7月14日	深圳排放权交易所	SZEA	39.94	407	¥16,255.58
2022年7月15日	广州碳排放权交易所	GDEA	75.55	42335	¥3,198,409.25
2022年7月18日	上海环境能源交易所	SHEA	61.1	10	¥611.00
2022年7月19日	广州碳排放权交易所	GDEA	79.36	5500	¥436,480.00
2022年7月20日	北京绿色交易所	BEA	87	1000	¥87,000.00
2022年7月21日	福建海峡交易中心	FJEA	24.21	1617	¥39,147.57
2022年7月22日	湖北碳排放权交易中心	HBEA	45.31	9101	¥412,366.31

交易数量	18
单日最大成交量	153000
单日最小成交量	10
总成交额	¥17,461,599.19
平均成交额	¥970,088.84

图 2-46 设置工作表背景

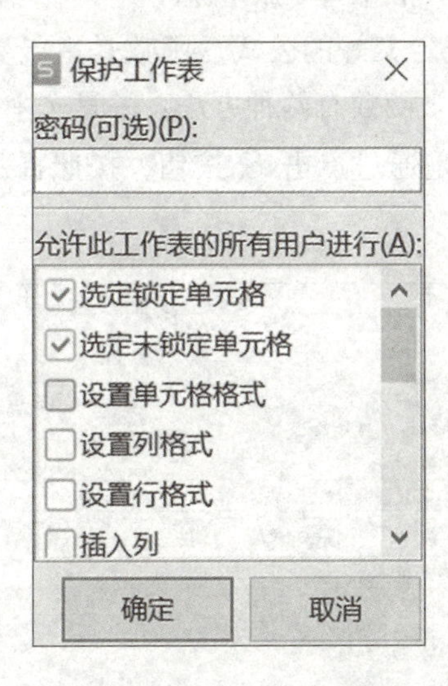

图 2-47 保护工作表设置

撤消工作表保护
密码(P):
确定
取消

图 2-48 撤销工作表保护

知识链接

1. 数据有效性

在输入数据信息之前，为了保证数据输入的正确性和快捷性，可以利用数据的有效性来对单元格进行设置。如果一些字段的数据来源于一定的序列，可以设置序列的有效性后选择序列中的某一项，而不用一一输入，这样既保证了准确性，又提高了效率。

2. 公式和函数

数据计算和统计是 WPS 表格的一个很重要的应用，在实际工作中，表格数据计算的数据量很大，计算形式也很复杂，这时就需要利用 WPS 表格中的公式和函数的计算功能来完成任务。

公式是由常量、单元格引用、单元格名称、函数和运算符组成的字符串。通过公式可以对工作表中的数据进行加减乘除等各种运算。例如，求数据的和，如图 2-49 所示。

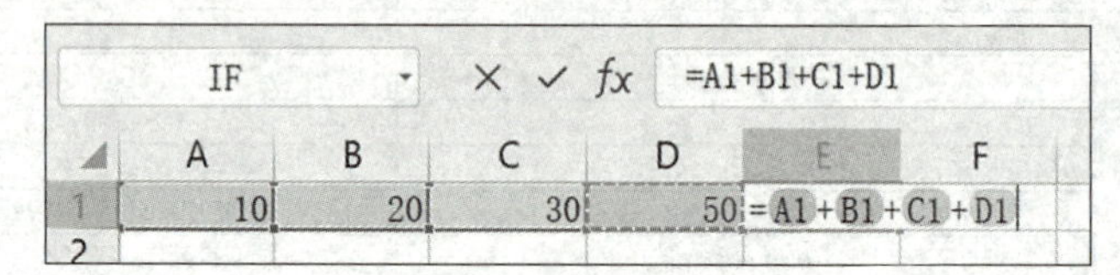

图 2-49　利用公式求和

其中，“A1”“B1”“C1”“D1”代表单元格的值。

函数是在 WPS 表格中已经定义好的公式。函数是由函数名和参数组成的，函数的一般格式为：函数名(参数)。输入函数有两种方法：一是选中单元格后，在编辑栏里直接输入或在单元格里直接输入；二是通过点击 fx 按钮，按照提示输入。例如，求数据的平均值，如图 2-50 至图 2-52 所示。

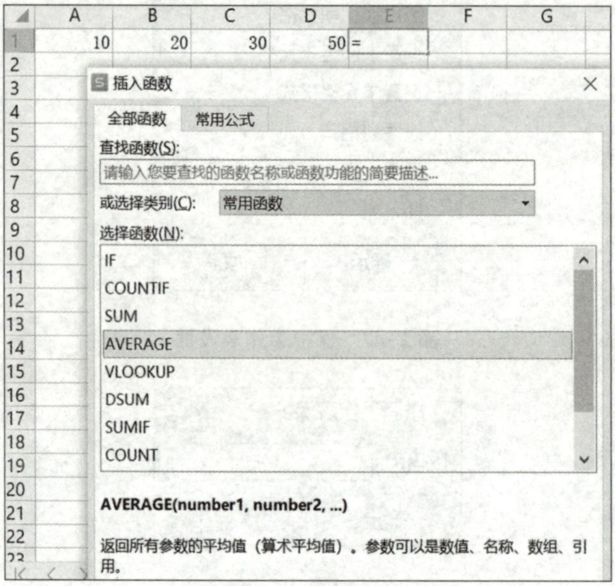

图 2-50　利用提示输入函数

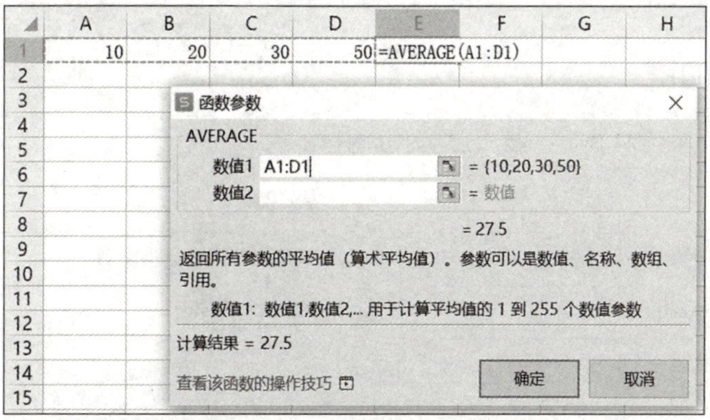

图 2-51 计算平均值

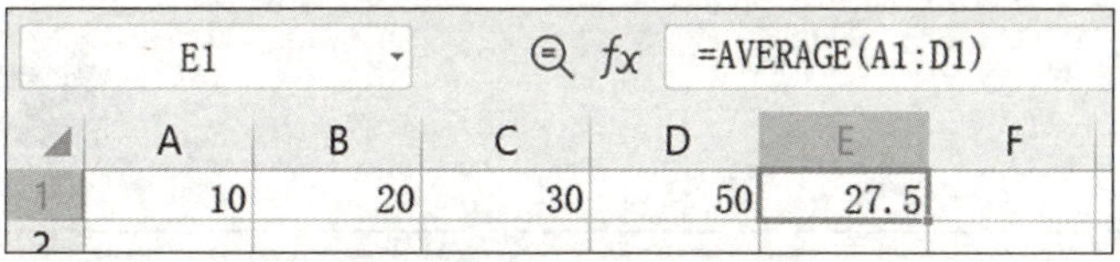

图 2-52 直接输入公式

AVERAGE 函数可用于计算选中区域内所有数据的平均值。语法：AVERAGE(number1,number2,…)，其中，number1，number2 等是用于计算的单元格区域。

MAX 函数可用于计算选中区域中所有数据的最大值。语法：MAX(number1,number2,…)，其中，number1，number2 等是用于计算的单元格区域。

MIN 函数可用于计算选中区域中所有数据的最小值。语法：MIN(number1,number2,…)，其中，number1，number2 等是用于计算的单元格区域。

COUNT 函数可用于计算选中区域中包含数字的单元格及参数列表中的数字的个数。语法：COUNT(value1,value2,…)，其中，value1，value2 等是用于计算的单元格区域。

3. 保护工作簿

WPS 表格可以对整个工作簿进行保护，分为两种方式：一种是保护工作簿的结构和窗口；另一种是加密工作簿。

设置保护工作簿的结构和窗口，打开要保护的工作簿，点击“审阅”选项卡下的“保护工作簿按钮”，弹出“保护工作簿”对话框，输入保护密码，如图 2-53 所示，设置完成后，再次确认密码即可。

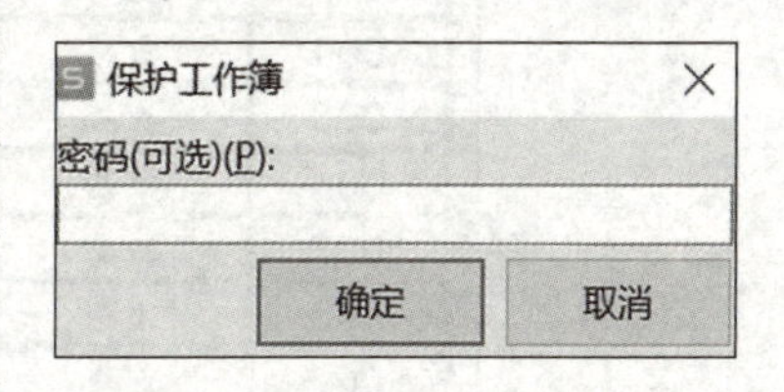

图 2-53 设置保护工作簿密码

再次打开工作簿后，不能对工作簿的结构和窗口进行修改，不能添加、删除工作表和改变工作表的窗口大小。

设置加密工作簿，在当前工作簿中，点击“文件”选项卡下的“文档加密”命令，在弹出的下拉列表选项中选择“密码加密”，弹出如图 2-54 所示的“密码加密”对话框。在“密码加密”对话框中输入保护密码，再次输入密码以及密码提示后，点击“应用”按钮即可。当关闭工作簿再次打开时，会弹出密码提示框，输入正确的密码后，才能打开工作簿。

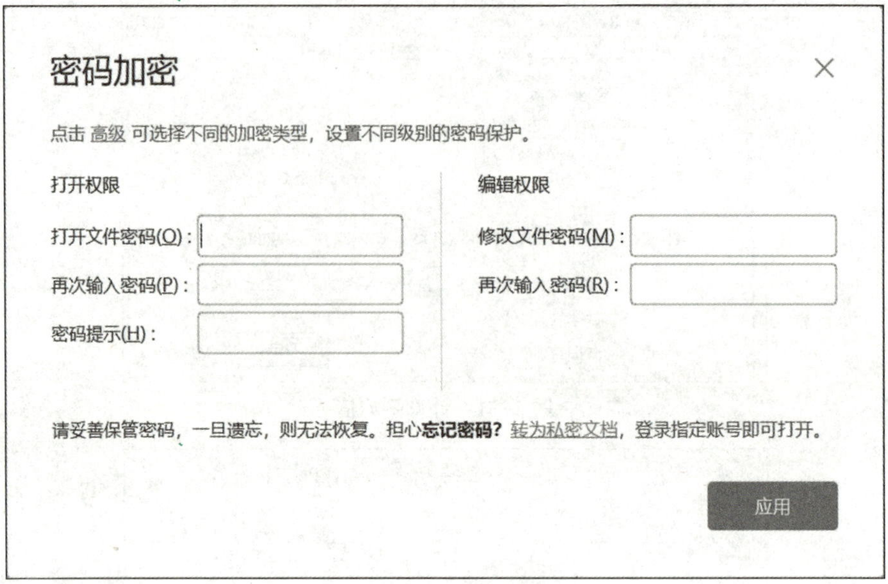

密码加密

点击 高级 可选择不同的加密类型，设置不同级别的密码保护。

打开权限

打开文件密码(O)：

再次输入密码(P)：

密码提示(H)：

编辑权限

修改文件密码(M)：

再次输入密码(R)：

请妥善保管密码，一旦遗忘，则无法恢复。担心**忘记密码?** 转为私密文档，登录指定账号即可打开。

应用

图 2-54 设置密码加密

巩固训练

第九次全国森林资源清查于 2013 年开始，到 2019 年结束，历时 5 年。清查结果显示，全国森林资源总体上呈现出森林资源面积和蓄积继续增加、森林质量和结构有所改善的良好状态。请制作一份“第九次森林清查森林面积前十位省份的森林覆盖率统计”表，具体效果如图 2-55 所示。

第九次森林清查森林面积前十位省份森林覆盖率统计				
序号	省份	森林面积（百公顷）	土地面积（平方千米）	森林覆盖率
001	内蒙古	261485	1183000	22.10%
002	云南	210616	382660	55.04%
003	黑龙江	199046	454650	43.78%
004	四川	183977	483770	38.03%
005	西藏	149099	1228000	12.14%
006	广西	142965	237600	60.17%
007	湖南	105258	211830	49.69%
008	江西	102102	166940	61.16%
009	广东	94598	176750	53.52%
010	陕西	88684	205960	43.06%

最大森林覆盖率	61.16%
最小森林覆盖率	12.14%
森林面积之和	1537830
平均森林面积	153783

图 2-55 “森林覆盖率统计表”效果图

要求：

(1)森林覆盖率=森林面积/土地面积。

(2)工作表主题为“华丽”，设置工作表背景。

(3)设置工作簿保护。

(4)设置单元格格式。

任务 2-3　制作“碳市场交易数据分析”表格

任务目标

(1)掌握相关函数的使用方法，理解绝对引用和相对引用的含义，掌握利用表格数据制作常用图表的方法。

(2)能够根据相关数据创建图表，调整已创建图表中的数据，更换图表布局。

(3)培养学生独立思考和主动探究能力，为职业能力的持续发展奠定基础。

任务描述

2021 年 7 月 16 日，全国碳排放权交易市场开市。全国碳市场是全球覆盖温室气体排放量规模最大的碳市场。全国碳排放权交易市场的交易产品为碳排放配额(CEA)，碳排放配额交易以“每吨二氧化碳当量价格”为计价单位，买卖申报量的最小变动计量为 1 吨二氧化碳当量，申报价格的最小变动计量为 0.01 元人民币。碳排放配额交易应当通过交易系统进行，可以采取协议转让、单向竞价或者其他符合规定的方式，协议转让包括挂牌协议交易和大宗协议交易。

小蒋从相关网站查询到了碳交易市场的每周交易数据，进而对全国碳排放权交易平台自上线以来的交易数据进行分析。

任务实施

1. 交易数据录入

(1)执行“开始”→“程序”→“WPS Office 文件夹”→“WPS Office”命令，或者直接在计算机桌面点击鼠标右键，新建一个 XLSX 工作表，命名为“全国碳交易数据分析”，如图 2-56 所示。

双击打开空白表格，将“Sheet1”重命名为“碳交易平台每周数据”，如图 2-57 所示。

(2)在碳交易平台每周数据表中输入交易日期、交易月份、交易品种、成交量、成交额等标题信息，合并单元格，如图 2-58 所示。

(3)在交易时间列中输入相应的每周日期，并适当调整列宽。在单元格 C4 中输入“CEA”，并填充至单元格 C29，如图 2-59 所示。

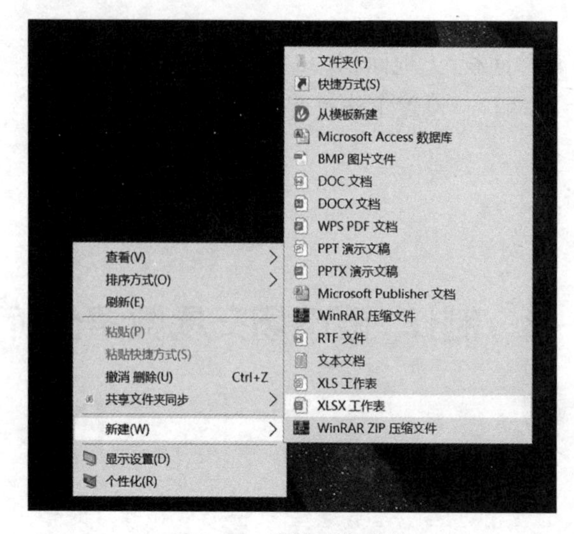

图 2–56 新建电子表格

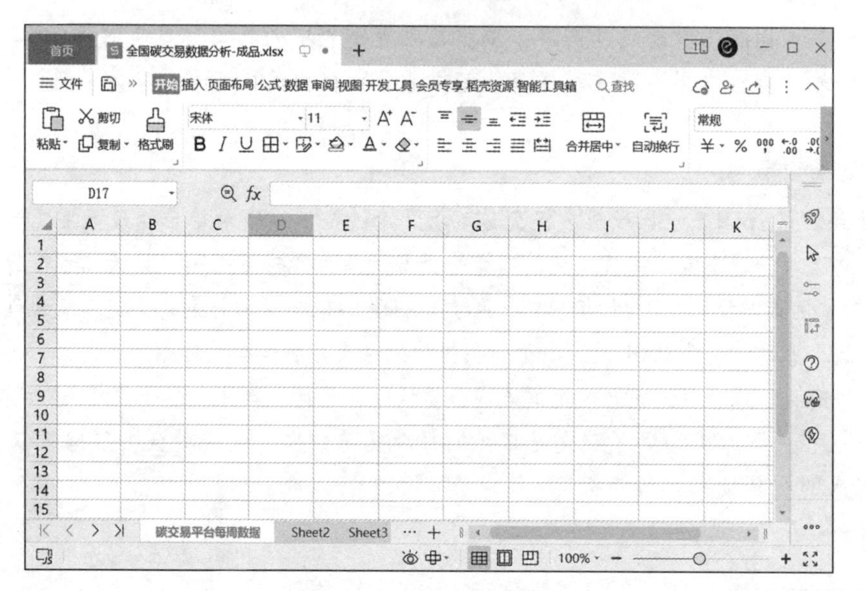

图 2–57 打开空白表格

碳交易平台每周交易数据						
交易时间	交易月份	交易品种	成交量（吨）		成交额（元）	
			挂牌协议交易	大宗协议交易	挂牌协议交易	大宗协议交易

碳交易平台每周数据 Sheet2 Sheet3

图 2–58 输入标题数据

	A	B	C	D
1	碳交易平台每周交易数据			
2	交易时间	交易月份	交易品种	成交量（吨
3				挂牌协议交易
4	2021/07/01-2021/07/18		CEA	
5	2021/07/19-2021/07/23		CEA	
6	2021/07/26-2021/07/30		CEA	
7	2021/08/02-2021/08/06		CEA	
8	2021/08/09-2021/08/13		CEA	
9	2021/08/16-2021/08/20		CEA	
10	2021/08/23-2021/08/27		CEA	
11	2021/08/30-2021/08/31		CEA	
12	2021/09/01-2021/09/03		CEA	
13	2021/09/06-2021/09/10		CEA	
14	2021/09/13-2021/09/17		CEA	
15	2021/09/22-2021/09/24		CEA	
16	2021/09/27-2021/09/30		CEA	
17	2021/10/11-2021/10/15		CEA	
18	2021/10/18-2021/10/22		CEA	
19	2021/10/25-2021/10/29		CEA	
20	2021/11/01-2021/11/05		CEA	
21	2021/11/08-2021/11/12		CEA	
22	2021/11/15-2021/11/19		CEA	
23	2021/11/22-2021/11/26		CEA	
24	2021/11/29-2021/11/31		CEA	
25	2021/12/01-2021/12/03		CEA	
26	2021/12/06-2021/12/10		CEA	
27	2021/12/13-2021/12/17		CEA	
28	2021/12/20-2021/12/24		CEA	
29	2021/12/27-2021/12/31		CEA	

图 2-59　输入交易时间数据

(4)将成交量和成交额相应数据手动输入相应单元格，并调整相应的列宽。选中 F4:G29 单元格区域，设置文字为“水平居中”，设置单元格数字分类为“货币”，保留 2 位小数，如图 2-60 所示。

D	E	F	G
交易平台每周交易数据			
成交量（吨）		成交额（元）	
挂牌协议交易	大宗协议交易	挂牌协议交易	大宗协议交易
4103953	0	210, 230, 053. 25	0. 00
629000	100000	34, 174, 744. 00	5, 292, 000. 00
318984	800000	17, 104, 591. 05	32, 784, 000. 00
187027	0	10, 116, 849. 40	0. 00
100012	279856	5, 471, 590. 03	14, 100, 693. 72
22012	1400000	1, 112, 464. 00	63, 100, 000. 00
44527	455000	2, 133, 705. 36	20, 513, 000. 00
58	0	2, 623. 85	0. 00
600	0	26, 818. 60	0. 00
6312	0	275, 022. 10	0. 00
32090	0	1, 411, 550. 50	0. 00
11572	0	507, 298. 30	0. 00
174633	8983359	7, 381, 940. 26	374, 989, 740. 56
115554	385539	5, 159, 026. 40	16, 921, 306. 71
120536	840000	5, 189, 011. 90	34, 710, 000. 00
171341	920000	7, 302, 002. 61	38, 145, 000. 00
214437	1757744	9, 107, 681. 93	72, 957, 822. 87
131495	2608517	5, 607, 745. 90	110, 020, 031. 41
373933	4808667	16, 121, 157. 62	173, 148, 174. 93
1501606	5629848	64, 483, 958. 98	236, 916, 115. 70
738758	5264740	31, 721, 276. 76	218, 886, 700. 94
2234057	5931331	95, 900, 602. 52	241, 045, 324. 78
3798365	21728691	160, 367, 221. 02	858, 328, 737. 79
6648051	47023869	289, 148, 481. 55	1, 864, 810, 686. 13
4589368	15533396	226, 812, 682. 52	698, 207, 128. 59
4506315	23564197	244, 601, 061. 32	1, 134, 882, 397. 13

图 2-60　输入交易数据

2. 提取交易月份

(1)选中B4单元格，点击上方工具栏中的公式按钮 fx，弹出“插入函数”对话框，选择“LEFT”函数，如图2-61所示。

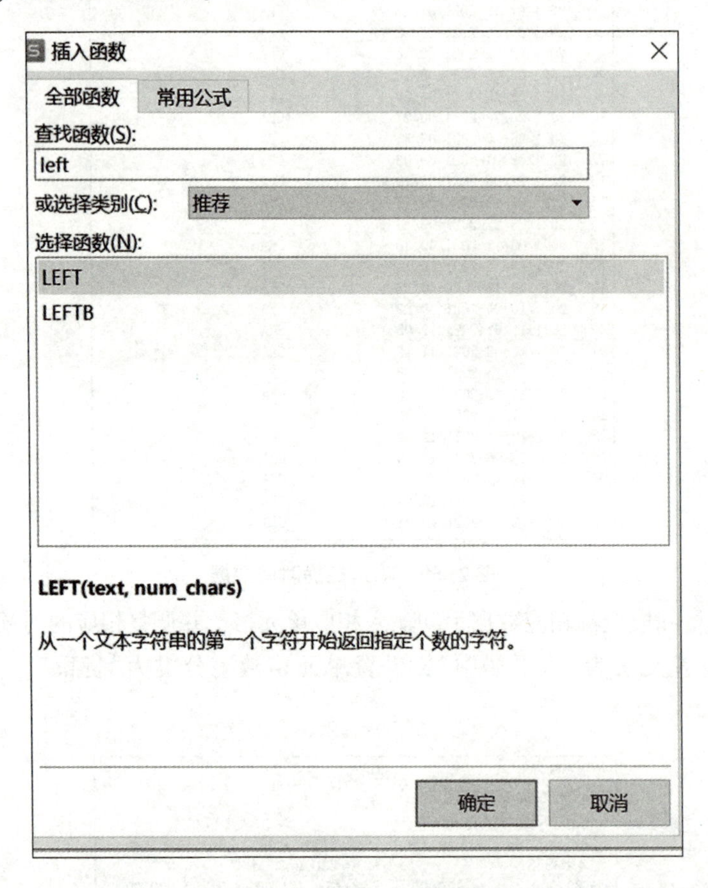

图2-61 插入LEFT函数

(2)点击“确定”按钮，弹出“函数参数”对话框，在“字符串”中点击选择区域按钮，选择单元格A4；在字符个数中输入“7”，如图2-62所示。

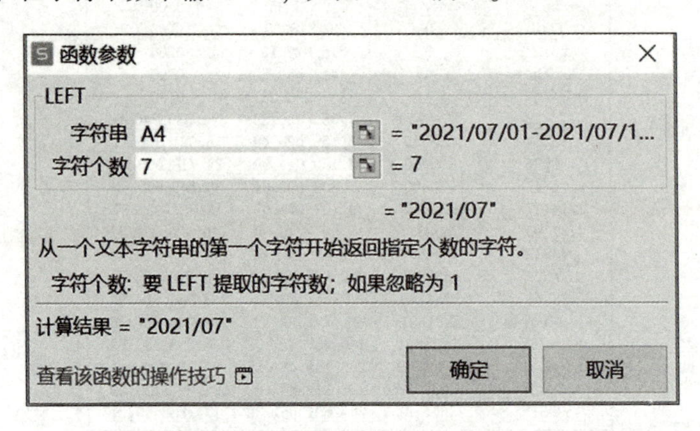

图2-62 设置LEFT函数参数

(3)点击“确定”按钮，选中 B4 单元格，使用填充柄填充至 B29，如图 2-63 所示。

B4 fx =LEFT(A4, 7)

	A	B	C
1			碳交
2	交易时间	交易月份	交易品种
3			
4	2021/07/01-2021/07/18	2021/07	CEA
5	2021/07/19-2021/07/23	2021/07	CEA
6	2021/07/26-2021/07/30	2021/07	CEA
7	2021/08/02-2021/08/06	2021/08	CEA
8	2021/08/09-2021/08/13	2021/08	CEA
9	2021/08/16-2021/08/20	2021/08	CEA
10	2021/08/23-2021/08/27	2021/08	CEA
11	2021/08/30-2021/08/31	2021/08	CEA
12	2021/09/01-2021/09/03	2021/09	CEA
13	2021/09/06-2021/09/10	2021/09	CEA
14	2021/09/13-2021/09/17	2021/09	CEA
15	2021/09/22-2021/09/24	2021/09	CEA
16	2021/09/27-2021/09/30	2021/09	CEA
17	2021/10/11-2021/10/15	2021/10	CEA
18	2021/10/18-2021/10/22	2021/10	CEA
19	2021/10/25-2021/10/29	2021/10	CEA
20	2021/11/01-2021/11/05	2021/11	CEA
21	2021/11/08-2021/11/12	2021/11	CEA
22	2021/11/15-2021/11/19	2021/11	CEA
23	2021/11/22-2021/11/26	2021/11	CEA
24	2021/11/29-2021/11/31	2021/11	CEA
25	2021/12/01-2021/12/03	2021/12	CEA
26	2021/12/06-2021/12/10	2021/12	CEA
27	2021/12/13-2021/12/17	2021/12	CEA
28	2021/12/20-2021/12/24	2021/12	CEA
29	2021/12/27-2021/12/31	2021/12	CEA

图 2-63　交易日期提取

(4)选中 A1:G29 单元格区域，选择“表格样式”→“中色系”→“表样式中等浅 11”；设置单元格边框线条颜色为“佩安紫，着色 4，浅色 40%”。设置 A1 单元格标题的字号为“14”，如图 2-64 所示。

	A	B	C	D	E	F	G
1	碳交易平台每周交易数据						
2	交易时间	交易月份	交易品种	成交量（吨）		成交额（元）	
3				挂牌协议交易	大宗协议交易	挂牌协议交易	大宗协议交易
4	2021/07/01-2021/07/18	2021/07	CEA	4103953	0	210, 230, 053. 25	0. 00
5	2021/07/19-2021/07/23	2021/07	CEA	629000	100000	34, 174, 744. 00	5, 292, 000. 00
6	2021/07/26-2021/07/30	2021/07	CEA	318984	800000	17, 104, 591. 05	32, 784, 000. 00
7	2021/08/02-2021/08/06	2021/08	CEA	187027	0	10, 116, 849. 40	0. 00
8	2021/08/09-2021/08/13	2021/08	CEA	100012	279856	5, 471, 590. 03	14, 100, 693. 72
9	2021/08/16-2021/08/20	2021/08	CEA	22012	1400000	1, 112, 464. 00	63, 100, 000. 00
10	2021/08/23-2021/08/27	2021/08	CEA	44527	455000	2, 133, 705. 36	20, 513, 000. 00
11	2021/08/30-2021/08/31	2021/08	CEA	58	0	2, 623. 85	0. 00
12	2021/09/01-2021/09/03	2021/09	CEA	600	0	26, 818. 60	0. 00
13	2021/09/06-2021/09/10	2021/09	CEA	6312	0	275, 022. 10	0. 00
14	2021/09/13-2021/09/17	2021/09	CEA	32090	0	1, 411, 550. 50	0. 00
15	2021/09/22-2021/09/24	2021/09	CEA	11572	0	507, 298. 30	0. 00
16	2021/09/27-2021/09/30	2021/09	CEA	174633	8983359	7, 381, 940. 26	374, 989, 740. 56
17	2021/10/11-2021/10/15	2021/10	CEA	115554	385539	5, 159, 026. 40	16, 921, 306. 71
18	2021/10/18-2021/10/22	2021/10	CEA	120536	840000	5, 189, 011. 90	34, 710, 000. 00
19	2021/10/25-2021/10/29	2021/10	CEA	171341	920000	7, 302, 002. 61	38, 145, 000. 00
20	2021/11/01-2021/11/05	2021/11	CEA	214437	1757744	9, 107, 681. 93	72, 957, 822. 87
21	2021/11/08-2021/11/12	2021/11	CEA	131495	2608517	5, 607, 745. 90	110, 020, 031. 41
22	2021/11/15-2021/11/19	2021/11	CEA	373933	4808667	16, 121, 157. 62	173, 148, 174. 93
23	2021/11/22-2021/11/26	2021/11	CEA	1501606	5629848	64, 483, 958. 98	236, 916, 115. 70
24	2021/11/29-2021/11/31	2021/11	CEA	738758	5264740	31, 721, 276. 76	218, 886, 700. 94
25	2021/12/01-2021/12/03	2021/12	CEA	2234057	5931331	95, 900, 602. 52	241, 045, 324. 78
26	2021/12/06-2021/12/10	2021/12	CEA	3798365	21728691	160, 367, 221. 02	858, 328, 737. 79
27	2021/12/13-2021/12/17	2021/12	CEA	6648051	47023869	289, 148, 481. 55	1, 864, 810, 686. 13
28	2021/12/20-2021/12/24	2021/12	CEA	4589368	15533396	226, 812, 682. 52	698, 207, 128. 59
29	2021/12/27-2021/12/31	2021/12	CEA	4506315	23564197	244, 601, 061. 32	1, 134, 882, 397. 13
30							

图 2-64　交易数据表效果

3. 数据汇总

(1)将“Sheet2”工作表重命名为“碳交易平台每月数据汇总”，复制“碳交易平台每周数据”工作表中的标题，如图 2-65 所示。

	A	B	C	D	E	F
1	碳交易平台每月数据汇总					
2	交易月份	交易品种	成交量（吨）		成交额（元）	
3			挂牌协议交易	大宗协议交易	挂牌协议交易	大宗协议交易
4						
5						
6						
7						
8						
9						
10						
11						
12						
13						
14						
15						
16						
17						
18						
19						
20						
21						
22						
23						

碳交易平台每周数据　碳交易平台每月数据汇总　Sheet3

图 2-65　设置数据汇总标题

(2)选中 B4 单元格，输入“CEA”，然后用填充柄填充至 B9 单元格。选中 A4 单元格，输入“2021 年 7 月”，利用填充柄，填充至 A9 单元格，然后点击按钮，在弹出的下拉列表中选择“以月填充”，如图 2-66 所示。

图 2-66　填充交易月份

(3)选中 C4 单元格，点击上方工具栏中的公式按钮，弹出“插入函数”对话框，选择“SUMIF”函数，点击“确定”按钮，弹出“函数参数对话框”，“区域”选择区域“碳交易平台每周数据！$B$4:$D$29”；“条件”选择区域“A4”；“求和区域”选择区域“碳交易平台每周数据！$D$4:$D$29”，如图 2-67 所示，然后点击“确定”按钮，显示计算结果。

(4)选中 C4 单元格，利用填充柄填充至 C9 单元格。利用上述 SUMIF 函数，分别计算出 D 列“成交量(吨)-大宗协议交易”、E 列“成交额(元)-挂牌协议交易”和 F 列“成交额(元)-大宗协议交易”的每月数据，如图 2-68 所示。

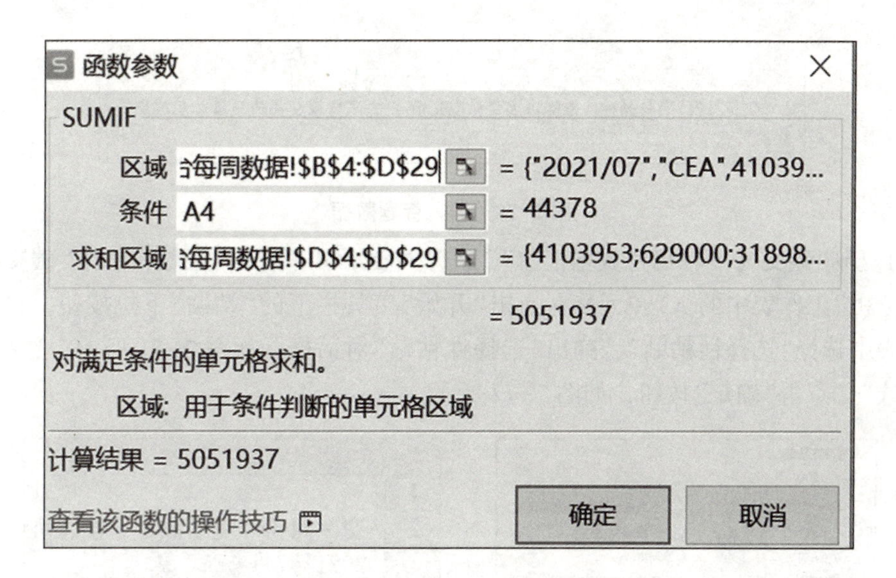

图 2-67 设置 SUMIF 函数参数

C	D	E	F
碳交易平台每月数据汇总			
成交量（吨）		成交额（元）	
挂牌协议交易	大宗协议交易	挂牌协议交易	大宗协议交易
5051937	900000	261, 509, 388. 30	38, 076, 000. 00
353636	2134856	18, 837, 232. 64	97, 713, 693. 72
225207	8983359	9, 602, 629. 76	374, 989, 740. 56
407431	2145539	17, 650, 040. 91	89, 776, 306. 71
2960229	20069516	127, 041, 821. 19	811, 928, 845. 85
21776156	113781484	1, 016, 830, 048. 93	4, 797, 274, 274. 42

图 2-68 利用 SUMIF 函数汇总数据

(5) 设置单元格格式，美化表格，如图 2-69 所示。

	A	B	C	D	E	F
1	碳交易平台每月数据汇总					
2	交易月份	交易品种	成交量（吨）		成交额（元）	
3			挂牌协议交易	大宗协议交易	挂牌协议交易	大宗协议交易
4	2021年7月	CEA	5051937	900000	261, 509, 388. 30	38, 076, 000. 00
5	2021年8月	CEA	353636	2134856	18, 837, 232. 64	97, 713, 693. 72
6	2021年9月	CEA	225207	8983359	9, 602, 629. 76	374, 989, 740. 56
7	2021年10月	CEA	407431	2145539	17, 650, 040. 91	89, 776, 306. 71
8	2021年11月	CEA	2960229	20069516	127, 041, 821. 19	811, 928, 845. 85
9	2021年12月	CEA	21776156	113781484	1, 016, 830, 048. 93	4, 797, 274, 274. 42

图 2-69 美化工作表

4. 图表制作

(1) 将“Sheet3”工作表重命名为“碳交易平台成交量分析”，输入相应标题数据，如图 2-70 所示。

	A	B	C	D	E
1	碳交易平台成交量分析				
2	交易月份	交易品种	挂牌协议交易成交量	大宗协议交易成交量	总成交量
3					
4					

图 2-70　输入标题数据

（2）复制“碳交易平台每月数据汇总”工作表中 A4：B9 单元格区域，选中“碳交易平台成交量分析”工作表中的 A3 单元格，点击“开始”工具栏下的“粘贴”下拉按钮，在弹出的下拉列表中选择“选择性粘贴”，弹出“选择性粘贴”对话框，如图 2-71 所示。选择“值和数字格式”，点击“确定”按钮，如图 2-72 所示。

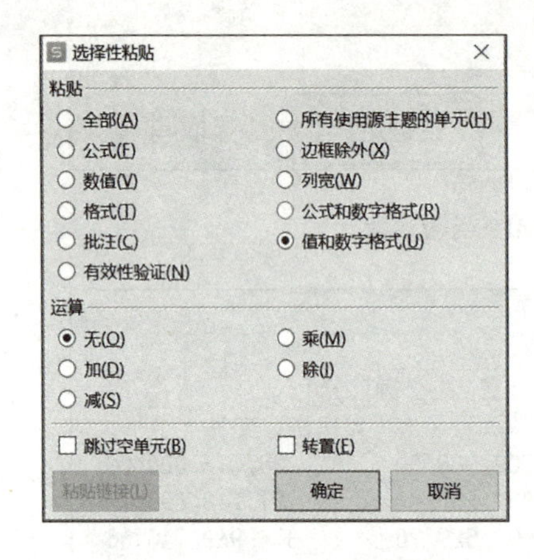

图 2-71　设置选择性粘贴

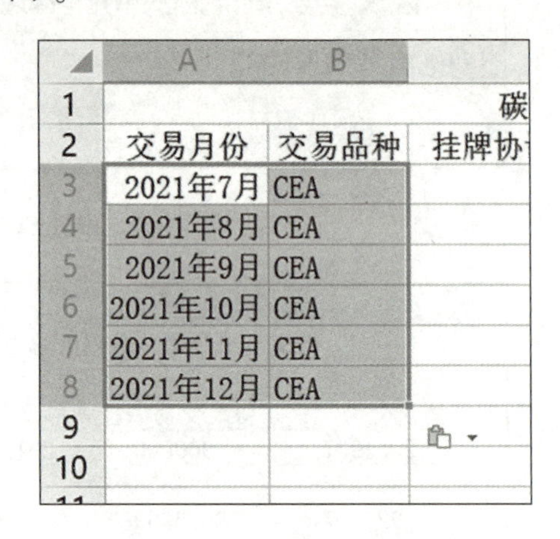

	A	B	
1			碳
2	交易月份	交易品种	挂牌协
3	2021年7月	CEA	
4	2021年8月	CEA	
5	2021年9月	CEA	
6	2021年10月	CEA	
7	2021年11月	CEA	
8	2021年12月	CEA	
9			
10			

图 2-72　选择性粘贴效果

（3）选中 C3 单元格，点击上方工具栏中的公式按钮，弹出“插入函数”对话框，选择“VLOOKUP”函数，点击“确定”按钮，弹出“函数参数”对话框，“查找值”选择区域“A3”；“数据表”选择区域“碳交易平台每月数据汇总！＄A＄2：＄F＄9”；“列序数”为“3”，“匹配条件”为“FALSE”，如图 2-73 所示，然后点击“确定”按钮，显示计算结果。

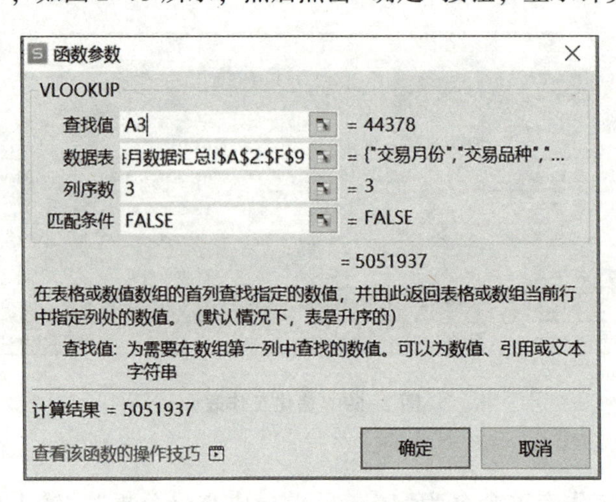

图 2-73　设置单 VLOOKUP 函数参数

(4)选中 C3 单元格，利用填充柄填充至 C8 单元格。利用 VLOOKUP 函数，计算出 D 列“大宗协议交易成交量”的数据。选中 E3 单元格，输入“=C3+D3”计算出总成交量，然后填充至 E8 单元格，如图 2-74 所示。

	A	B	C	D	E
1	碳交易平台成交量分析				
2	交易月份	交易品种	挂牌协议交易成交量	大宗协议交易成交量	总成交量
3	2021年7月	CEA	5051937	900000	5951937
4	2021年8月	CEA	353636	2134856	2488492
5	2021年9月	CEA	225207	8983359	9208566
6	2021年10月	CEA	407431	2145539	2552970
7	2021年11月	CEA	2960229	20069516	23029745
8	2021年12月	CEA	21776156	113781484	135557640

图 2-74　计算总成交额并设置单元格格式

(5)点击“插入”工具栏下的“插入柱形图”下拉按钮，选择“簇状柱形图”，这样就插入了一个空白图表，选中这个空白图表，在上方“图表工具”工具栏中点击“选择数据”按钮，弹出“选择数据”对话框，“图表选择区域”选择“=碳交易平台成交量分析！$A$2:$A$8，碳交易平台成交量分析！$E$2:$E$8”；“系列生成方向”选择“每列数据作为一个系列”，点击“确定”按钮，如图 2-75 所示。

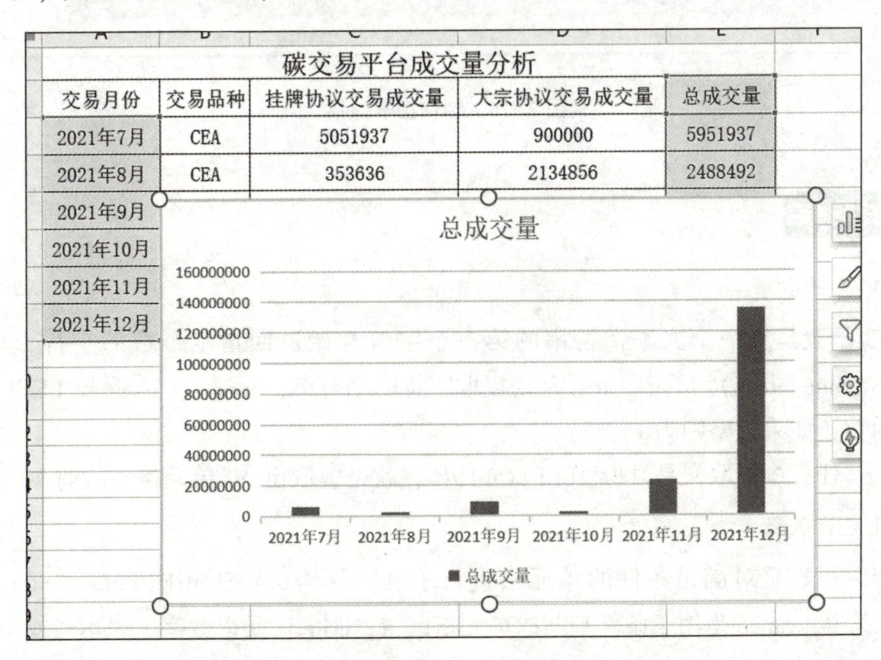

图 2-75　插入图表

(6)选中图表，点击图表右侧的按钮，在弹出的“图表元素”列表中勾选“数据标签”；点击按钮，在弹出的“样式选项”中选择“样式 7”；点击按钮，在右侧弹出“填充与线条”选项卡中填充颜色选择黄色，透明度选择 10%，线条选择实线，如图 2-76 所示。

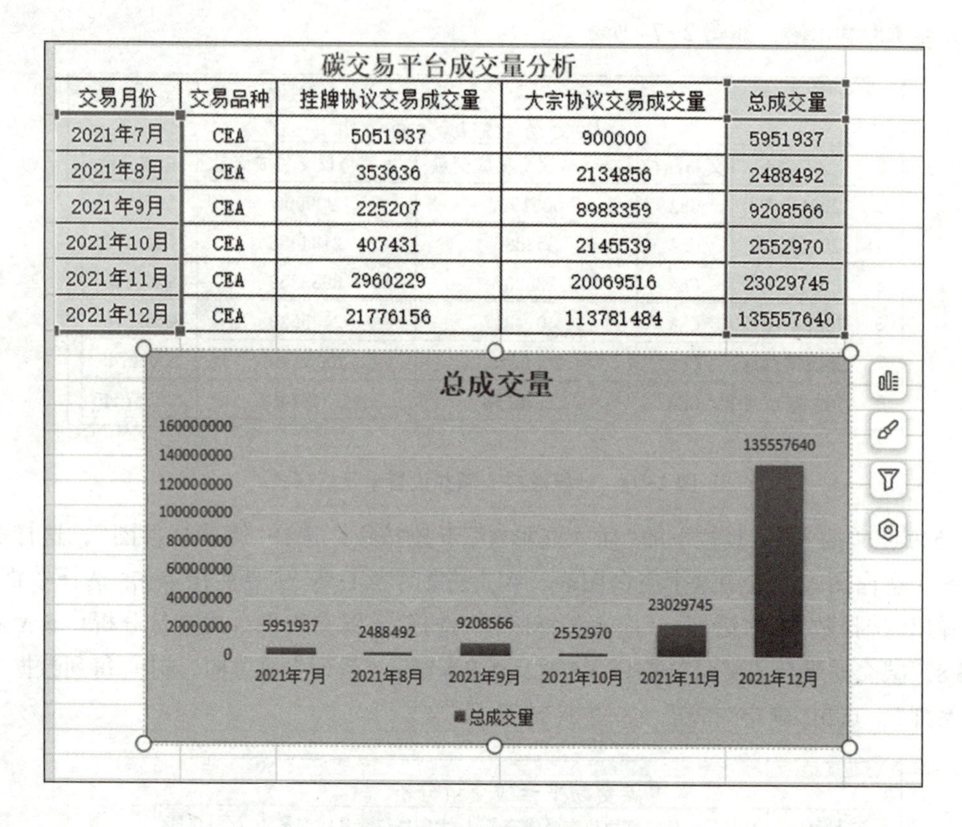

碳交易平台成交量分析

交易月份	交易品种	挂牌协议交易成交量	大宗协议交易成交量	总成交量
2021年7月	CEA	5051937	900000	5951937
2021年8月	CEA	353636	2134856	2488492
2021年9月	CEA	225207	8983359	9208566
2021年10月	CEA	407431	2145539	2552970
2021年11月	CEA	2960229	20069516	23029745
2021年12月	CEA	21776156	113781484	135557640

图 2-76　制作图表效果

知识链接

1. LEFT 函数

LEFT 函数是从一个文本字符串的第一个字符开始返回指定个数的字符。其语法：LEFT(text,num_chars)。其中，text 是要提取字符的字符串，num_ chars 是要 LEFT 函数提取的字符数，如果忽略则为 1。

例如，任务中提取交易月份=LEFT(A4,7)，就是提取出 A4 单元格中的前 7 个字符。

2. SUMIF 函数

SUMIF 函数是对满足条件的单元格进行求和。其语法：SUMIF(range,criteria,sum_range)。其中，range 是用于条件判断的单元格区域；criteria 是以数字、表达式或文本形式定义的条件；sum_ range 是用于求和计算的实际单元格，如果省略，将使用区域中的单元格。

例如，任务中求月成交量 SUMIF(碳交易平台每周数据！＄B＄4:＄D＄29,A4,碳交易平台每周数据！＄D＄4:＄D＄29)，就是在每周数据表中的 B4:D29 区域中找到与每月数据汇总表中的 A4 单元格匹配的区域，然后在 D4:D29 区域中将匹配的区域对应的单元格进行求和。

3. VLOOKUP 函数

VLOOKUP 函数是在表格或数值数组的首列查找指定的数值，并由此返回表格或数组当前行中指定列的数值。其语法：VLOOKUP(look_value,table_array,col_index_num,range_lookup)。

其中，look_ value 是需要在数组第一列中查找的数值，可以为数值、引用或文本字符串；table_ array 是需要在其中查找数据的数据表，可以使用对区域或区域名称的引用；col_ index_ num 是待返回的匹配值的列序号，为 1 时，返回数据表第一列中的数值；range_ lookup 是指定在查找时要求精确匹配，还是大致匹配，如果为 FALSE，精确匹配，如果为 TRUE 或忽略，大致匹配。

例如，任务中成交量分析表的挂牌协议交易成交量 VLOOKUP(A3，碳交易平台每月数据汇总！$A$2:$F$9，3，FALSE)，就是在每月汇总表 A2:F9 区域中精确查找和成交量分析表中 A3 单元格中内容相匹配的值，与该值对应的每月汇总表 A2:F9 区域中的第三列的值即为计算结果。

4. 绝对引用与相对引用

绝对引用是在指定的地方引用一个单元格。如果是公式所在的单元格发生改变，那么运用了绝对引用的单元格是永远不变的。绝对引用时公式中的单元格不会根据原单元格的相对位置变化而发生变化。

相对引用是在绝对引用的基础上包括了公式和单元格的相对位置。例如，公式所在的单元格的位置改变，那么相对引用的单元格也会随之改变。相对引用时公式中的单元格会根据原单元格的相对位置变化而发生变化。

带上“$”符号时，就表示这个符号后面的行和列都运行了绝对引用；没有这个符号的时候行和列就是相对引用。一般表格中使用公式的时候会用到绝对引用和相对引用。

在实际使用时，有时候需要单独使用绝对引用，有时候需要单独使用相对引用，当然，有时候也需要混合使用。例如，任务中的 SUMIF(碳交易平台每周数据！$B$4:$D$29,A4,碳交易平台每周数据！$D$4:$D$29)是混合使用，区域选择 $B$4:$D$29 是绝对引用，条件 A4 是相对引用。

5. 创建图表

WPS 表格提供了丰富的图表功能，标准类型有柱形图、条形图、饼图等 14 种，每一种还有二维、三维、簇状、百分比图等供选择。自定义类型则有彩色折线图、悬浮条形图等 20 多种。对于不同的数据表，应选择最适合的图表类型，使表现的数据更生动、形象。在办公实践中，使用较多的图表有柱形图、条形图、折线图、饼图、散点图 5 种。制作时，图表类型的选取最好与源数据表内容相关。例如，要制作某公司上半年各月份之间销售变化趋势，可使用柱形图、条形图或折线图；用来表现某公司人员职称结构、年龄结构等，可采用饼图；用来表现居民收入与上网时间关系等，尽量采用 XY 散点图。主要的图表类型及特点如下：

①柱形图　用于描述数据随时间变化的趋势或各项数据之间的差异。

②条形图　与柱形图相比，更强调数据的变化。

③折线图　显示在相同时间间隔内数据的变化趋势，强调时间的变化率。

④面积图　强调各部分与整体的相对大小关系。

⑤饼图　显示数据系列中每项占该系列数值的比例关系，只能显示一个数据系列。

⑥XY 散点图　一般用于科学计算，显示间隔不等的数据变化情况。

⑦气泡图　是 XY 散点图的一种特殊类型，它在散点的基础上附加了数据系列。

⑧圆环图　类似于饼图，也可以显示部分与整体的关系，但能表示多个数据系列。

⑨股市图　用来分析说明股市的行情变化。

⑩雷达图　用于显示数据系列相对于中心点以及相对于彼此数据类别的变化。

⑪曲面图　用来寻找两组数据的最佳组合。

创建图表的方法有两种，一是在“插入”工具栏的“图表”下拉菜单中选择不同的图表类型；二是利用 F11 或 Alt+F1 功能键快速制作单独的柱形图。

WPS 表格的图表有嵌入式图表和工作表图表两种类型。嵌入式图表与创建图表的数据源在同一张工作表中；工作表图表是只包含图表的工作表。无论哪种图表都与创建它们的工作表数据相关，当修改工作表数据时，图表会随之更新。

图表创建好后，可根据需要对图表进行修改或对其某一部分进行格式设置。当创建完一个图表后，在功能区会增加“绘图工具”“文本工具”和“图表工具”3 个选项卡，可以分别进行设置，如图 2-77 所示。

绘图工具：可以设置图表的坐标轴、背景、插入图片、文本框和形状等。针对图表中某一个区域可以详细设置该区域的格式，如边框、填充的颜色和样式等。

文本工具：可以设置文本的效果填充与轮廓等。

图表工具：可以设置图表的布局、样式、数据的选择、数据的行/列切换以及图表的位置等。

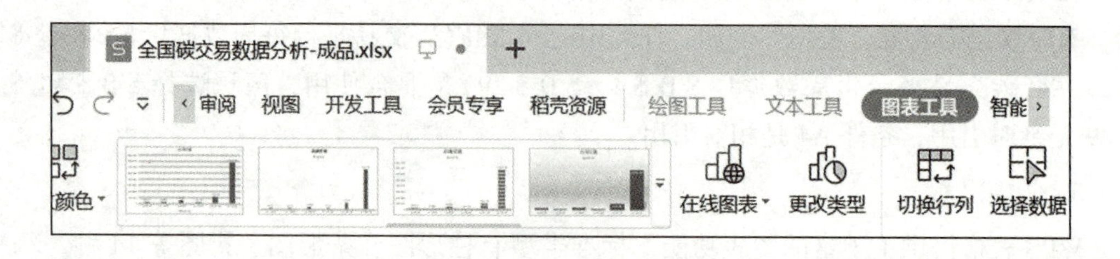

图 2-77　图表工具栏

巩固训练

制作一张如图 2-78 所示的“碳交易平台成交额分析”工作表。

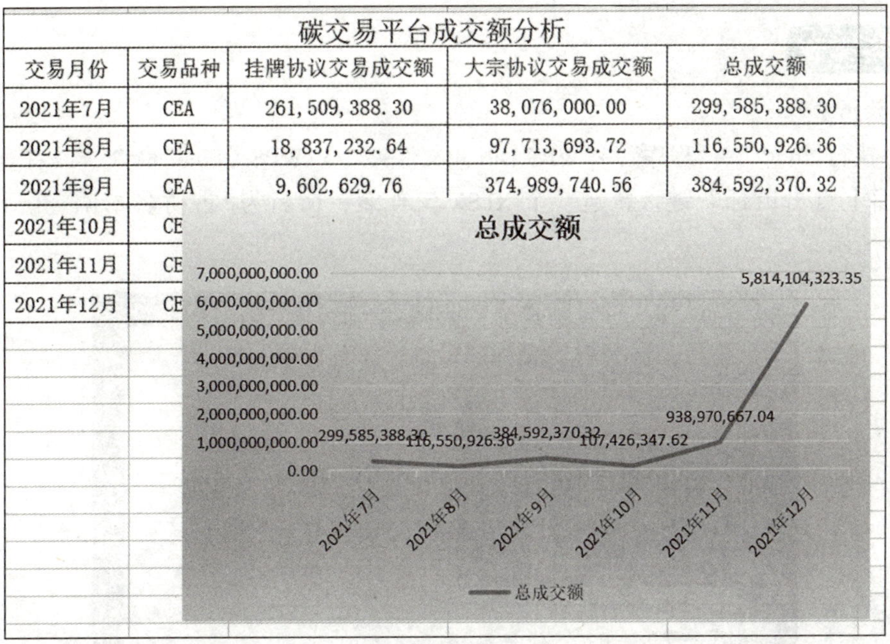

碳交易平台成交额分析				
交易月份	交易品种	挂牌协议交易成交额	大宗协议交易成交额	总成交额
2021年7月	CEA	261, 509, 388. 30	38, 076, 000. 00	299, 585, 388. 30
2021年8月	CEA	18, 837, 232. 64	97, 713, 693. 72	116, 550, 926. 36
2021年9月	CEA	9, 602, 629. 76	374, 989, 740. 56	384, 592, 370. 32
2021年10月	CE			
2021年11月	CE			
2021年12月	CE			

总成交额
7,000,000,000.00
6,000,000,000.00
5,000,000,000.00
4,000,000,000.00
3,000,000,000.00
2,000,000,000.00
1,000,000,000.00
0.00
299,585,388.30
116,550,926.36
384,592,370.32
107,426,347.62
938,970,667.04
5,814,104,323.35
2021年7月
2021年8月
2021年9月
2021年10月
2021年11月
2021年12月
总成交额

图 2-78 "碳交易平台成交额分析"工作效果图

要求：

(1)利用 VLOOKUP 函数查找相关数据。

(2)图表使用折线图。

(3)设置图表相关格式及样式。

任务 2-4 制作"古树名木调查统计"表格

任务目标

(1)掌握排序、筛选、分类汇总等操作，掌握数据透视表的创建、更新数据、添加和删除字段、查看明细数据等操作，能利用数据透视表创建数据透视图。

(2)能够按照需要筛选出满足复杂条件的数据，按指定要求对数据区域进行排序，对数据进行一级或多级分类汇总，创建和设置一维或多维数据透视表。

(3)培养数字化环境下自主探究解决问题的综合能力，增强团队协作和沟通意识。

任务描述

2017 年 5 月河南省进行了第二次古树名木普查工作，对河南省的古树名木家底进行了盘点。小蒋准备把普查工作中统计出来的相关数据整理一下，制作一份古树名木调查统计表。

任务实施

1. 数据录入

(1)执行“开始”→“程序”→“WPS Office 文件夹”→“WPS Office”命令，或者直接在计算机桌面上点击鼠标右键，新建一个 XLSX 工作表，命名为“古树名木调查统计”，如图 2-79 所示。

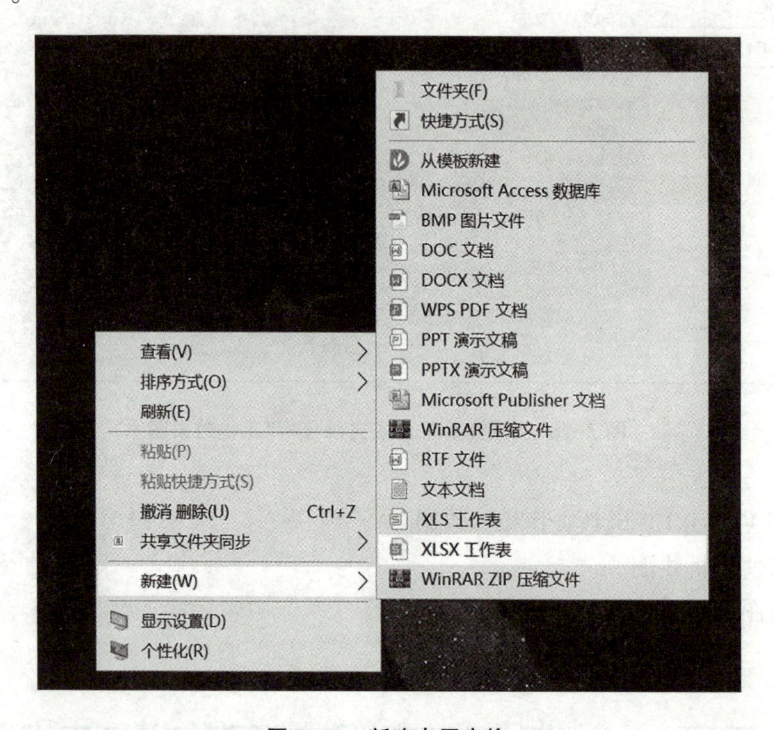

图 2-79 新建电子表格

双击打开空白表格，将“Sheet1”重命名为“古树名木调查情况表”，如图 2-80 所示。

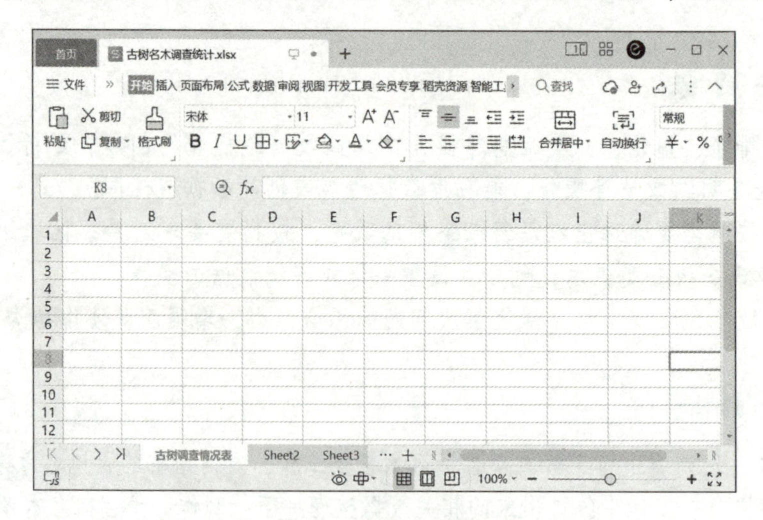

图 2-80 重命名工作表

（2）在“古树调查情况表”中输入序号、地区、古树品种、古树树龄和古树级别标题信息，合并单元格，效果如图 2-81 所示。

图 2-81　输入标题数据

（3）选中 A3 单元格，输入“001”，然后用填充柄填充至 A50 单元格。在表格外的 H 列和 I 列输入数据有效性序列“地区”和“品种”选项列表，在表中设置 B 列“地区”和 C 列“品种”的数据有效性，填充至 B50 和 C50 单元格，按照如图 2-82 所示的效果选择相应的数据选项，同时手动输入古树树龄。

（4）古树分为国家一、二、三级，树龄 500 年以上（含 500 年）为国家一级古树，树龄 300~499 年（含 300 年）为国家二级古树，树龄 100~299 年（含 100 年）为国家三级古树。按照上述标准，选中 E3 单元格，在编辑栏内输入“=IF(D3>=500,"一级",IF(D3>=300,"二级",IF(D3>=100,"三级","非古树")))”，按回车键，然后用填充柄填充至 E50 单元格，如图 2-83 所示。

（5）设置单元格的边框和底纹，美化表格，效果如图 2-84 所示。

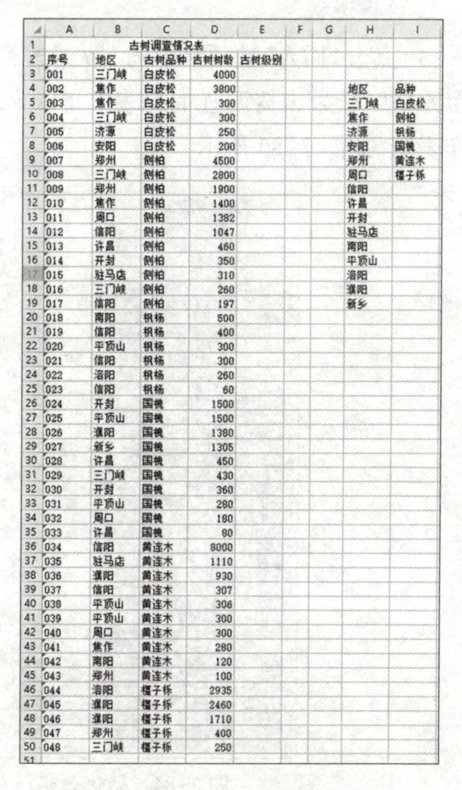

	A	B	C	D	E	F	G	H	I
1	古树调查情况表								
2	序号	地区	古树品种	古树树龄	古树级别				
3	001	三门峡	白皮松	4000					
4	002	焦作	白皮松	3800				地区	品种
5	003	焦作	白皮松	300				三门峡	白皮松
6	004	三门峡	白皮松	300				焦作	侧柏
7	005	济源	白皮松	250				济源	枫杨
8	006	安阳	白皮松	200				安阳	国槐
9	007	郑州	侧柏	4500				郑州	黄连木
10	008	三门峡	侧柏	2800				周口	橿子栎
11	009	郑州	侧柏	1900				信阳	
12	010	焦作	侧柏	1400				许昌	
13	011	周口	侧柏	1382				开封	
14	012	信阳	侧柏	1047				驻马店	
15	013	许昌	侧柏	460				南阳	
16	014	开封	侧柏	350				平顶山	
17	015	驻马店	侧柏	310				洛阳	
18	016	三门峡	侧柏	260				濮阳	
19	017	信阳	侧柏	197				新乡	
20	018	南阳	枫杨	500					
21	019	信阳	枫杨	400					
22	020	平顶山	枫杨	300					
23	021	信阳	枫杨	300					
24	022	洛阳	枫杨	260					
25	023	信阳	枫杨	60					
26	024	开封	国槐	1500					
27	025	平顶山	国槐	1500					
28	026	濮阳	国槐	1380					
29	027	新乡	国槐	1305					
30	028	许昌	国槐	450					
31	029	三门峡	国槐	430					
32	030	开封	国槐	360					
33	031	平顶山	国槐	280					
34	032	周口	国槐	180					
35	033	许昌	国槐	80					
36	034	信阳	黄连木	8000					
37	035	驻马店	黄连木	1110					
38	036	濮阳	黄连木	930					
39	037	信阳	黄连木	307					
40	038	平顶山	黄连木	306					
41	039	平顶山	黄连木	300					
42	040	周口	黄连木	300					
43	041	焦作	黄连木	280					
44	042	南阳	黄连木	120					
45	043	郑州	黄连木	100					
46	044	洛阳	橿子栎	2935					
47	045	濮阳	橿子栎	2460					
48	046	濮阳	橿子栎	1710					
49	047	郑州	橿子栎	400					
50	048	三门峡	橿子栎	250					
51									

图 2-82　输入相关数据

E3　=IF(D3>=500,"一级",IF(D3>=300,"二级",IF(D3>=100,"三级","非古树")))

古树调查情况表				
序号	地区	古树品种	古树树龄	古树级别
001	三门峡	白皮松	4000	一级
002	焦作	白皮松	3800	一级
003	焦作	白皮松	300	二级
004	三门峡	白皮松	300	二级
005	济源	白皮松	250	三级
006	安阳	白皮松	200	三级
007	郑州	侧柏	4500	一级
008	三门峡	侧柏	2800	一级
009	郑州	侧柏	1900	一级
010	焦作	侧柏	1400	一级
011	周口	侧柏	1382	一级
012	信阳	侧柏	1047	一级
013	许昌	侧柏	460	二级
014	开封	侧柏	350	二级
015	驻马店	侧柏	310	二级
016	三门峡	侧柏	260	三级
017	信阳	侧柏	197	三级
018	南阳	枫杨	500	一级
019	信阳	枫杨	400	二级
020	平顶山	枫杨	300	二级
021	信阳	枫杨	300	二级
022	洛阳	枫杨	260	三级
023	信阳	枫杨	60	非古树
024	开封	国槐	1500	一级
025	平顶山	国槐	1500	一级
026	濮阳	国槐	1380	一级
027	新乡	国槐	1305	一级
028	许昌	国槐	450	二级
029	三门峡	国槐	430	二级
030	开封	国槐	360	二级
031	平顶山	国槐	280	三级
032	周口	国槐	180	三级
033	许昌	国槐	80	非古树
034	信阳	黄连木	8000	一级
035	驻马店	黄连木	1110	一级
036	濮阳	黄连木	930	一级
037	信阳	黄连木	307	二级
038	平顶山	黄连木	306	二级
039	平顶山	黄连木	300	二级
040	周口	黄连木	300	二级
041	焦作	黄连木	280	三级
042	南阳	黄连木	120	三级
043	郑州	黄连木	100	三级
044	洛阳	橿子栎	2935	一级
045	濮阳	橿子栎	2460	一级
046	濮阳	橿子栎	1710	一级
047	郑州	橿子栎	400	二级
048	三门峡	橿子栎	250	三级

地区	品种
三门峡	白皮松
焦作	侧柏
济源	枫杨
安阳	国槐
郑州	黄连木
周口	橿子栎
信阳	
许昌	
开封	
驻马店	
南阳	
平顶山	
洛阳	
濮阳	
新乡	

图 2-83　利用 IF 函数判断古树级别

2. 数据透视表

(1)点击“插入”选项卡中的“数据透视表”按钮，弹出“创建数据透视表”对话框，选择单元格区域为'古树调查情况表'！＄A＄2：＄E＄50；放置数据透视表的位置选择“新建工作表”，如图 2-85 所示。

古树调查情况表				
序号	地区	古树品种	古树树龄	古树级别
001	三门峡	白皮松	4000	一级
002	焦作	白皮松	3800	一级
003	焦作	白皮松	300	二级
004	三门峡	白皮松	300	二级
005	济源	白皮松	250	三级
006	安阳	白皮松	200	三级
007	郑州	侧柏	4500	一级
008	三门峡	侧柏	2800	一级
009	郑州	侧柏	1900	一级
010	焦作	侧柏	1400	一级
011	周口	侧柏	1382	一级
012	信阳	侧柏	1047	一级
013	许昌	侧柏	460	二级
014	开封	侧柏	350	二级
015	驻马店	侧柏	310	二级
016	三门峡	侧柏	260	三级
017	信阳	侧柏	197	三级
018	南阳	枫杨	500	一级
019	信阳	枫杨	400	二级
020	平顶山	枫杨	300	二级
021	信阳	枫杨	300	二级
022	洛阳	枫杨	260	三级
023	信阳	枫杨	60	非古树
024	开封	国槐	1500	一级
025	平顶山	国槐	1500	一级
026	濮阳	国槐	1380	一级
027	新乡	国槐	1305	一级
028	许昌	国槐	450	二级
029	三门峡	国槐	430	二级
030	开封	国槐	360	二级
031	平顶山	国槐	280	三级
032	周口	国槐	180	三级
033	许昌	国槐	80	非古树
034	信阳	黄连木	8000	一级
035	驻马店	黄连木	1110	一级
036	濮阳	黄连木	930	一级
037	信阳	黄连木	307	二级
038	平顶山	黄连木	306	二级
039	平顶山	黄连木	300	二级
040	周口	黄连木	300	二级
041	焦作	黄连木	280	三级
042	南阳	黄连木	120	三级
043	郑州	黄连木	100	三级
044	洛阳	橿子栎	2935	一级
045	濮阳	橿子栎	2460	一级
046	濮阳	橿子栎	1710	一级
047	郑州	橿子栎	400	二级
048	三门峡	橿子栎	250	三级

地区	品种
三门峡	白皮松
焦作	侧柏
济源	枫杨
安阳	国槐
郑州	黄连木
周口	橿子栎
信阳	
许昌	
开封	
驻马店	
南阳	
平顶山	
洛阳	
濮阳	
新乡	

图 2-84　美化表格

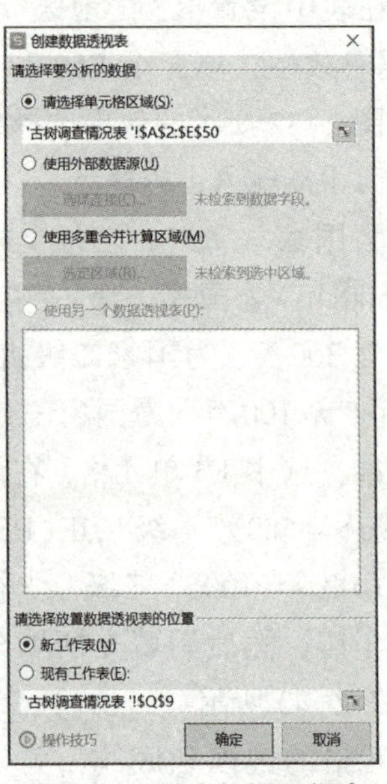

图 2-85　创建数据透视表

(2)点击“确定”按钮，自动新建一个“Sheet1”工作表，将工作表重命名为“数据透视表”。在表的右侧“数据透视表”设置窗口，字段列表中选择“地区”“古树品种”“古树级别”。选中“地区”，将其拖放到数据透视表区域中的“筛选器”中；选中“古树品种”，将其拖放到“行”中；选中“古树级别”，将其拖放到“列”和“值”中，效果如图 2-86 所示。

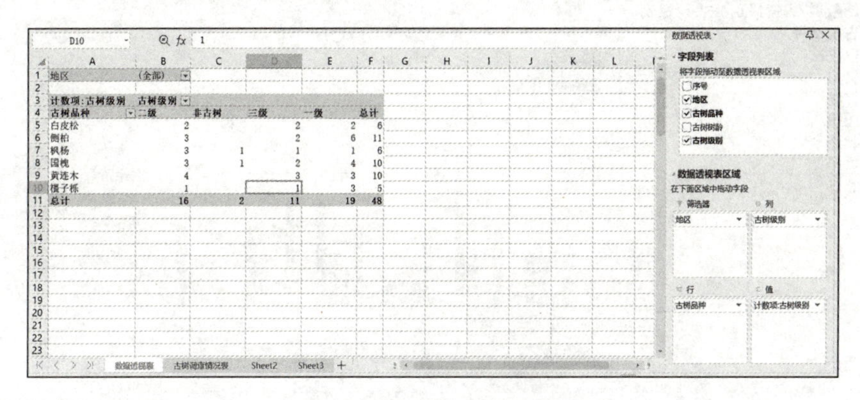

图 2-86 设置数据透视表

(3)在数据透视表中，“地区”下拉列表勾选“信阳”，可清楚地看到信阳地区的古树品种及级别，效果如图 2-87 所示。

	A	B	C	D	E	F
1	地区	信阳				
2						
3	计数项:古树级别	古树级别				
4	古树品种	二级	非古树	三级	一级	总计
5	侧柏			1	1	2
6	枫杨	2	1			3
7	黄连木	1			1	2
8	总计	3	1	1	2	7
9						

图 2-87 单个数据透视表

(4)选中数据透视表，在“设计”选项卡中选择数据透视表样式为“数据透视表样式浅色 19”，效果如图 2-88 所示。

	A	B	C	D	E	F
1	地区	(全部)				
2						
3	计数项:古树级别	古树级别				
4	古树品种	二级	非古树	三级	一级	总计
5	白皮松	2		2	2	6
6	侧柏	3		2	6	11
7	枫杨	3	1	1	1	6
8	国槐	3	1	2	4	10
9	黄连木	4		3	3	10
10	橿子栎	1		1	3	5
11	总计	16	2	11	19	48
12						

图 2-88 设置数据透视表样式

(5)选中数据透视表，在“分析”选项卡中点击“数据透视图”按钮，弹出“图表”对话框，选择簇状柱形图，弹出如图 2-89 所示的数据透视图。

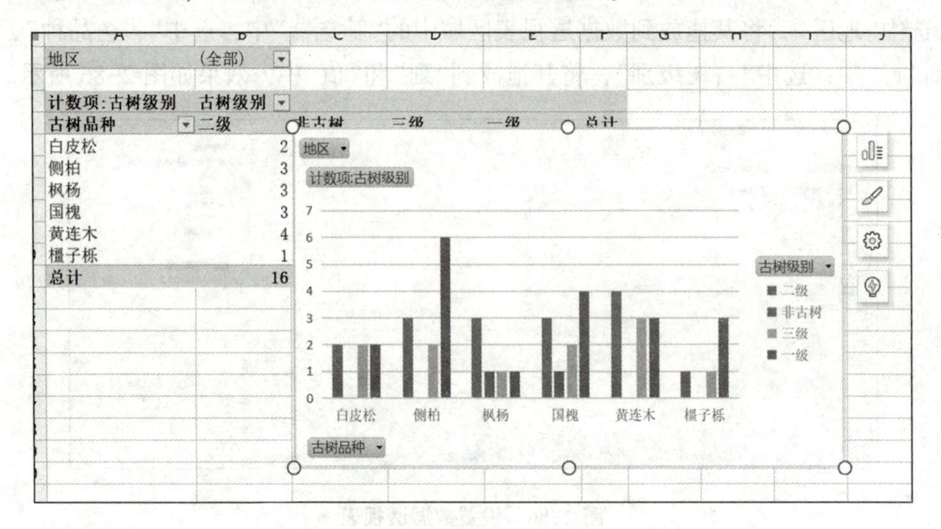

图 2-89　创建数据透视图

(6)在数据透视图中，“古树级别”只选择“一级”，弹出如图 2-90 所示效果。

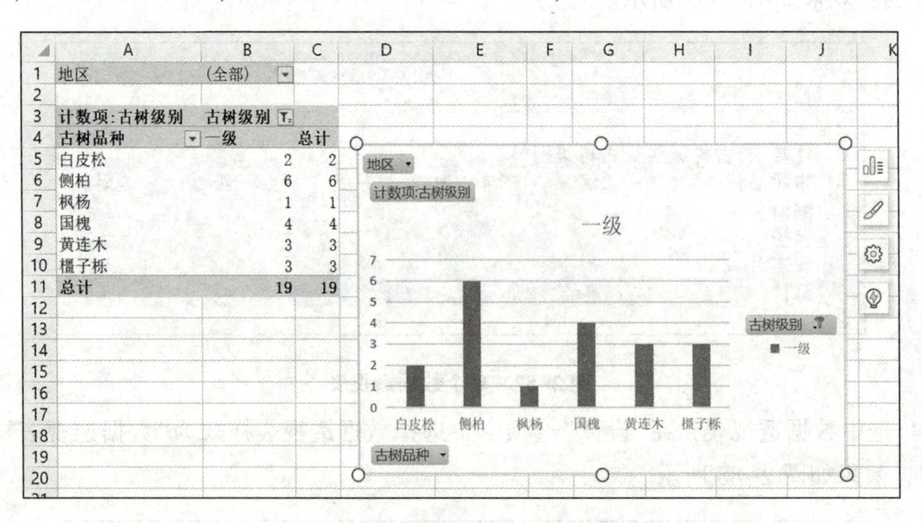

图 2-90　单个数据透视图

3. 排序和筛选

(1)将“Sheet2”工作表重命名为“河南省古树名木调查统计表”，输入相应的标题及数据，G 列“合计”数据用 SUM 函数求得并填充，然后设置相应的单元格格式，效果如图 2-91 所示。

(2)选中 A2:G20 单元格区域，选择“开始”→“排序”→“自定义排序”，弹出“排序”对话框，勾选“数据包含标题”；主要关键字选择“合计”“数值”“降序”；次要关键字选择“一级古树”“数值”“降序”，如图 2-92 所示。点击“确定”按钮，效果如图 2-93 所示。

河南省古树名木调查统计表						
序号	地区	一级古树	二级古树	三级古树	名木	合计
001	郑州市	770	769	2465	74	4078
002	开封市	25	38	111	0	174
003	洛阳市	951	1784	6551	69	9355
004	平顶山市	360	615	1026	2	2003
005	安阳市	152	159	385	9	705
006	鹤壁市	31	48	92	0	171
007	新乡市	6	10	84	1	101
008	焦作市	115	191	968	3	1277
009	濮阳市	39	44	460	0	543
010	许昌市	156	271	460	2	889
011	漯河市	42	56	114	1	213
012	三门峡市	299	286	474	1	1060
013	南阳市	258	390	1906	24	2578
014	商丘市	30	15	69	1	115
015	信阳市	374	500	3829	14	4717
016	周口市	46	104	335	8	493
017	驻马店市	144	189	708	2	1043
018	济源市	103	173	388	0	664

图 2-91　统计数据录入

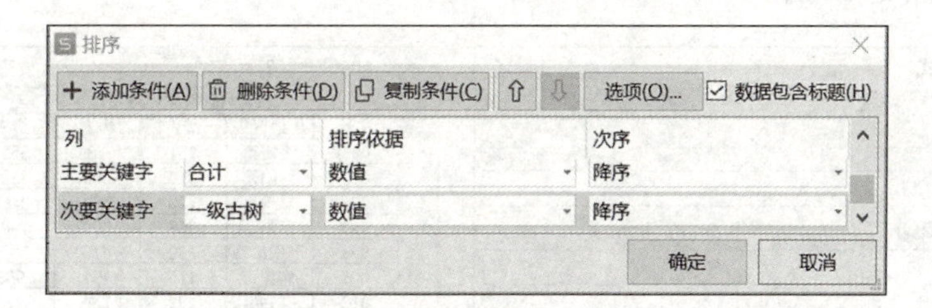

图 2-92　设置排序条件

河南省古树名木调查统计表						
序号	地区	一级古树	二级古树	三级古树	名木	合计
003	洛阳市	951	1784	6551	69	9355
015	信阳市	374	500	3829	14	4717
001	郑州市	770	769	2465	74	4078
013	南阳市	258	390	1906	24	2578
004	平顶山市	360	615	1026	2	2003
008	焦作市	115	191	968	3	1277
012	三门峡市	299	286	474	1	1060
017	驻马店市	144	189	708	2	1043
010	许昌市	156	271	460	2	889
005	安阳市	152	159	385	9	705
018	济源市	103	173	388	0	664
009	濮阳市	39	44	460	0	543
016	周口市	46	104	335	8	493
011	漯河市	42	56	114	1	213
002	开封市	25	38	111	0	174
006	鹤壁市	31	48	92	0	171
014	商丘市	30	15	69	1	115
007	新乡市	6	10	84	1	101

图 2-93　自定义排序效果

(3)选择 A2:G2 单元格区域，选择“开始”→“筛选”，在选中区域的每一个单元格出现一个下拉按钮，点击“合计”下拉按钮，在弹出的对话框中点击下方的“前十项”按钮，弹出“自动筛选前 10 项”对话框，如图 2–94 所示。将数字改为“5”，点击“确定”按钮，效果如图 2–95 所示。

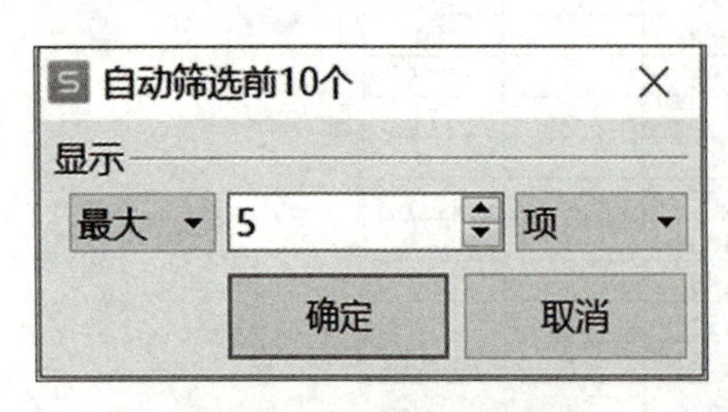

图 2–94　设置自动筛选

	A	B	C	D	E	F	G
1	河南省古树名木调查统计表						
2	序号	地区	一级古	二级古	三级古	名木	合计
3	003	洛阳市	951	1784	6551	69	9355
4	015	信阳市	374	500	3829	14	4717
5	001	郑州市	770	769	2465	74	4078
6	013	南阳市	258	390	1906	24	2578
7	004	平顶山市	360	615	1026	2	2003

图 2–95　自动筛选效果

(4)点击“合计”下拉按钮，在弹出的对话框中点击“清空条件”，即清除上述筛选结果。点击“一级古树”下拉按钮，在弹出的对话框中点击“数字筛选”，在弹出的下拉菜单中选择“大于”，弹出“自定义自动筛选方式”，如图 2–96 所示。输入“100”；点击“确定”按钮，效果如图 2–97 所示。

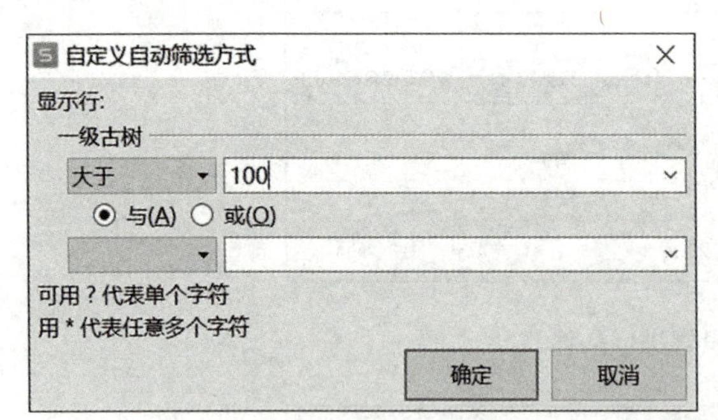

图 2–96　自定义筛选方式

	A	B	C	D	E	F	G
1	河南省古树名木调查统计表						
2	序号	地区	一级古	二级古	三级古	名木	合计
3	003	洛阳市	951	1784	6551	69	9355
4	015	信阳市	374	500	3829	14	4717
5	001	郑州市	770	769	2465	74	4078
6	013	南阳市	258	390	1906	24	2578
7	004	平顶山市	360	615	1026	2	2003
8	008	焦作市	115	191	968	3	1277
9	012	三门峡市	299	286	474	1	1060
10	017	驻马店市	144	189	708	2	1043
11	010	许昌市	156	271	460	2	889
12	005	安阳市	152	159	385	9	705
13	018	济源市	103	173	388	0	664

图 2–97　自定义筛选效果

(5)按照上述方法，继续设置“名木”的“数字筛选”大于“10”，结果如图 2–98 所示。

	A	B	C	D	E	F	G
1	河南省古树名木调查统计表						
2	序号	地区	一级古	二级古	三级古	名木	合计
3	003	洛阳市	951	1784	6551	69	9355
4	015	信阳市	374	500	3829	14	4717
5	001	郑州市	770	769	2465	74	4078
6	013	南阳市	258	390	1906	24	2578
21							

图 2–98　再次自定义筛选

(6)选择“开始”→“筛选”，取消自定义筛选。在 I2:J3 单元格区域中输入“一级古树”“>100”“名木”“>10”；选择“开始”→“筛选”→“高级筛选”，弹出“高级筛选”对话框，方式选择“将筛选结果复制到其它位置”；列表区域选择“河南省古树名木调查统计表！＄A＄2：＄G＄20”，条件区域选择“河南省古树名木调查统计表！＄I＄2：＄J＄3”；复制到区域选择“河南省古树名木调查统计表！＄A＄23”，如图 2-99 所示。点击“确定”按钮，结果如图 2-100 所示。

B5 fx 郑州市

	A	B	C	D	E	F	G	H	I	J	K
1	河南省古树名木调查统计表										
2	序号	地区	一级古树	二级古树	三级古树	名木	合计		一级古树	名木	
3	003	洛阳市	951	1784	6551	69	9355		>100	>10	
4	015	信阳市	374	500	3829	14	4717				
5	001	郑州市	770	769	2465	74	4078				
6	013	南阳市	258	390	1906	24	2578				
7	004	平顶山市	360	615	1026	2	2003				
8	008	焦作市	115	191	968	3	1277				
9	012	三门峡市	299	286	474	1	1060				
10	017	驻马店市	144	189	708	2	1043				
11	010	许昌市	156	271	460	2	889				
12	005	安阳市	152	159	385	9	705				
13	018	济源市	103	173	388	0	664				
14	009	濮阳市	39	44	460	0	543				
15	016	周口市	46	104	335	8	493				
16	011	漯河市	42	56	114	1	213				
17	002	开封市	25	38	111	0	174				
18	006	鹤壁市	31	48	92	0	171				
19	014	商丘市	30	15	69	1	115				
20	007	新乡市	6	10	84	1	101				

高级筛选
方式
○ 在原有区域显示筛选结果(F)
◉ 将筛选结果复制到其它位置(O)
列表区域(L)：名木调查统计表!$A$2:
条件区域(C)：调查统计表!$I$2:$J$3
复制到(T)：名木调查统计表!$A$23
☐ 扩展结果区域，可能覆盖原有数据(V)
☐ 选择不重复的记录(R)
确定 取消

图 2-99 设置高级筛选参数

	A	B	C	D	E	F	G	H	I	J
1	河南省古树名木调查统计表									
2	序号	地区	一级古树	二级古树	三级古树	名木	合计		一级古树	名木
3	003	洛阳市	951	1784	6551	69	9355		>100	>10
4	015	信阳市	374	500	3829	14	4717			
5	001	郑州市	770	769	2465	74	4078			
6	013	南阳市	258	390	1906	24	2578			
7	004	平顶山市	360	615	1026	2	2003			
8	008	焦作市	115	191	968	3	1277			
9	012	三门峡市	299	286	474	1	1060			
10	017	驻马店市	144	189	708	2	1043			
11	010	许昌市	156	271	460	2	889			
12	005	安阳市	152	159	385	9	705			
13	018	济源市	103	173	388	0	664			
14	009	濮阳市	39	44	460	0	543			
15	016	周口市	46	104	335	8	493			
16	011	漯河市	42	56	114	1	213			
17	002	开封市	25	38	111	0	174			
18	006	鹤壁市	31	48	92	0	171			
19	014	商丘市	30	15	69	1	115			
20	007	新乡市	6	10	84	1	101			
21										
22										
23	序号	地区	一级古树	二级古树	三级古树	名木	合计			
24	003	洛阳市	951	1784	6551	69	9355			
25	015	信阳市	374	500	3829	14	4717			
26	001	郑州市	770	769	2465	74	4078			
27	013	南阳市	258	390	1906	24	2578			
28										

图 2-100 高级筛选结果

4. 分类汇总

(1)选择“古树调查情况表”，选中 A2:E50 单元格区域，选择“开始”→“排序”→“自定义排序”，在弹出的“排序”对话框中，主要关键字选“地区”，按“数值”降序排序，如图 2-101 所示。

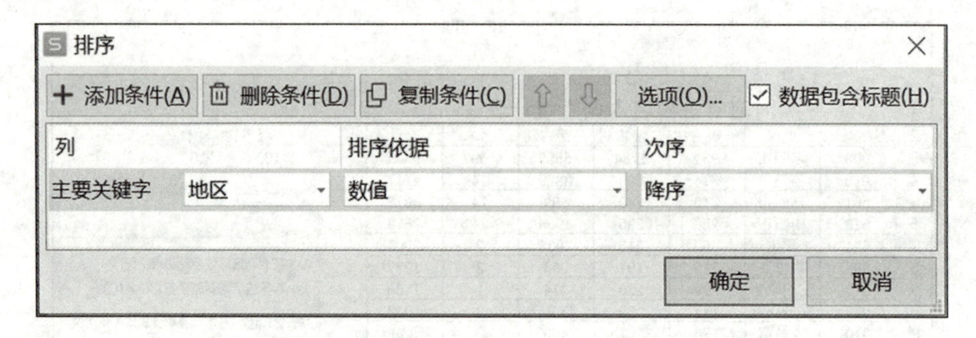

图 2-101　设置排序条件

(2)点击“数据”→“分类汇总”，在弹出的“分类汇总”对话框中，分类字段选择“地区”，汇总方式选择“计数”，选定汇总项选择“古树级别”，如图 2-102 所示。选择“值和数字格式”，点击“确定”按钮，结果如图 2-103 所示。

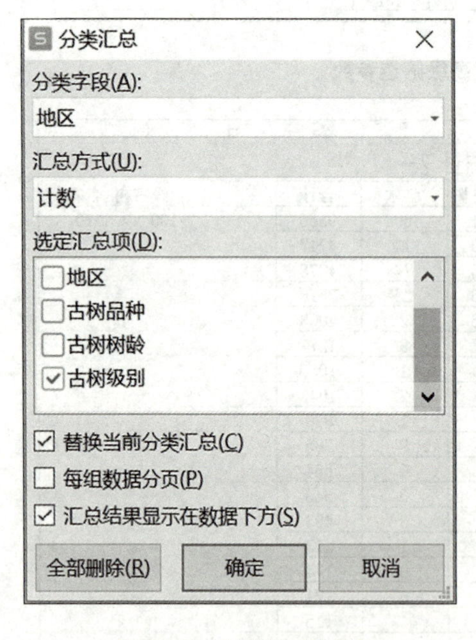

图 2-102　设置分类汇总

	A	B	C	D	E	F
1	古树调查情况表					
2	序号	地区	古树品种	古树树龄	古树级别	
3	035	驻马店	黄连木	1110	一级	
4	015	驻马店	侧柏	310	二级	
5		驻马店 计数			2	
6	040	周口	黄连木	300	二级	
7	032	周口	国槐	180	三级	
8	011	周口	侧柏	1382	一级	
9		周口 计数			3	
10	047	郑州	橿子栎	400	二级	
11	043	郑州	黄连木	100	三级	
12	007	郑州	侧柏	4500	一级	
13	009	郑州	侧柏	1900	一级	
14		郑州 计数			4	
15	028	许昌	国槐	450	二级	
16	033	许昌	国槐	80	非古树	
17	013	许昌	侧柏	460	二级	
18		许昌 计数			3	
19	034	信阳	黄连木	8000	一级	
20	037	信阳	黄连木	307	二级	
21	019	信阳	枫杨	400	二级	
22	021	信阳	枫杨	300	二级	
23	023	信阳	枫杨	60	非古树	
24	012	信阳	侧柏	1047	一级	
25	017	信阳	侧柏	197	三级	
26		信阳 计数			7	
27	027	新乡	国槐	1305	一级	
28		新乡 计数			1	
29	048	三门峡	橿子栎	250	三级	
30	029	三门峡	国槐	430	二级	
31	008	三门峡	侧柏	2800	一级	

图 2-103　分类汇总结果

(3)在图 2-102 中，点击“全部删除”按钮，可以取消当前分类汇总。

知识链接

1. IF 函数

IF 函数用于判断一个条件是否满足，如果满足可返回一个值，如果不满足则返回另外一个值。其语法：IF(logical_test, value_if_true, value_if_false)，其中，logical_ test 是判断条件，满足则返回 value_ if_ true，不满足则返回 value_ if_ false。

IF 函数还可嵌套使用，例如，=IF(D3>=500,"一级",IF(D3>=300,"二级",IF(D3>=100,"三级","非古树")))，当 D3>=500 时，则返回值是“一级”；如果 D3<500，继续判断，如果 D3>=300，则返回值是“二级”；如果 D3<300，则继续判断，如果 D3>=100，则返回值是“三级”；最后如果 D3<100，则返回值“非古树”。

2. 排序

为了数据观察或查找方便，需要对数据进行排序。WPS 表格在排序时，根据单元格中的内容排列顺序。

如果只对数据清单中的某一列数据进行排序，可以利用“开始”工具栏中的排序按钮，简化排序过程。操作方法为：将光标置于待排序列中的任一单元格，点击“开始”工具栏中的“排序”命令，在下拉列表中选择“升序”或“降序”按钮即可。

如果对数据清单中的多个字段进行排序，就需要使用自定义排序命令。例如，在本次任务中，就是按“合计”“一级古树”两个字段依次排序。

3. 筛选

对数据进行筛选时在数据表中查询满足特定条件的记录，是一种查找数据的快速方法。使用筛选可以从数据清单中将符合某种条件的记录显示出来，而那些不满足筛选条件的记录将被暂时隐藏起来；或者将筛选出来的记录复制到指定位置存放，而原数据不动。WPS 表格提供了两种筛选方法：自动筛选和高级筛选。

(1)自动筛选

可以实现同一字段之间的“与”运算和“或”运算。将光标定位到需要筛选的数据表中任一单元格，选择“开始”工具栏下的“筛选”命令，这时在每个字段名旁出现筛选下拉箭头，可以选择筛选条件。在“内容筛选”中选择具体数字，将只显示对应数字的记录；点击“全选”显示所有记录；点击“前 10 个”(默认 10 个，可以自行设置)可以显示最高或最低的一些记录。在“颜色筛选”中可以单独显示某一种或多种颜色的记录。在“数字筛选”中可以进行数学关系运算，例如，等于、不等于、大于、小于、介于等，当然也可以自定义筛选。

(2)高级筛选

可以实现多个字段之间的“或”运算。高级筛选必须指定一个条件区域，既可以与数据表不在一张工作表上，也可以在一张工作表上，但此时它必须与数据表之间有空白行或空白列。条件区域中的字段名内容必须与数据包中的完全一样，一般通过复制得到。条件区域可以定义多个条件，以便用来筛选符合多个条件的记录，这些条件可以输入条件区域的同一行上，也可以输入不同行上。如果将筛选结果复制到其他位置，在“复制到”文本框中输入或选取将来要放置位置的左上角单元格即可，不要指定某区域(因为事先无法确定筛选结果)。

4. 分类汇总

在实际应用中，经常要用到分类汇总，其特点是首先要进行分类，即将同一类别的数据放在一起，然后进行统计计算。WPS 表格中的分类汇总功能可进行分类求和、计数、求平均值等。

进行分类汇总后，WPS 表格会自动对列表中的数据分级显示。在显示分类汇总结果的同时，分类汇总的左侧自动显示一些分级显示按钮。点击左侧的“+”和“-”按钮可以分别展开和隐藏数据；“1”“2”“3”按钮表示显示数据的层次，“1”只显示总计数据，“2”显示部分数据以及汇总结果，“3”显示所有数据；“｜”为级别条，用来指示属于某一级别的细节行或列的范围。

如果要对同一数据进行不同汇总方式的分类汇总，可以再重复分类汇总的操作。分类汇总效果可以清除，打开“分类汇总”对话框，点击“全部删除”按钮即可，但是为了保险，在汇总之前最好进行数据备份。

5. *数据透视表和数据透视图*

分类汇总适用于按一个字段进行分类汇总，如果需要按多个字段进行分类汇总就会用到数据透视表。数据透视表可以让用户根据不同的分类和汇总方式快速查看各种形式的数据汇总报表。简单来说，它就是快速分类汇总数据，能够对数据表中的行与列进行交换，以查看源数据的不同汇总结果。它是一种动态工作表，通过对数据的重新组织与显示，提供了一种不同角度观察数据的方法。

数据透视表一般由筛选器字段、行字段、列字段、值字段和数据区域五部分组成。

①筛选器字段　数据透视表中指定为报表筛选的源数据表中的字段。

②行字段　数据透视表中指定为行方向的源数据表中的字段。

③列字段　数据透视表中指定为列方向的源数据表中的字段。

④值字段　含有数据的源数据表中的字段。

⑤数据区域　数据透视表中含有汇总数据的区域。

对于制作好的数据透视表，有时还需要进行编辑操作。编辑操作包括设置数据透视表的格式、修改布局、添加/删除字段等，可以通过“分析”和“设计”工具栏来实现。例如，可以利用“设计”工具栏中的“数据透视表样式”来设置数据透视表的样式，可以利用“分析”工具栏中的“更改数据源”命令来重新选择数据源。

有时建立的数据透视表布局并不满意，结构中的行、列、数据项等需要修改，WPS 表格具有动态视图的功能，允许用户随时更改透视表的结构。可以直接点击右侧导航窗口数据包中要调整的字段，按住鼠标左键将其拖放到合适的位置来修改透视表。例如，行、列字段位置互换时，将行字段拖放到列字段，列字段拖放到行字段即可。

数据透视图是将数据透视表中的数据进行图形化处理，能方便地查看、比较、分析数据的模式和趋势，一般包括柱形图、条形图、饼图、折线图等形式。

数据透视表的数据来源于数据表，不能在透视表中直接修改，即使源数据表中的数据被修改了，透视表中的数据也不会自动更新，必须执行更新数据操作，数据透视图也是这样。这一点与 WPS 制作图表时图表中的数据会随着源数据的变动而自动更新不同。

更新数据透视表可以使用“分析”工具栏中的“刷新”命令，也可以在数据区域单击鼠标右键，在弹出的快捷菜单中选择“刷新”命令。

巩固训练

如图 2-104 是 2020 年全国各地区主要林产工业产品产量统计表，请对此表进行数据分析。

	A	B	C	D
1	2020年各地区主要林产工业产品产量			
2	地区	产品名称	单位	产量
3	安徽	锯材	万立方米	575
4	安徽	木材	万立方米	536
5	安徽	松香类	吨	36502
6	安徽	竹材	万根	20132
7	福建	木材	万立方米	576
8	福建	松香类	吨	131209
9	福建	竹材	万根	95706
10	广东	木材	万立方米	1017
11	广东	松香类	吨	188730
12	广东	竹材	万根	25734
13	广西	锯材	万立方米	1283
14	广西	木材	万立方米	3600
15	广西	松香类	吨	268797
16	广西	竹材	万根	68830
17	贵州	木材	万立方米	319
18	河北	锯材	万立方米	315
19	河南	木材	万立方米	267
20	黑龙江	锯材	万立方米	372
21	湖北	松香类	吨	10946
22	湖南	锯材	万立方米	364
23	湖南	木材	万立方米	377
24	湖南	松香类	吨	25882
25	湖南	竹材	万根	24250
26	江苏	锯材	万立方米	624
27	江苏	松香类	吨	8500
28	江西	锯材	万立方米	343
29	江西	木材	万立方米	302
30	江西	松香类	吨	151461
31	江西	竹材	万根	23652
32	内蒙古	锯材	万立方米	525
33	山东	锯材	万立方米	989
34	山东	木材	万立方米	507
35	四川	竹材	万根	17372
36	云南	木材	万立方米	846
37	云南	松香类	吨	183161
38	云南	竹材	万根	13517
39	浙江	锯材	万立方米	394
40	浙江	松香类	吨	18300
41	浙江	竹材	万根	22084
42	重庆	竹材	万根	5621
43				

图 2-104　原始数据

要求：

(1)美化表格，设置相关单元格格式。

(2)按产品名称的升序、产量的降序依次进行排列。

(3)自动筛选出木材产量排名前 5 位的地区。

(4)筛选出木材产量大于 10 000 万立方米，且松香类产品产量大于 100 000 万吨的地区。

(5)按产品名称进行分类汇总，对产品的产量进行求和计算。

(6)建立数据透视表，列标签为产品名称，行标签为地区，值为产品产量的平均值。

(7)建立数据透视图，图表类型为簇状柱形图，图表内容为松香类产品的各地区产量和。

项目3　演示文稿制作

演示文稿是制作和演示幻灯片的软件，制作出集文字、图形、图像、声音，以及视频编辑等多媒体元素于一体的演示文稿，可以将所要表达的信息组织在一组图文并茂的图画中。演示文稿不仅可以在投影仪或计算机上进行演示，而且可以将演示文稿制作成胶片，以便应用到更广泛的领域中。本单元主要介绍了演示文稿的完整制作过程。

任务 3-1　制作“森林与健康”演示文稿

任务目标

（1）了解演示文稿概念、视图方式；掌握幻灯片创建、打开、保存、退出等基本操作。

（2）能够制作图文并茂的演示文稿。

（3）提升审美情趣，培养团队协作能力，增强生态意识。

任务描述

森林能以直接或间接的方式给人类健康带来重要的积极影响，保护森林就是保护人类自己。为提高大家对森林的认识，本任务制作演示文稿进行汇报展示。为提高展示效果，要求文稿图文并茂，适当运用动画特效。

任务实施

1. 设置第一张幻灯片

（1）在计算机桌面上点击鼠标右键，新建一个 PPTX 演示文稿，命名为“森林与健康”，如图 3-1 所示。

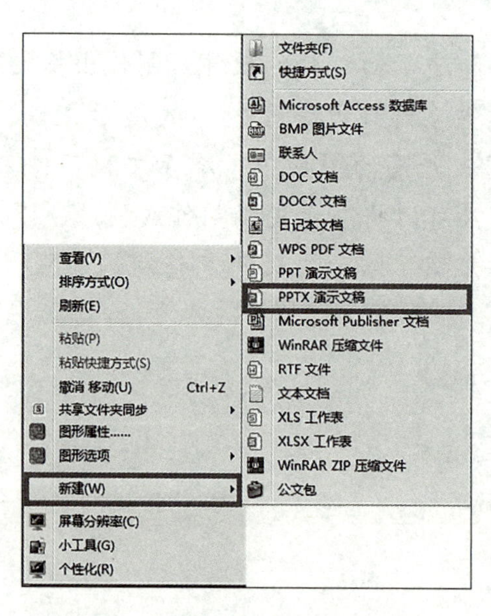

图 3-1　新建 PPTX 演示文稿

（2）双击打开演示文稿后，在“设计”菜单栏中选择“更多设计”，在弹出的全文美化框中，选择“树叶手绘风总结报告”→“首页”→“插入”，如图 3-2 所示。

图 3-2　选择演示文稿设计

(3) 在第一张演示文稿的标题文本框中输入文字“森林与健康”，删除多余的文本框，如图 3-3 所示。

图 3-3　添加标题

2. 设置第二张幻灯片

(1) 选择菜单栏的“开始”→“新建幻灯片”，选择幻灯片版式为“标题和内容”，添加第二张幻灯片；在第二张演示文稿的标题文本框中输入文字“健康”，选中文字，选择“字号”→“40”→“居中对齐”。

(2) 在内容文本框输入健康介绍文字，调整文本框大小，设置字体为“华文新魏”，字号为 32，将光标放置在文字开头，单击鼠标右键，选择“段落”→“首行缩进”→“2 字符”，如图 3-4 所示。

图 3-4　设置段落

(3)选择菜单栏的“插入”→“图片”，插入素材图片，选中图片，选择“图片工具”→“效果”→“柔化边缘”→“5 磅”，如图 3-5 所示。

图 3-5　设置图片格式

(4)选中标题，点击“动画”→“进入”→“擦除”，如图 3-6 所示。设置“开始动画”→“与上一动画同时”，如图 3-7 所示。

(5)用上面的方法，设置健康介绍文字的动画效果为“动画”→“飞入”，在右侧打开的动画窗格中，设置“开始”为“在上一动画之后”，设置“速度”为“中速(2 秒)”，如图 3-8 所示。

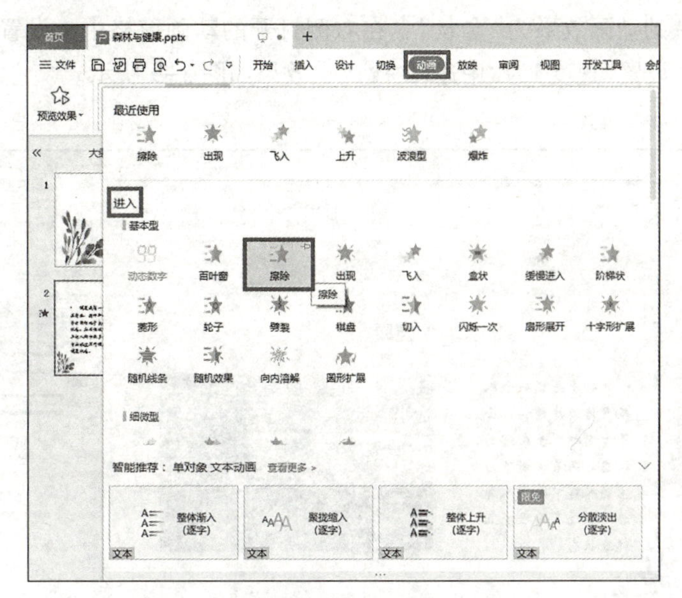

图 3-6　添加动画

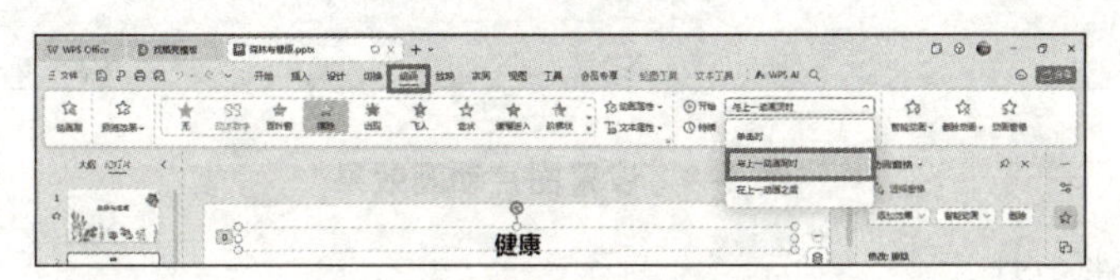

图 3-7　添加开始播放效果

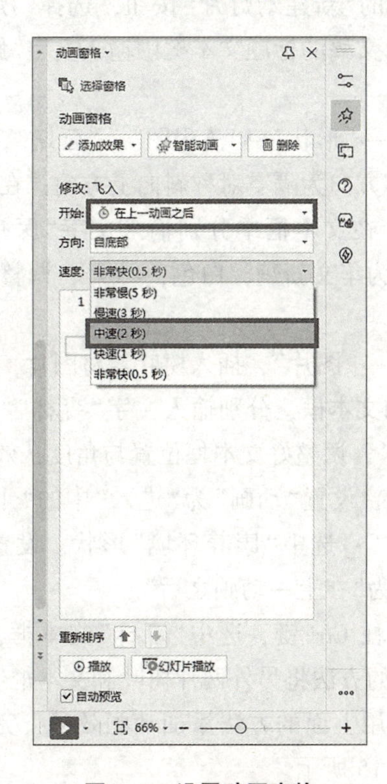

图 3-8　设置动画窗格

(6)设置图片的动画效果为“盒状”，在右侧打开的动画窗格中，设置开始动画为“与上一动画同时”，设置“速度”为“中速(2 秒)”，效果如图 3-9 所示。

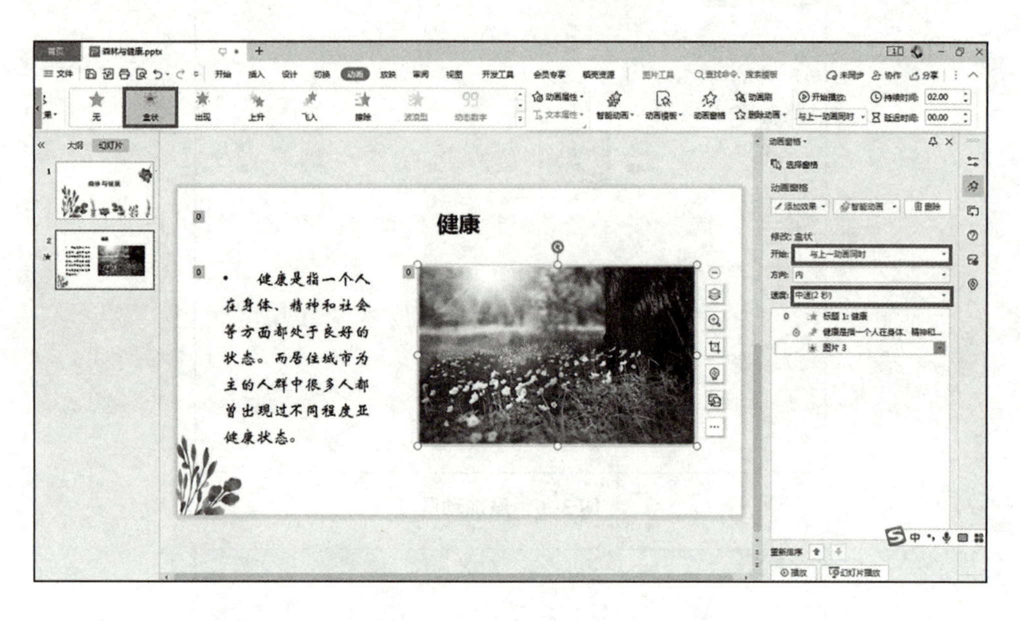

图 3-9　设置图片动画效果

3. 设置第三张幻灯片

(1)点击“开始”菜单栏中的“新建幻灯片”按钮，选择幻灯片版式为“仅标题”，添加第三张幻灯片；在第二张演示文稿的标题文本框中输入文字“解决办法”，选中文字，选择“字号”为 40，居中对齐。

(2)选择菜单栏的“插入”→“形状”→“流程图”→“延期”，如图 3-10 所示。在标题下方绘制两个延期图形，并调整方向为隔空对称斜向上方向；在两个图形上选择“插入”→“文本框”→“横向文本框”，在文本框中分别输入文字“医疗措施”和“康养环境”，如图 3-11 所示。设置文字格式为华文新魏，白色，48 号，调整好文本框位置与角度，效果如图 3-12 所示。

(3)选择菜单栏的“插入”→“图片”，插入树叶素材图片，依次调整图片位置，再依次选中图片，在三个叶片上添加文本框，分别输入文字“森林”“湿地”和“草原”，设置文字格式为华文琥珀，黑色，40 号，调整好文本框位置与角度，效果如图 3-13 所示。

(4)选中“医疗措施”形状，设置“动画”为“进入”中的“十字形扩展”，完成后，设置开始动画为“与上一动画同时”；选中“康养环境”形状，设置“动画”为“进入”“圆形扩展”，完成后，设置开始动画为“在上一动画之后”。

(5)选中第一片树叶，按住 Ctrl 键，选中“森林”文本框，点击鼠标右键选择组合按钮，如图 3-14 所示。用同样的方法将另外两片树叶和文本框组合在一起。

(6)分别选中三片树叶，用上面的方法添加动画效果，完成后，设置开始动画为“在上一动画之后”，效果如图 3-15 所示。

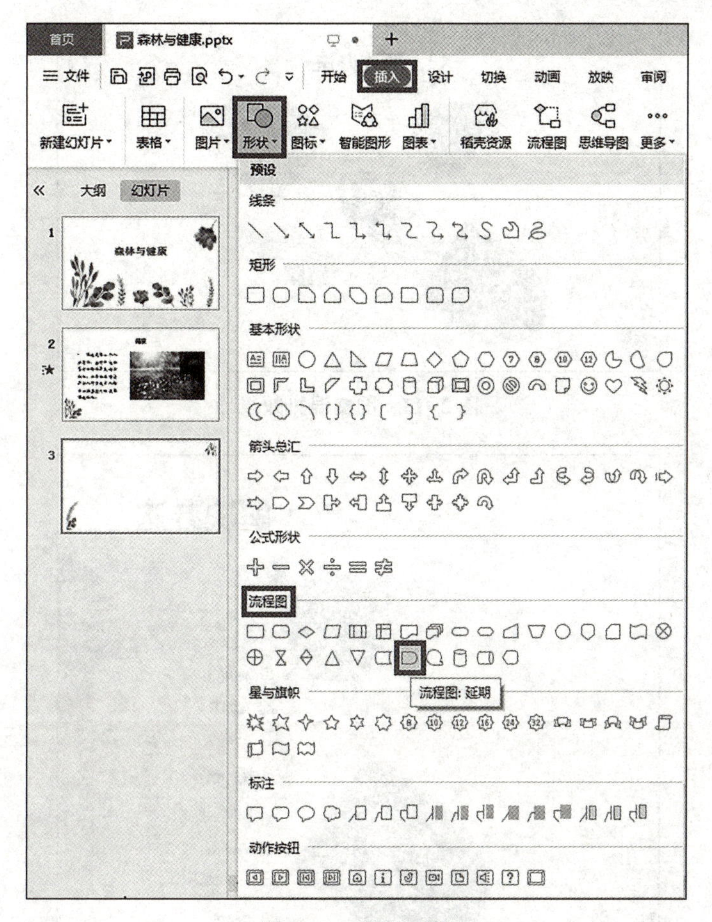

图 3-10　绘制形状

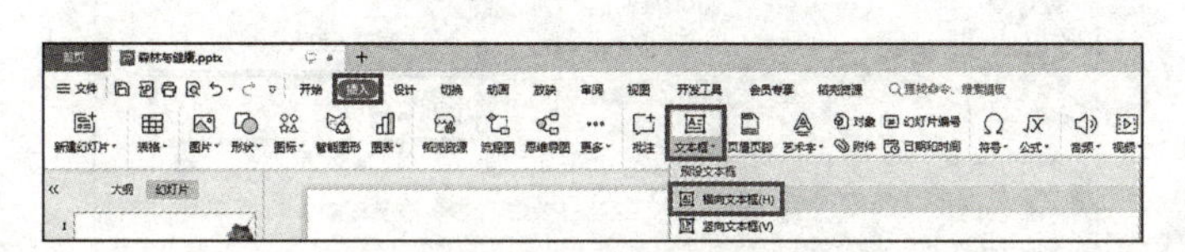

图 3-11　添加文本框

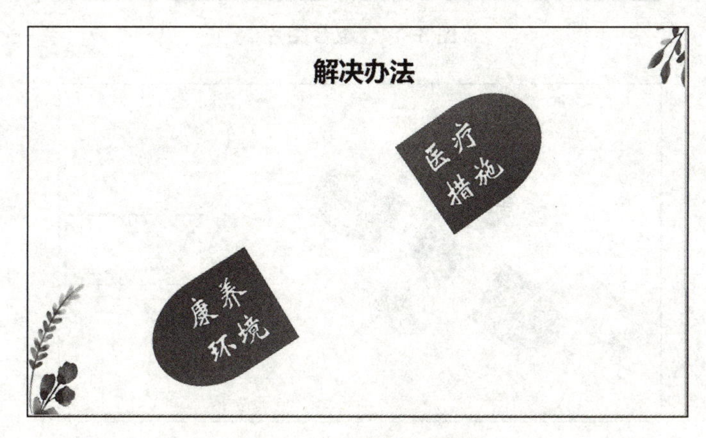

图 3-12　文字输入效果

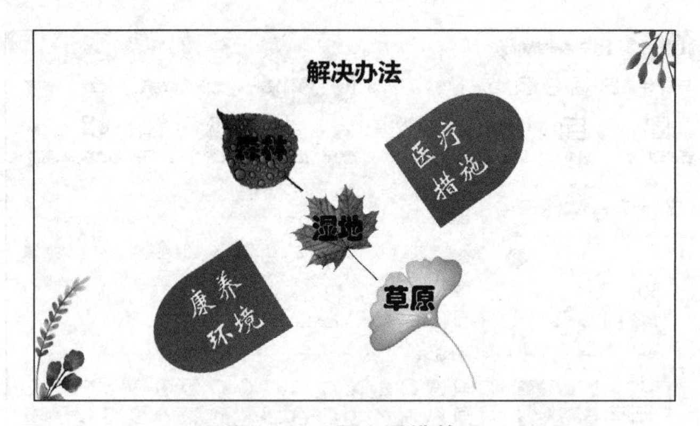

图 3-13　图文混排效果

图 3-14　组合图片

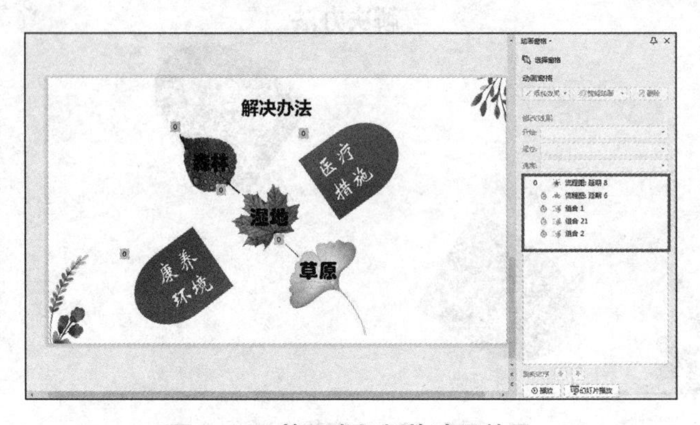

图 3-15　第三张幻灯片动画效果

4. 设置第四张幻灯片

(1)点击“开始”菜单栏中的“新建幻灯片”按钮，选择幻灯片版式为“标题和内容”，添加第四张幻灯片；在第四张演示文稿的标题文本框中输入文字“森林”，选中文字，选择“字号”为“40”，居中对齐。

(2)选择菜单栏的“插入”→“图片”，插入素材图片，选中图片，选择“图片工具”→“效果”→“柔化边缘”→“5 磅”。

(3)在内容文本框输入森林介绍文字，调整文本框大小，设置字体为“华文新魏”，字号为“32”，将光标定位在文字开头，单击鼠标右键，选择“段落”→“首行缩进”→“2 字符”，效果如图 3-16 所示。

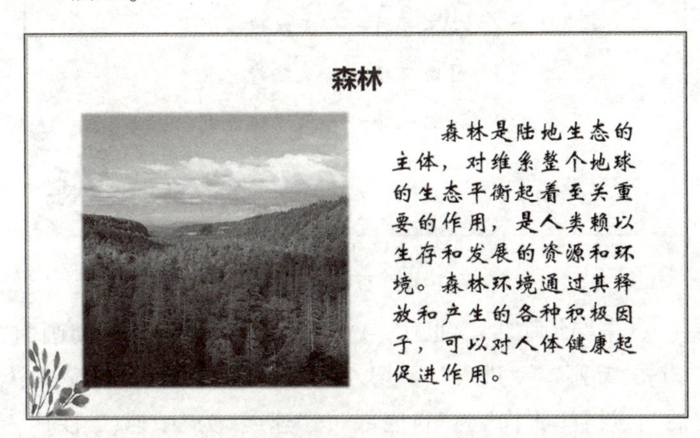

图 3-16　森林页面内容效果

(4)选中标题，点击“动画”→“进入”→“向内溶解”，设置开始动画为“与上一动画同时”。

(5)选中图片，设置图片的动画效果为“进入”中的“扇形展开”，在右侧打开的动画窗格中设置开始动画为“与上一动画同时”，设置“速度”为“中速(2 秒)”。

(6)用上面的方法，设置介绍文字的动画效果为“进入”中的“飞入”，在右侧打开的动画窗格中，设置“开始动画”→“在上一动画之后”，设置“方向”为“自右侧”，“速度”为“中速(2 秒)”；效果如图 3-17 所示。

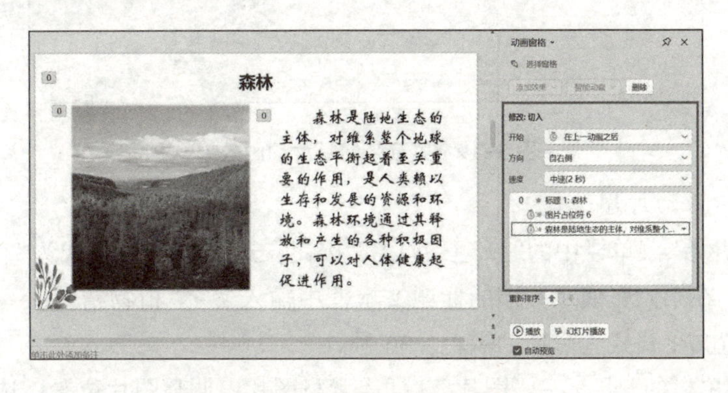

图 3-17　第四张幻灯片动画效果

5. 设置第五张幻灯片

(1)点击“开始”菜单栏中的“新建幻灯片”按钮，选择幻灯片版式为“两项内容”，添加第五张幻灯片；在第五张演示文稿的标题文本框中输入文字“森林康养的作用”，选中文字，选择“字号”为“40”，居中对齐；在第二个文本框里输入内容文字，设置文字格式为华文新魏，黑色，36号；调整文本框位置，如图3-18所示。

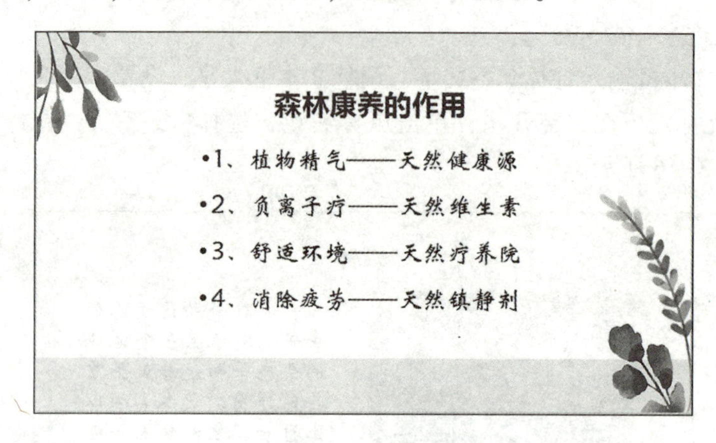

图3-18 页面内容效果

(2)选中标题，点击“动画”→“强调”→“陀螺旋”，设置开始动画为“与上一动画同时”；选中内容，点击“动画”→“进入”→“切入”，在右侧打开的动画窗格中，设置开始动画为“在上一动画之后”，设置“方向”为“自底部”，“速度”为“中速(2秒)”，效果如图3-19所示。

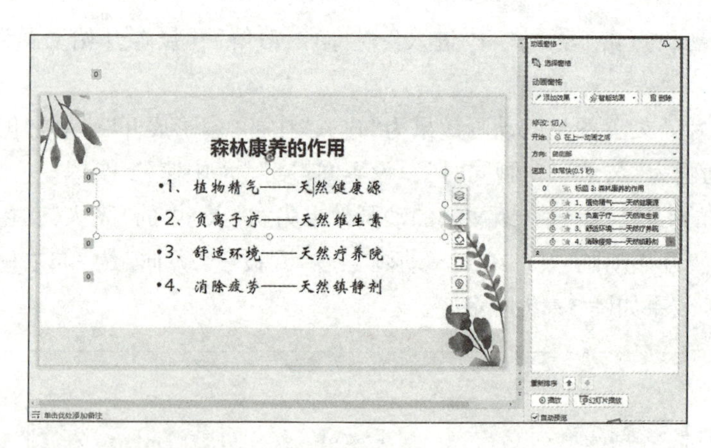

图3-19 第五张幻灯片动画效果

6. 设置第六张幻灯片

(1)点击“开始”菜单栏中的“新建幻灯片”按钮，选择幻灯片版式为“仅标题”，添加第六张幻灯片；在第六张演示文稿的标题文本框中输入文字“植物精气——天然健康源”，选中文字，设置文字格式为黑体，黑色，36号。

(2)选择菜单栏的“插入”→“图片”，插入素材图片，调整图片位置；选中图片，选择“图片工具”→“效果”→“柔化边缘”→“5磅”。

（3）选择菜单栏的“插入”→“文本框”→“横向文本框”，在文本框中输入内容文字，设置文字格式为华文新魏，黑色，28 号；选中文本框，设置文本框格式为“细微效果-海洋绿，强调颜色 1”，在右侧的“对象属性”中设置“线条”为系统点线，宽度为“3.50 磅”，如图 3-20 所示。

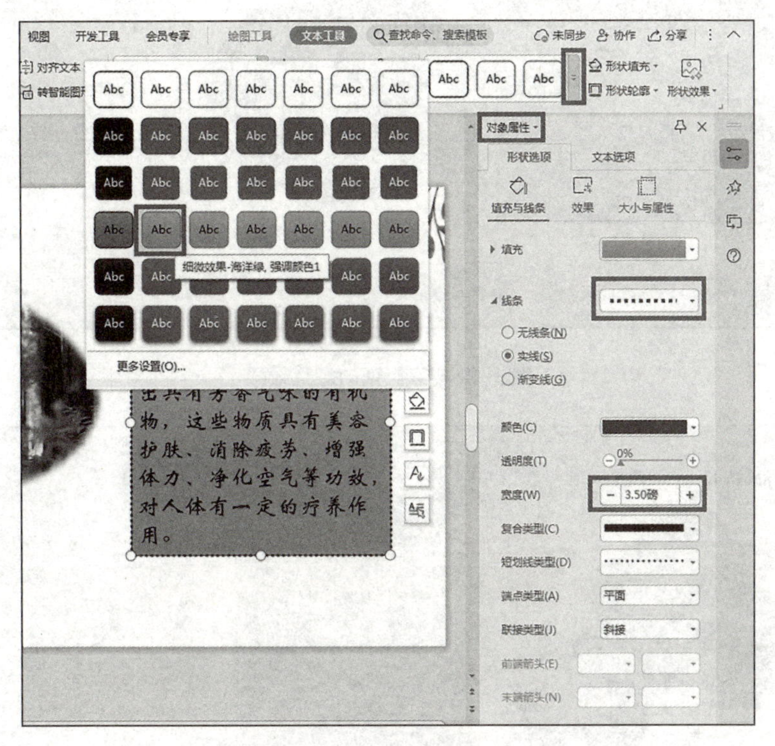

图 3-20　设置文本框格式

（4）选中标题，点击“动画”→“强调”→“更改字号”，设置开始动画为“与上一动画同时”；选中图片，设置图片的动画效果为“进入”中的“盒状”，在右侧打开的动画窗格中，设置开始动画为“与上一动画同时”，设置“方向”为“外”，设置“速度”为“中速(2 秒)”；选中内容，点击“动画”→“进入”→“切入”，在右侧打开的动画窗格中，设置开始动画为“在上一动画之后”，设置“方向”为“自右侧”，“速度”为“中速(2 秒)”，效果如图 3-21 所示。

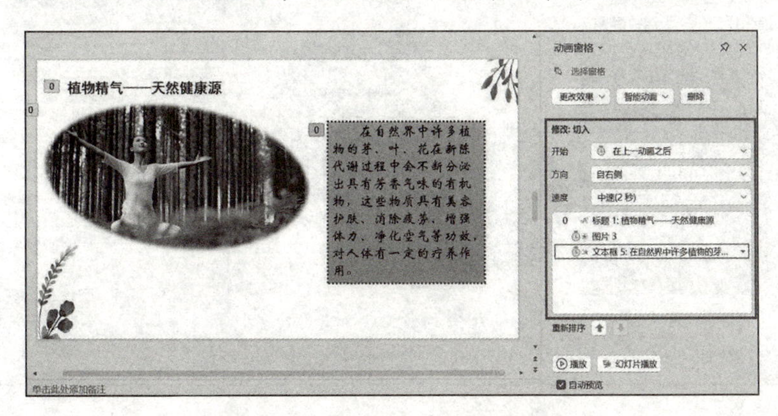

图 3-21　第六张幻灯片动画效果

重复上述步骤，制作第七、八、九张幻灯片，如图 3-22 至图 3-24 所示。

图 3-22 第七张幻灯片效果

图 3-23 第八张幻灯片效果

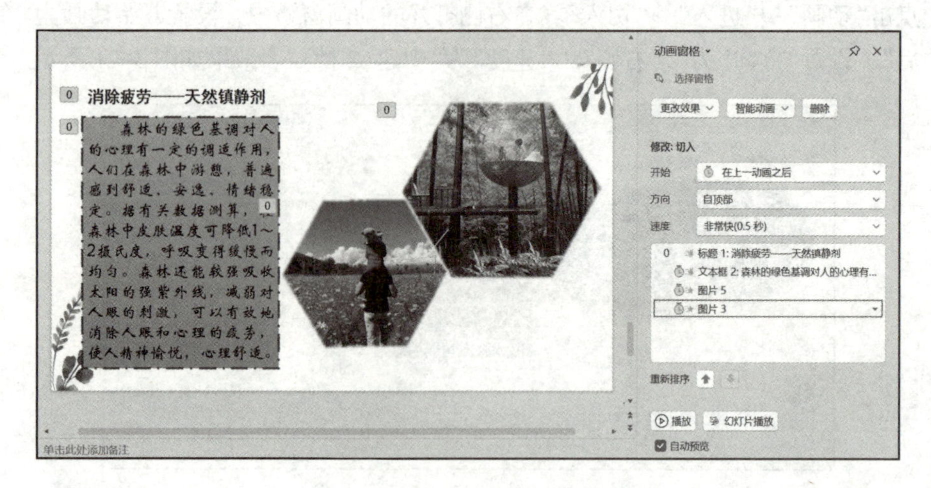

图 3-24 第九张幻灯片效果

7. 设置第十张幻灯片

(1)点击“开始”菜单栏中的“新建幻灯片”按钮，选择幻灯片版式为“两项标题”，添加第十张幻灯片；在第十张演示文稿的标题文本框中输入文字“森林，我们共同的家园请你爱护她!”。选中文字，设置文字格式为微软雅黑，海洋绿-着色1，48号。

(2)选中标题，选择“动画”→“进入”→“菱形”，设置开始动画为“与上一动画同时”，设置“方向”为“外”，“速度”为“中速(2秒)”，效果如图3-25所示。

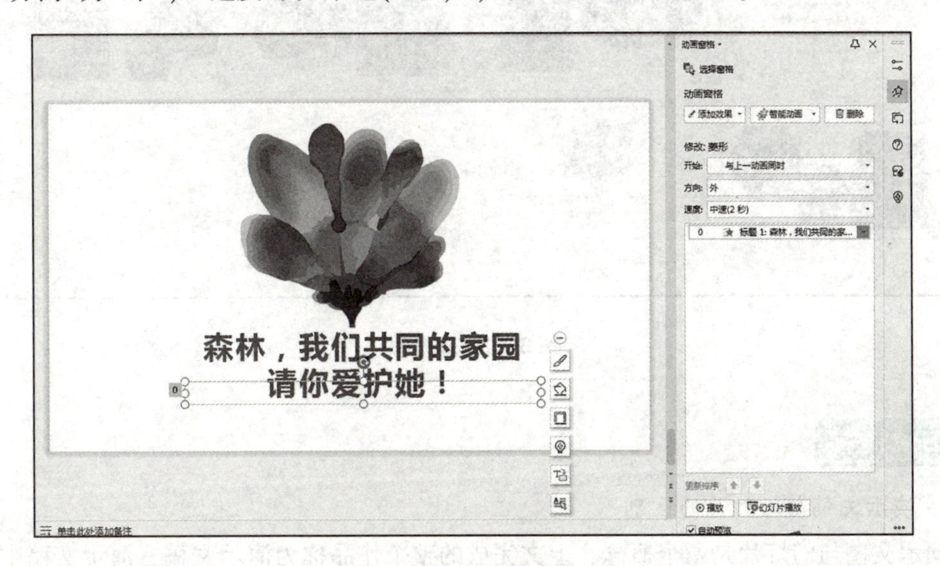

图 3-25　第十张幻灯片效果

8. 设置幻灯片切换方式

点击菜单栏上的“切换”，点击“预设效果”→“随机”→“应用到全部”，如图3-26所示。

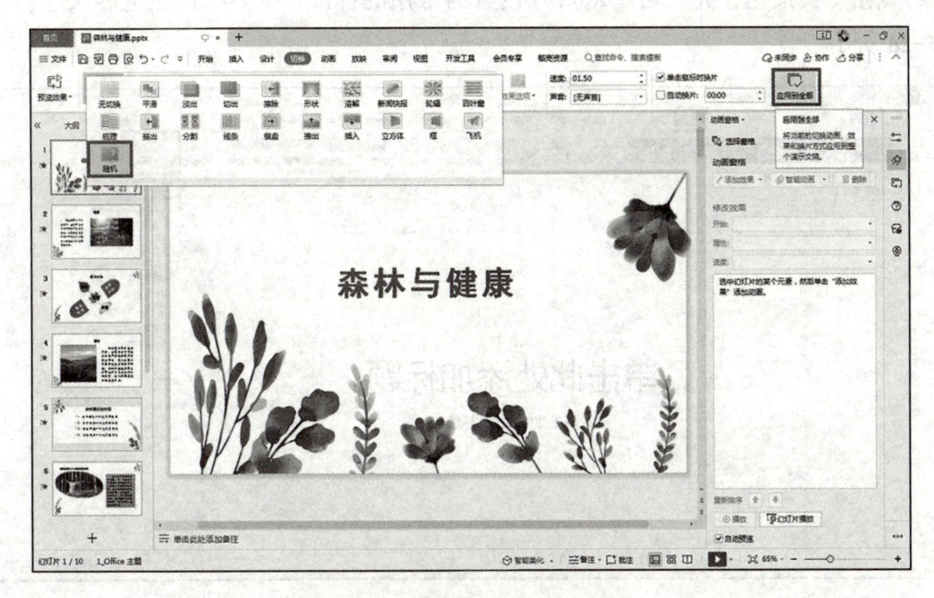

图 3-26　设置幻灯片切换方式

点击“保存”按钮，“森林与健康”的演示文稿就完成了，效果如图 3-27 所示。

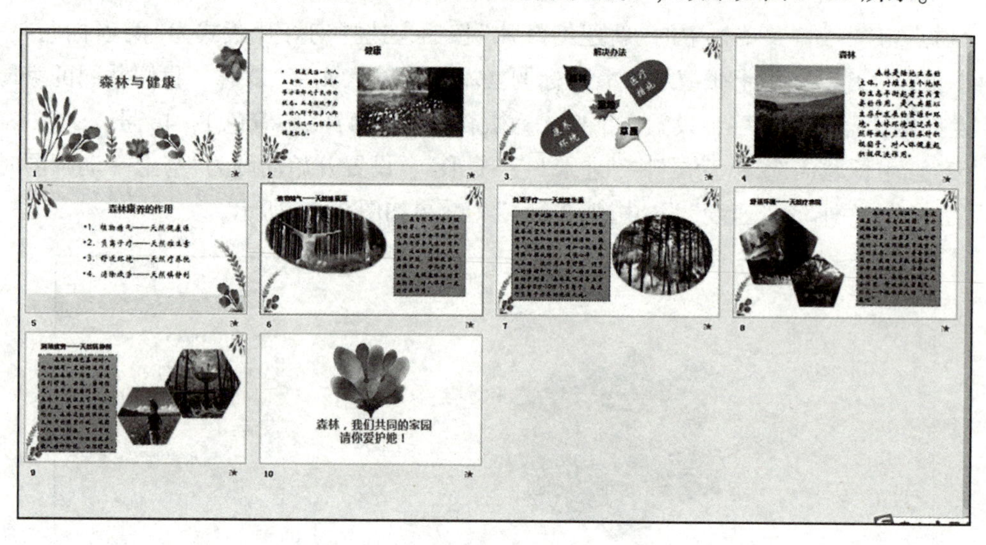

图 3-27　效果图

知识链接

1. 演示文稿与幻灯片的区别

演示文稿与幻灯片是两个概念，上文完成的整个作品称为演示文稿，演示文稿中的每一页称为幻灯片，每张幻灯片的内容及版式相互独立。

2. 设置幻灯片页面大小

(1)点击菜单栏中的“设计”→“幻灯片大小”，可快捷调整幻灯片尺寸。

(2)点击下拉按钮，此处可将幻灯片设置为常用的标准尺寸(4∶3)或宽屏尺寸(16∶9)，如图 3-28 所示。

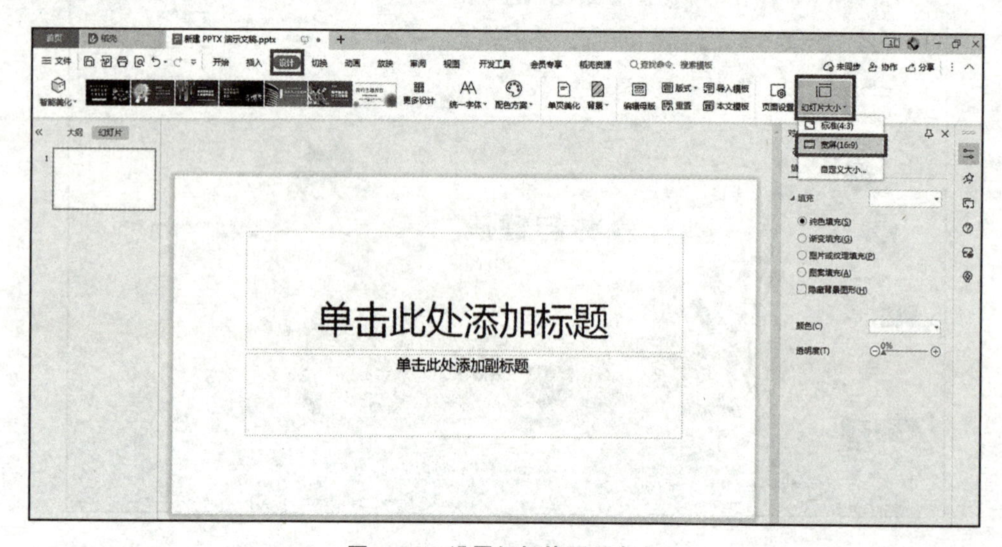

图 3-28　设置幻灯片页面大小

如果需要设置其他尺寸，可点击“自定义大小”。如果需要进行更详细的页面设置，直接点击旁边的“页面设置”按钮也可进入自定义设置窗口。

3. WPS 演示视图方式

(1)普通视图

系统默认的视图模式是普通模式，由大纲栏、幻灯片栏和备注栏组成。主要用于调整演示文稿的结构及编辑单张幻灯片的内容。

(2)幻灯片浏览视图

幻灯片浏览视图模式下，便于对幻灯片进行快捷更改与排版，点击“幻灯片浏览”可以随意拖动幻灯片进行排版更改。

(3)阅读视图

阅读视图模式下，可以在 WPS 窗口播放幻灯片，方便查看动画的切换效果。

巩固训练

做出一份森林疗养主题的演示文稿，如图 3-29 所示。

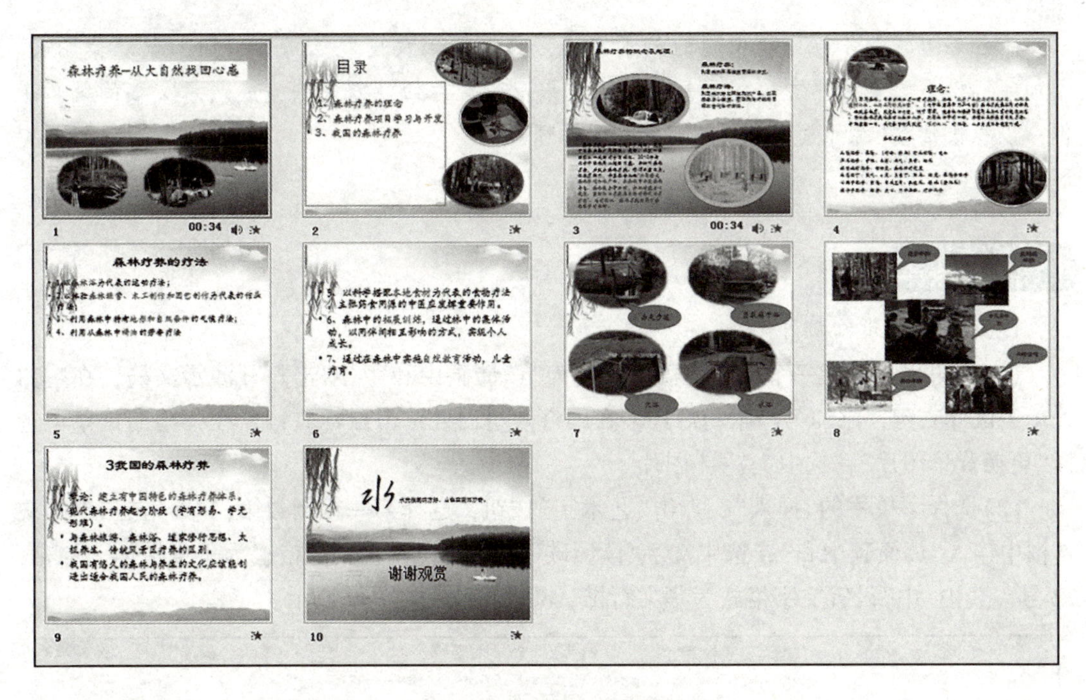

图 3-29　森林疗养效果图

要求：

(1)幻灯片要用统一的主题样式。

(2)对于主题的介绍有文字描述和图片展示，要设置文字和图片的动画效果。

(3)为每一张幻灯片设置切换效果。

任务 3-2 制作“读懂碳中和”演示文稿

任务目标

(1)掌握艺术字的插入及设置方法，图片的使用方法，幻灯片的切换方法。

(2)能够制作图文并茂演示文稿，通过图片、图表、艺术字展示复杂内容。

(3)提升学生创新意识和数字化学习能力。

任务描述

在 2021 年全国两会上，“碳达峰”“碳中和”被首次写入政府工作报告。习近平总书记强调，要把碳达峰、碳中和纳入生态文明建设整体布局，拿出抓铁有痕的劲头，如期实现 2030 年前碳达峰、2060 年前碳中和的目标。“碳达峰”“碳中和”在多个中央重要会议中高频出现。

本任务要求制作碳中和主题的演示文稿，通过插入及设置艺术字、插入及编辑图表、添加超链接、设置演示文稿内元素的动画效果及幻灯片切换方式等完成演示文稿的编辑工作，以积极传播“绿水青山就是金山银山”的理念。

任务实施

1. 设置第一张幻灯片

(1)在桌面上新建一个演示文稿，命名为“读懂碳中和”。双击打开演示文稿，在空白处单击鼠标右键，添加第一张幻灯片，在幻灯片空白处单击鼠标右键，在弹出的菜单中选择“更换背景图片”，选中“首页”图片。

(2)选择菜单栏的“插入”，点击“艺术字”按钮，选择第一行倒数第二个，在弹出的文本框中输入“读懂碳中和”；选中文字“读懂碳”和“和”，设置文字格式为华文楷体，加粗，72 号，选中“中”设置文字格式为华文行楷，88 号，如图 3-30 所示。

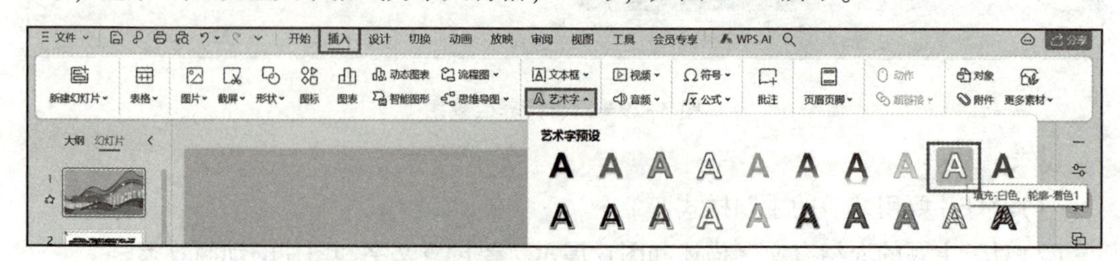

图 3-30 设置艺术字标题

(3)选中标题，在“文本工具”菜单栏中选择“文字效果”→“发光”→“发光变体”→“钢蓝，8pt 发光，着色 5”，如图 3-31 所示。

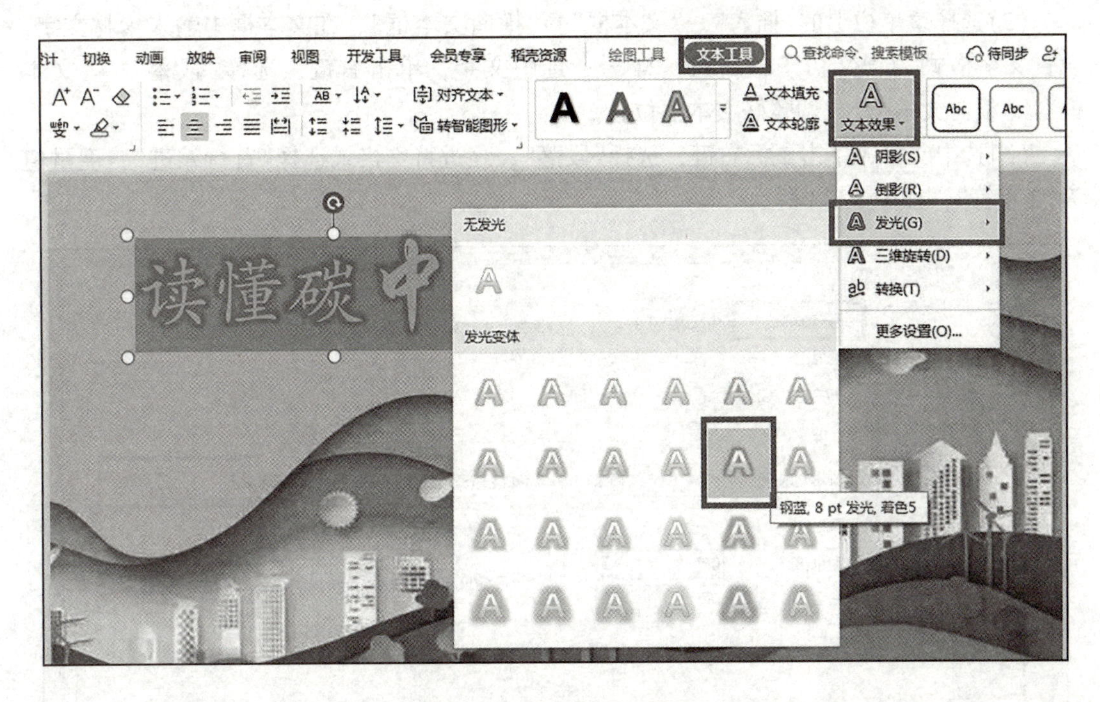

图 3-31 设置艺术字格式

(4)选中标题，设置动画效果为“进入”→“温和型”→“回旋”，在上一动画之后开始，速度为“快速(1 秒)”，效果如图 3-32 所示。

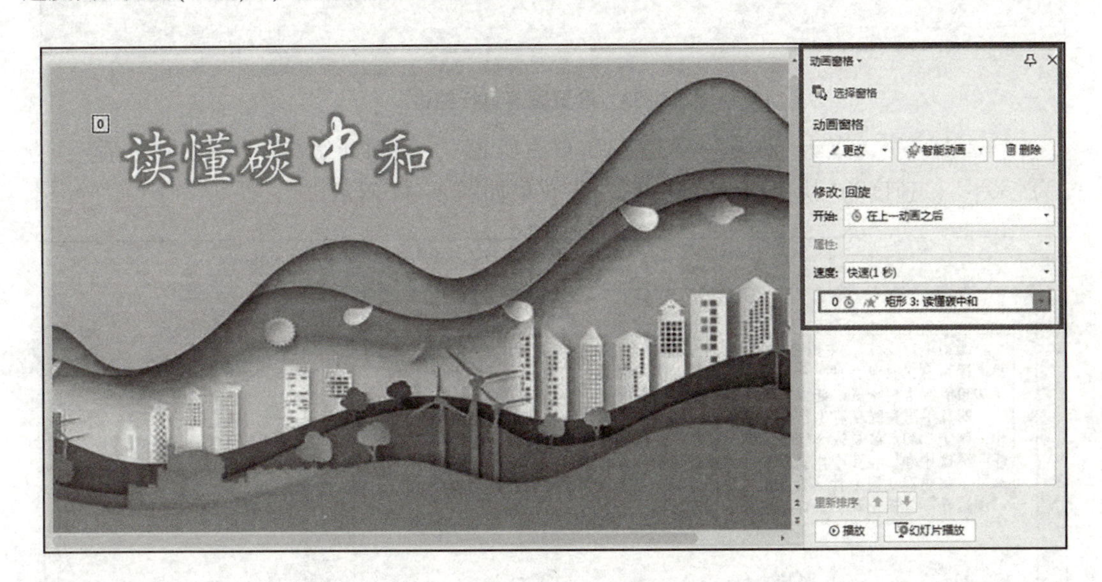

图 3-32 第一张幻灯片效果

2. 设置第二张幻灯片

(1)点击“开始”菜单栏中的“新建幻灯片”按钮，选择幻灯片版式为“空白”，添加第二张幻灯片，在幻灯片空白处单击鼠标右键，在弹出的菜单中选择“更换背景图片”，选中“第 2 页”图片。

(2)选择菜单栏上的“插入”→“文本框”→“横向文本框”，在文本框中输入素材文字，设置文字格式为华文仿宋，加粗，24 号；选中文字，单击右键，选择“段落”→“文本框”→“横向文本框”，调整好文本框位置。

(3)选中文字，单击鼠标右键，选择“段落”，缩进特殊格式选择“首行缩进”，度量值为“2 字符”，如图 3-33 所示。

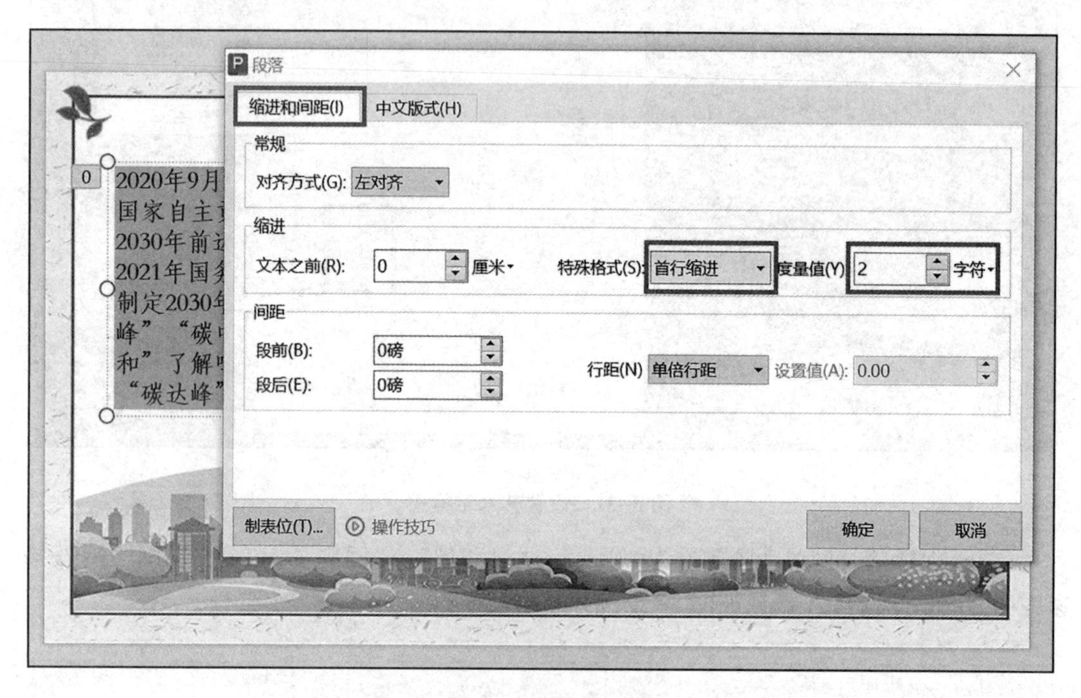

图 3-33 设置段落首行缩进

(4)选中文字，点击“动画”→“进入”→“百叶窗”，动画开始“在上一动画之后”，方向为“水平”，速度为“快速(1 秒)”，第二张效果如图 3-34 所示。

图 3-34 第二张幻灯片效果

3. 设置第三张幻灯片

(1)点击“开始”菜单栏中的“新建幻灯片”按钮，选择幻灯片版式为“空白”，添加第二张幻灯片，在幻灯片空白处单击鼠标右键，在弹出的菜单中选择“更换背景图片”，选中“第 3 页”图片。

(2)选择菜单栏上的“插入”，点击“艺术字”按钮，选择第二行倒数第三个，在弹出的文本框中输入“目录”。

(3)选中艺术字，在右侧的对象属性框中，选择“文本选项”→“文本填充”→“图案填充”→“深色上对角线”；设置“前景色”为“浅绿，着色 6，深色 50%”，“背景色”为“浅绿，着色 6，浅色 40%”；设置“文本轮廓”为“实线”，“颜色”为“浅绿，着色 6，深色 50%”，如图 3-35 所示。

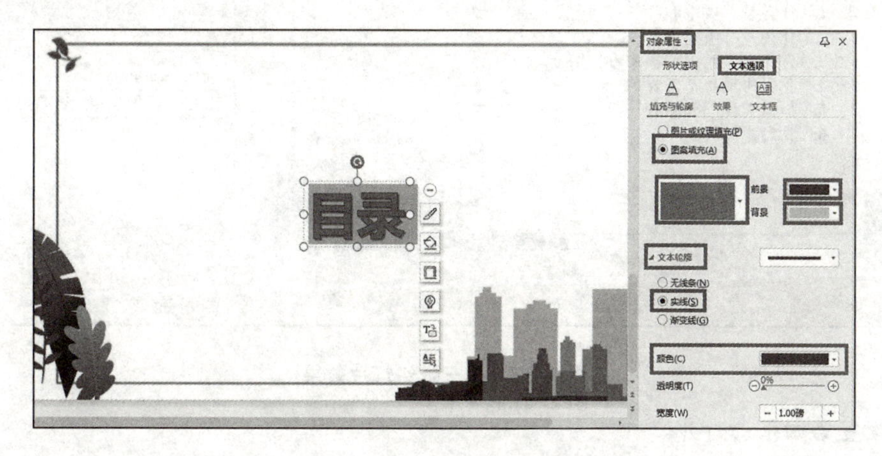

图 3-35 设置艺术字格式

(4)选中艺术字，在“文本工具”菜单栏中选择“文字效果”→“转换”→“弯曲”→“正 V 形”，如图 3-36 所示。

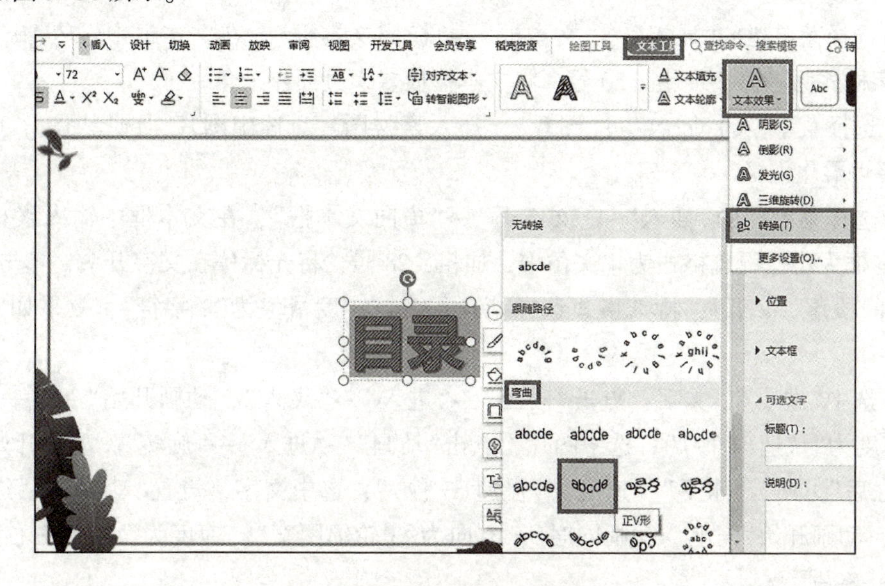

图 3-36 设置艺术字文字效果

(5)将文本框调整至左上角，选择菜单栏的“插入”→“文本框”→“横向文本框”，在文本框中输入素材文字，设置文字格式为华文仿宋，加粗，28 号。

(6)选中艺术字，点击“动画”→“进入”→“弹跳”，动画开始“在上一动画之后”，速度为“中速(2 秒)”；选中文字，点击“动画”→“进入”→“展开”，动画开始“在上一动画之后”，速度为“快速(1 秒)”，效果如图 3-37 所示。

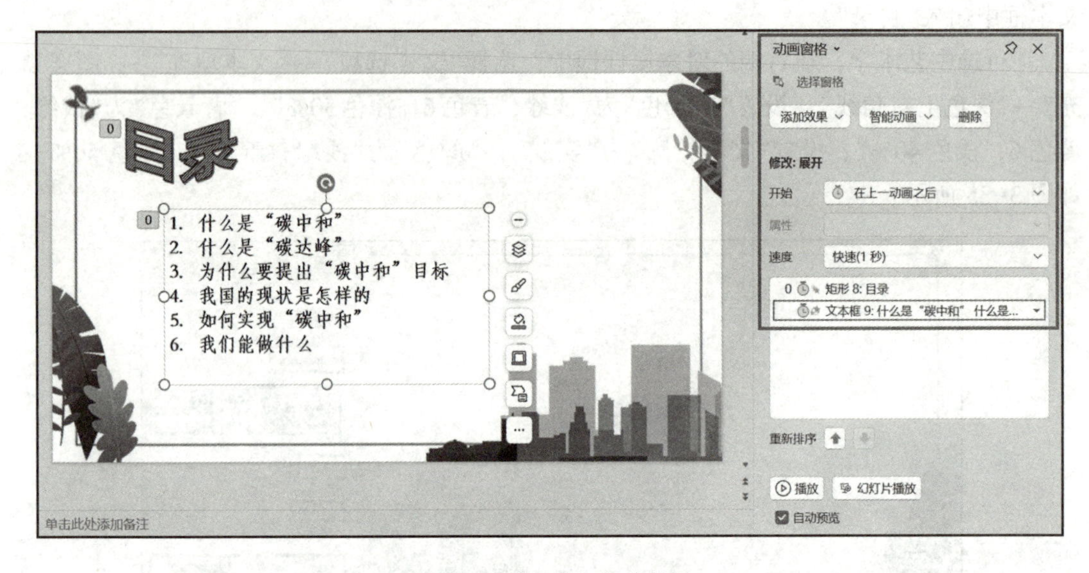

图 3-37　第三张幻灯片效果

4. 设置第四张幻灯片

(1)点击“开始”菜单栏中的“新建幻灯片”按钮，选择幻灯片版式为“空白”，添加第二张幻灯片，在幻灯片空白处单击鼠标右键，在弹出的菜单中选择“更换背景图片”，选中“第 4 页”图片。

(2)选择菜单栏的“插入”→“文本框”→“横向文本框”，在文本框中输入“碳中和”，设置文字格式为黑体，加粗，20 号，将文本框放置于页面左上角。

(3)选择菜单栏的“插入”→“图片”，插入素材图片。选中图片，选择“图片工具”→“效果”→“柔化边缘”→“5 磅”。

(4)选择菜单栏的“插入”→“文本框”→“横向文本框”，在文本框中输入素材文字，调整文本框大小，设置格式为华文仿宋，加粗，28 号，将光标停在文字开头，单击鼠标右键，选择“段落”，缩进，特殊格式选择“首行缩进”，度量值为“2 字符”，效果如图 3-38 所示。

(5)选中“碳中和”文字，点击“动画”→“进入”→“飞入”，动画开始“在上一动画之后”，速度为“快速(1 秒)”；选中图片，点击“动画”→“进入”→“旋转”，动画开始“在上一动画之后”方向为“水平”，速度为“慢速(3 秒)”；选中文字，设置“动画”→“进入”→“轮子”，动画开始“与上一动画同时”，方向为“3 轮辐图案”，速度为“中速(2 秒)”，效果如图 3-39 所示。

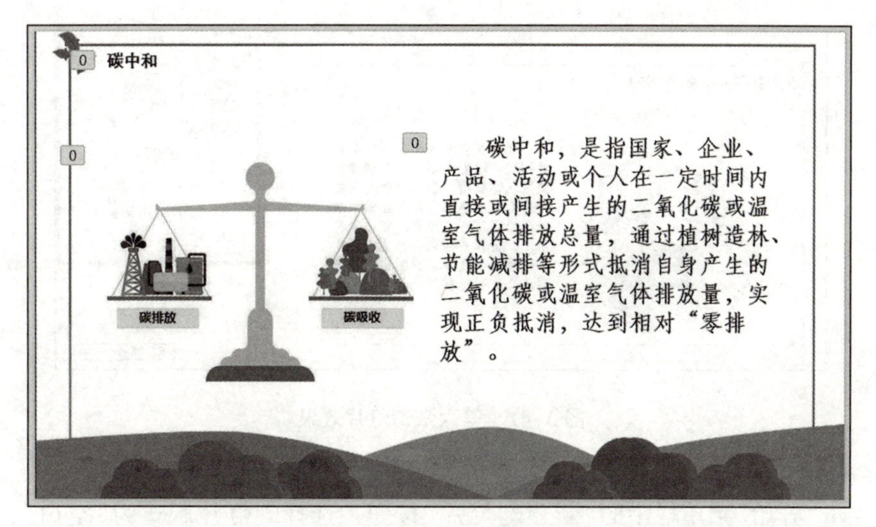

图 3-38　第四张幻灯片样式

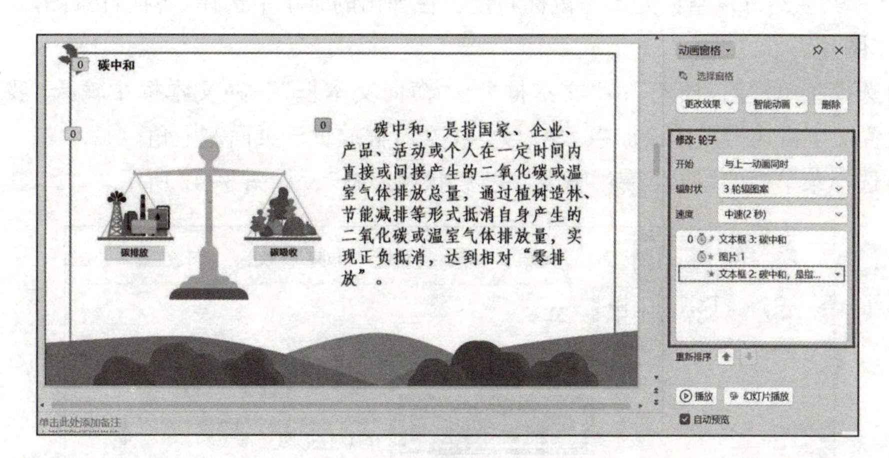

图 3-39　第四张幻灯片效果

5. 重复上述步骤，制作第五、第六张幻灯片，并为幻灯片添加动画效果(图 3-40、图 3-41)

图 3-40　第五张幻灯片效果

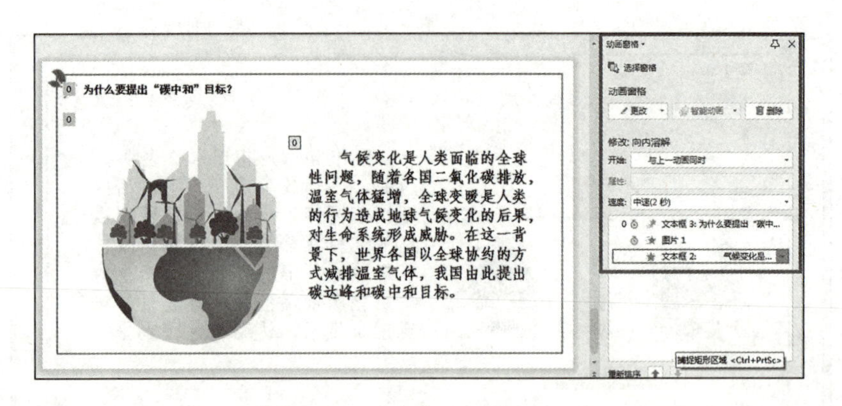

图 3-41　第六张幻灯片效果

6. 设置第七张幻灯片

(1)点击“开始”菜单栏中的“新建幻灯片”按钮，选择幻灯片版式为“空白”，添加第二张幻灯片，在幻灯片空白处单击鼠标右键，在弹出的菜单中选择“更换背景图片”，选中“第 7 页”图片。

(2)选择菜单栏的“插入”→“文本框”→“横向文本框”，在文本框中输入“我国的现状”，设置文字格式为黑体，加粗，20 号，将文本框放置于页面左上角。

(3)选择菜单栏的“插入”→“图表”→“簇状柱形图”，如图 3-42 所示。

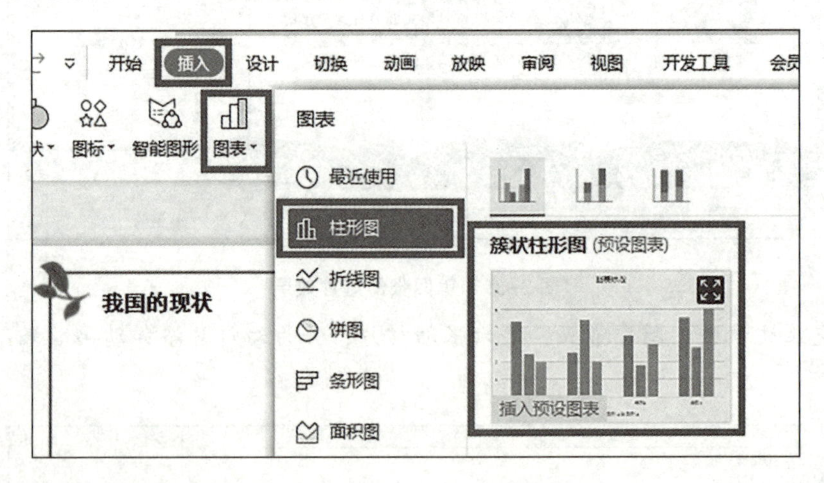

图 3-42　插入图表

(4)调整图表的大小和位置并选中图表，单击鼠标右键，在弹出的菜单中选择“编辑数据”，如图 3-43 所示。

(5)在弹出的 WPS 演示中的图表中，修改表格中的数据，如图 3-44、图 3-45 所示。

(6)选中图表，将图表标题改为“2019 年主要国家碳排放量(亿吨)”；在右侧的按钮中选择“图标样式”，选择“样式 7”，如图 3-46 所示。

(7)选中图表，在右侧的按钮中选择“图标元素”，在弹出的表单中选择数据标签和轴标签，并在图表中更改轴标签为“排放量”和“主要国家”，设置文字格式为微软雅黑，加粗，14 号，如图 3-47 所示。

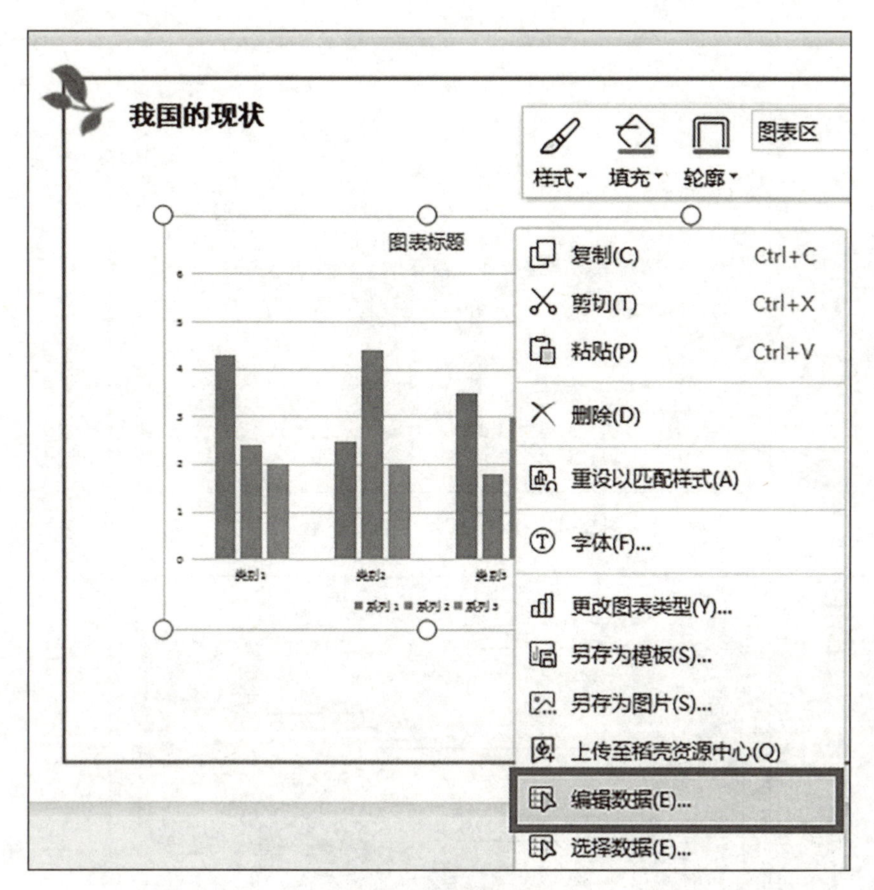

图 3-43 编辑数据

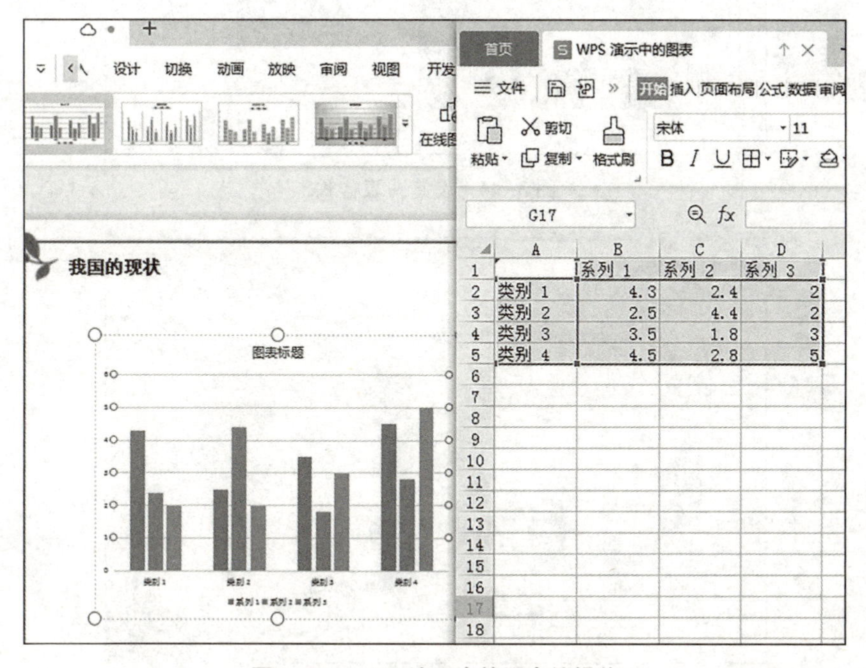

图 3-44 WPS 演示中的图表编辑前

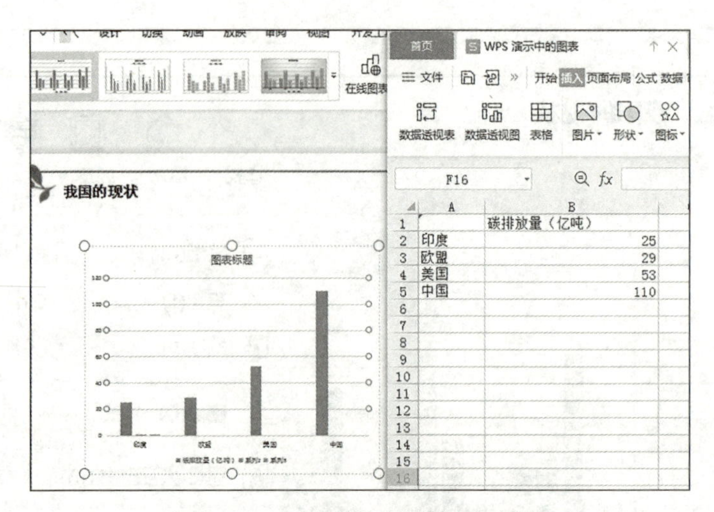

图 3-45　WPS 演示中的图表编辑后

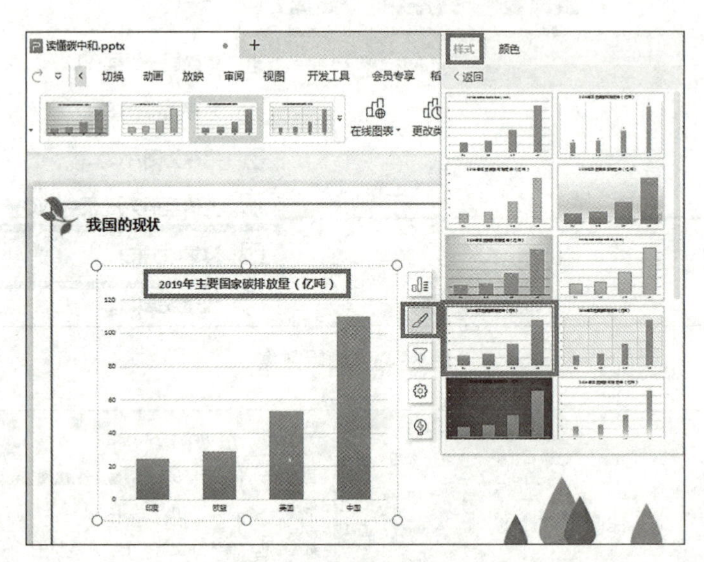

图 3-46　设置图表样式

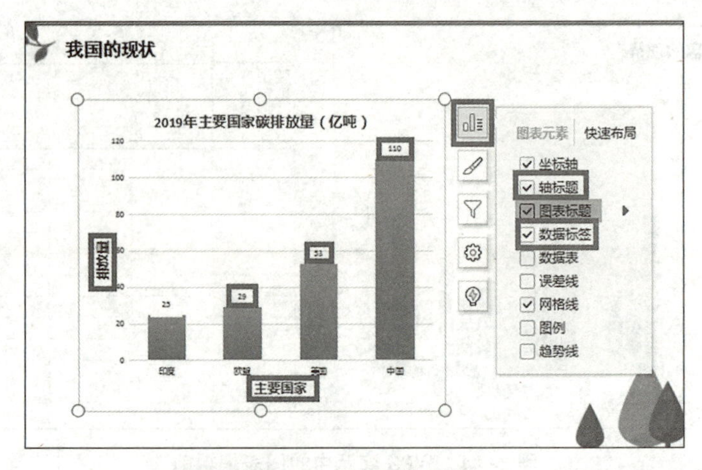

图 3-47　设置图表元素

(8)选中图表，在右侧的对象属性中，“图表选项”→“填充与线条”→“纯色填充”→“颜色”→“宝石碧绿”，如图 3-48 所示。

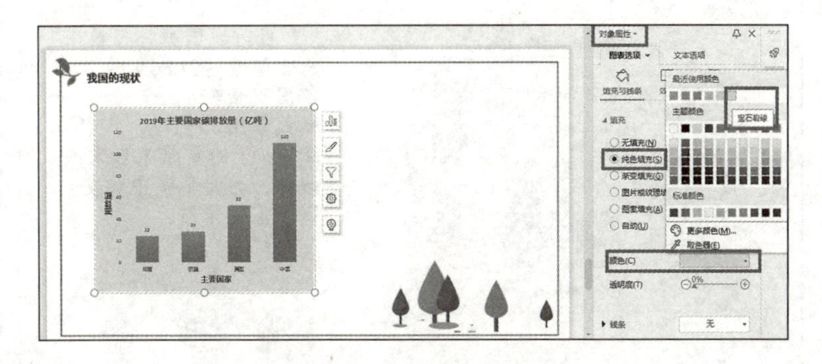

图 3-48　设置图表背景填充

(9)选中图表数柱，在右侧的对象属性中，选择“系列选项”→“填充与线条”→“渐变填充”→“颜色”→“中海洋绿-水鸭色渐变”，如图 3-49 所示；“渐变样式”选择“向上”，如图 3-50 所示。

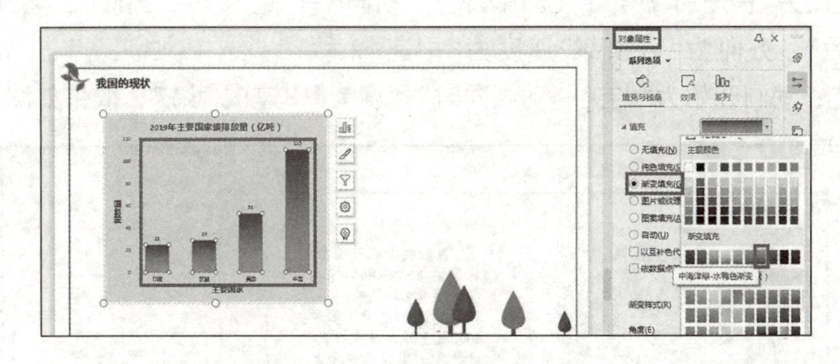

图 3-49　设置数柱填充(1)

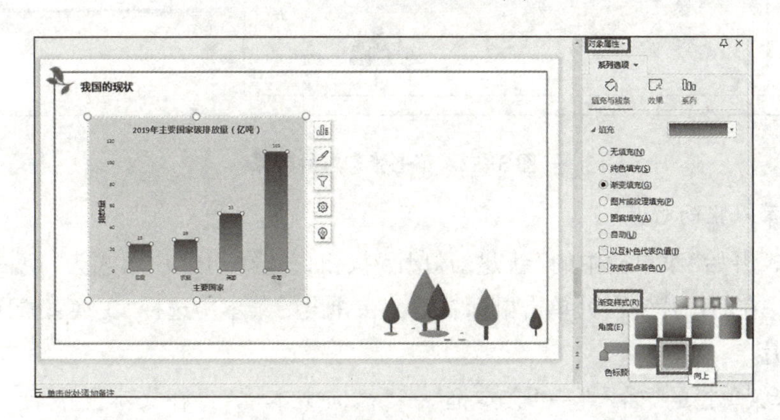

图 3-50　设置数柱填充(2)

(10)选择菜单栏的“插入”→“文本框”→“横向文本框”，在文本框中输入素材文字，调整文本框大小，设置文字格式为华文仿宋，加粗，28 号，将光标停在文字开头，单击鼠标右键，选择“段落”，缩进特殊格式为“首行缩进”，度量值为“2 字符”，效果如图 3-51 所示。

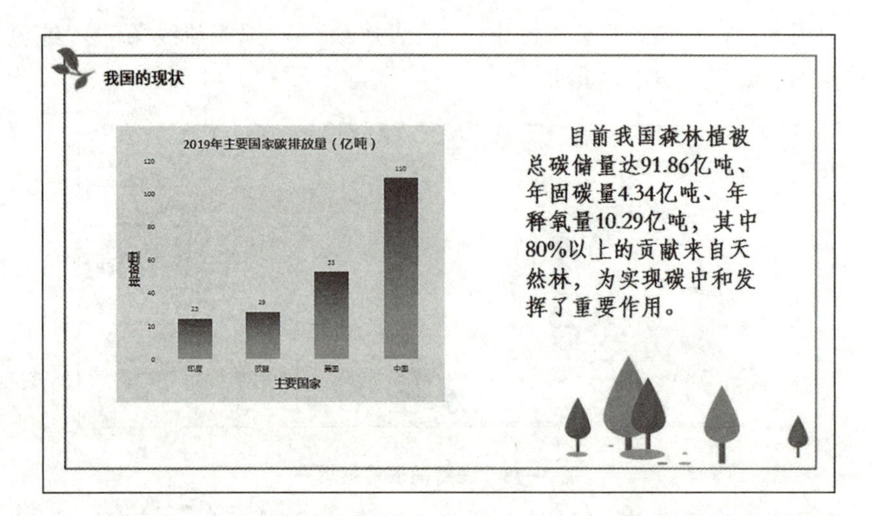

图 3-51　第七张幻灯片样式

(11)选中“我国的现状”文字，点击“动画”→“进入”→“飞入”，动画开始为“在上一动画之后”速度为“快速(1 秒)”；选中图表，“动画”→“进入”→“擦除”，动画开始为“在上一动画之后”，方向为“自顶部”速度为“中速(2 秒)”；选中文字，点击“动画”→“进入”→“展开”，动画开始为“与上一动画同时”速度为“中速(2 秒)”，效果如图 3-52 所示。

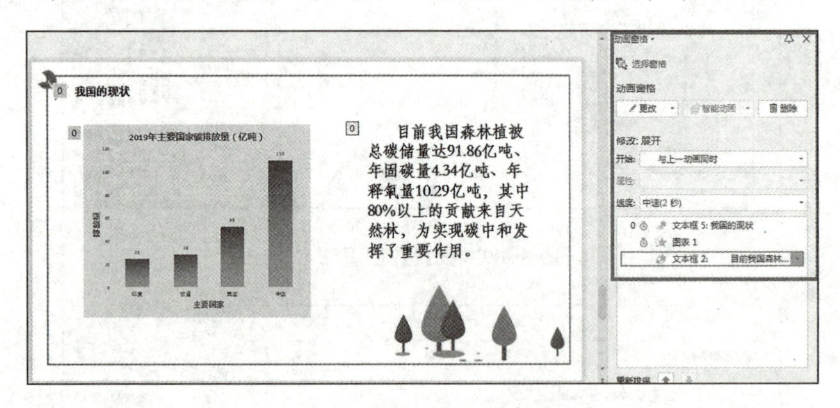

图 3-52　第七张幻灯片效果

7. 设置第八张幻灯片

(1)点击“开始”菜单栏中的“新建幻灯片”按钮，选择幻灯片版式为“空白”，添加第二张幻灯片，在幻灯片空白处单击鼠标右键，在弹出的菜单中选择“更换背景图片”，选中“第 8 页”图片。

(2)选择菜单栏的“插入”→“文本框”→“横向文本框”，在文本框中输入“我国的现状”，设置文字“黑体”→“加粗”→“20”，将文本框放置于页面左上角。

(3)选择菜单栏的“插入”→“文本框”→“横向文本框”，在文本框中输入素材文字，调整文本框大小，设置字体为“华文仿宋”→“加粗”→“28”，将光标停在文字开头，单击鼠标右键，选择“段落”→“缩进”→“特殊格式”→“首行缩进”→“2 字符”，如图 3-53 所示。

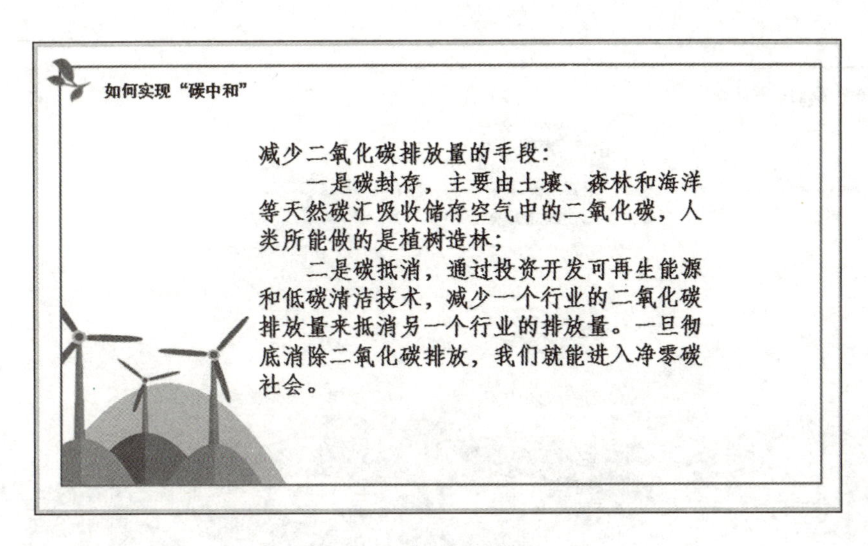

图 3-53　第八张幻灯片样式

(4)选中“如何实现‘碳中和’”文字，点击“动画”→“进入”→“飞入”，动画开始为“在上一动画之后”，速度为“快速(1 秒)”；选中文字，点击“动画”→“进入”→“展开”，动画开始为“与上一动画同时”，速度为“中速(2 秒)”，效果如图 3-54 所示。

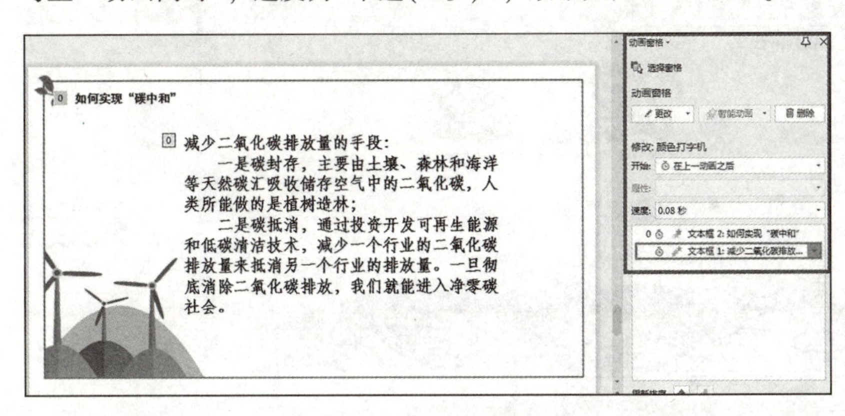

图 3-54　第八张幻灯片效果

8. 设置第九张幻灯片

(1)点击“开始”菜单栏中的“新建幻灯片”按钮，选择幻灯片版式为“空白”，添加第二张幻灯片，在幻灯片空白处单击鼠标右键，在弹出的菜单中选择“更换背景图片”，选中“第 9 页”图片。

(2)选择菜单栏的“插入”→“文本框”→“横向文本框”，在文本框中输入“我们能做什么”，设置文字格式为黑体，加粗，20 号，将文本框放置于页面左上角。

(3)选择菜单栏的“插入”→“图片”，插入素材图片，选中图片，选择“图片工具”→“效果”→“柔化边缘”→“5 磅”；如图 3-55 所示。

(4)选中“我们能做什么”文字，点击“动画”→“进入”→“飞入”，动画开始为“在上一动画之后”，速度为“快速(1 秒)”；选中图片，点击“动画”→“进入”→“投掷”，动画开始为“与上一动画同时”，速度为“中速(2 秒)”；效果如图 3-56 所示。

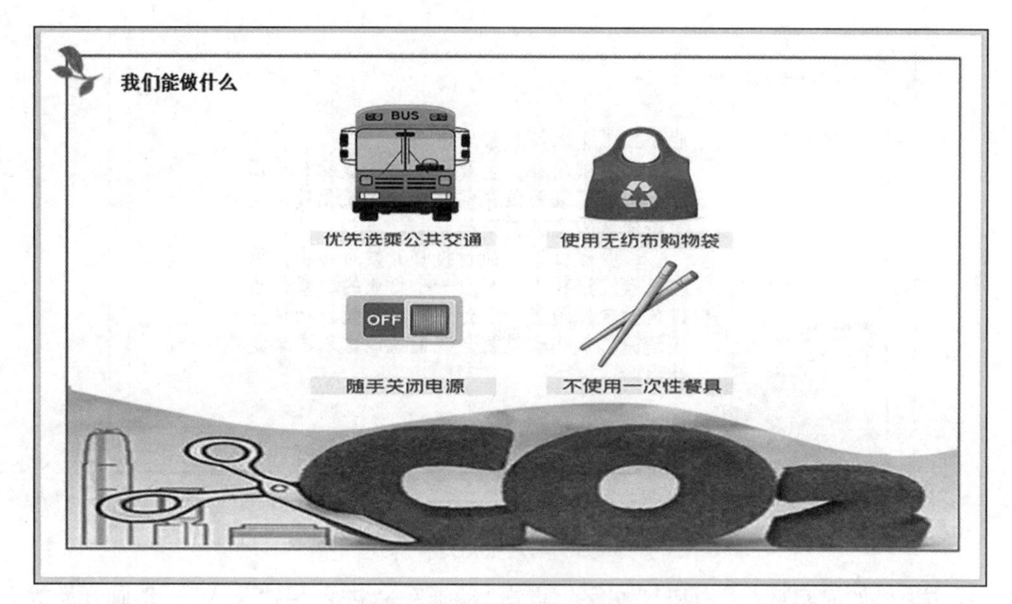

图 3-55　第九张幻灯片样式

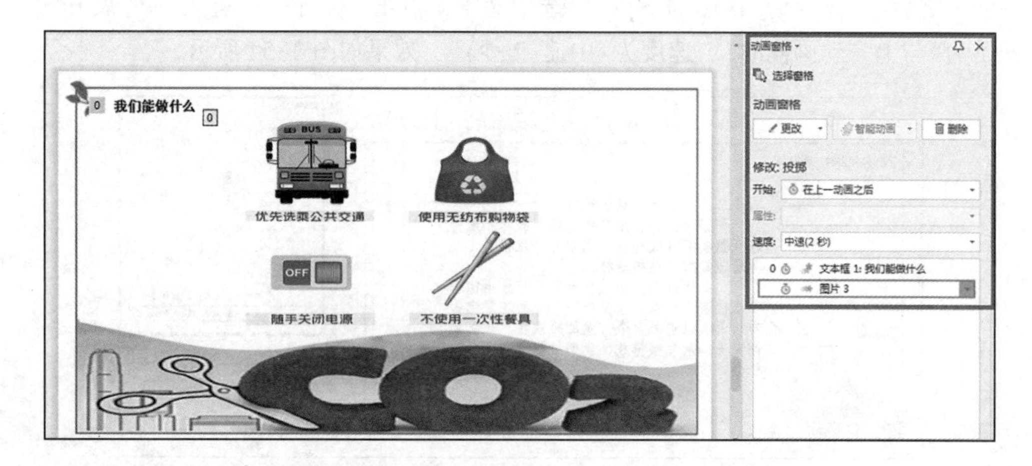

图 3-56　第九张幻灯片效果

9. 设置第十张幻灯片

(1)点击“开始”菜单栏中的“新建幻灯片”按钮，选择幻灯片版式为“空白”，添加第二张幻灯片，在幻灯片空白处单击鼠标右键，在弹出的菜单中选择“更换背景图片”，选中“第 10 页”图片。

(2)选择菜单栏上“插入”→“文本框”→“横向文本框”，在文本框中输入素材文字，调整文本框大小，设置文字格式为华文琥珀，加粗，48 号。

(3)选中文字，点击“动画”→“强调”→“彩色波纹”，动画开始为“在上一动画之后”，速度为“快速(1 秒)”，效果如图 3-57 所示。

10. 添加超链接

(1)点击第三张幻灯片，选中文字“什么是碳中和”，选择“插入”→“超链接”，在弹出的对话框中，选择“本文档中的位置”→“幻灯片 4”，点击“确定”，如图 3-58 所示。

图 3-57　第十张幻灯片效果

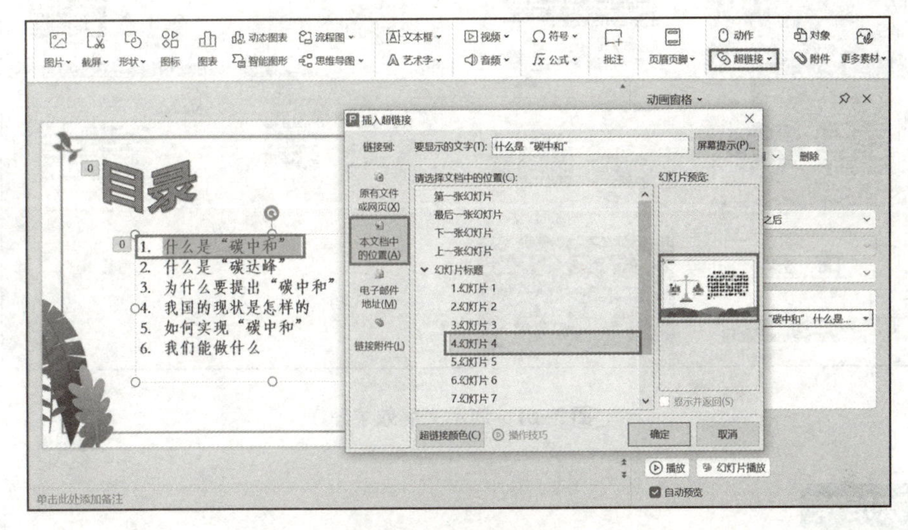

图 3-58　添加超链接

(2)重复上述步骤，完成2~6项内容的超链接，如图3-59所示。

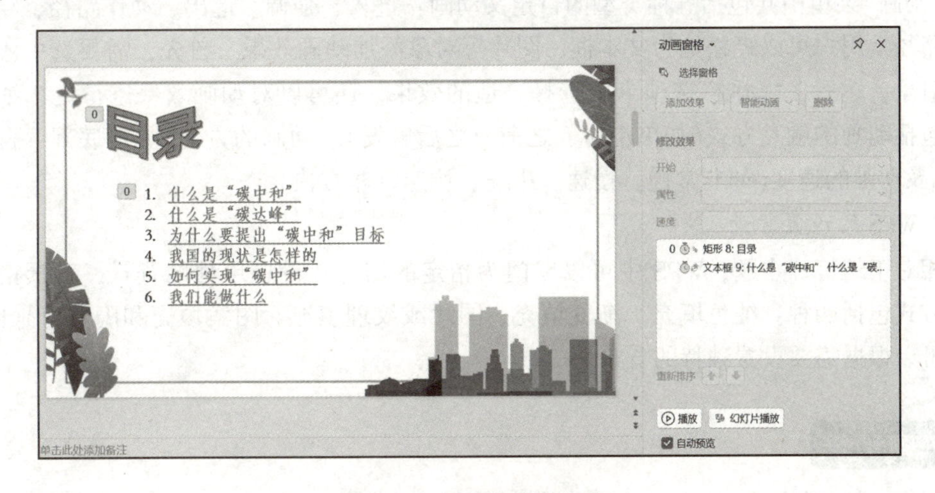

图 3-59　添加超链接结果

11. 设置幻灯片切换方式

点击菜单栏上的“切换”，点击“预设效果”→“随机”→“自动换片”→“应用到全部”，如图 3-60 所示。

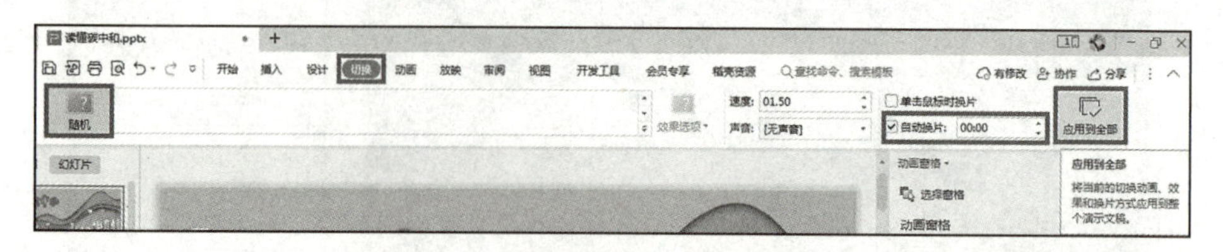

图 3-60 设置幻灯片切换方式

林业知识竞赛的演示文稿完成效果如图 3-61 所示。

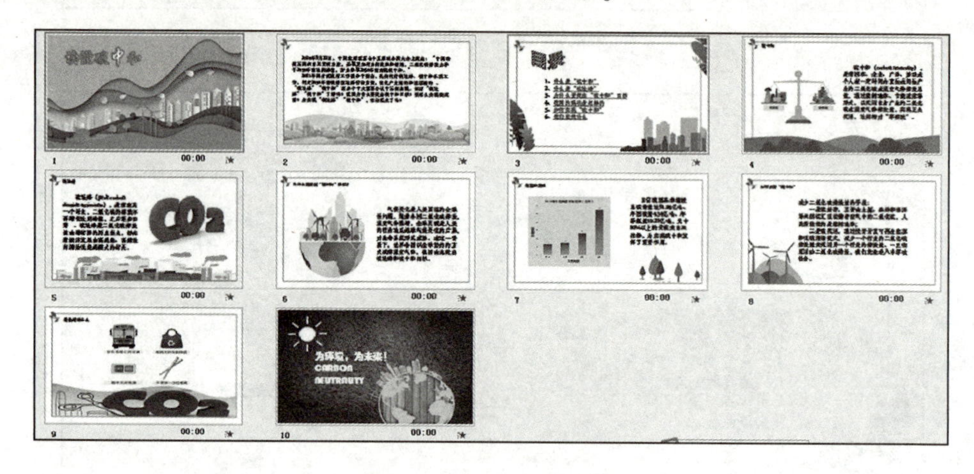

图 3-61 演示文稿效果图

知识链接

1. WPS 的动画效果

“动画”菜单中共包括五种类型的自定义动画：进入、强调、退出、动作路径、绘制自定义路径，用户可以轻松地为文本框、图片等对象添加动画效果。首先，需要选中添加动画的对象，然后在“动画”选项卡中选择合适的效果。还可以对动画效果进行更详细的设置，包括动画的触发方式(如单击时、之前或之后触发)、动画的方向(如自底部、自左侧等)以及动画的速度(如非常慢、慢速、中速、快速、非常快)。

2. WPS 的设置背景

相对于幻灯片主题，WPS 中可以专门为指定的幻灯片设置单独的背景，背景格式的填充方式包括四种：纯色填充、渐变填充、图片或纹理填充、图案填充和隐藏背景图形。用户可以根据需要设置独特的背景。

巩固训练

制作一份“碳交易”的演示文稿，效果如图 3-62 所示。

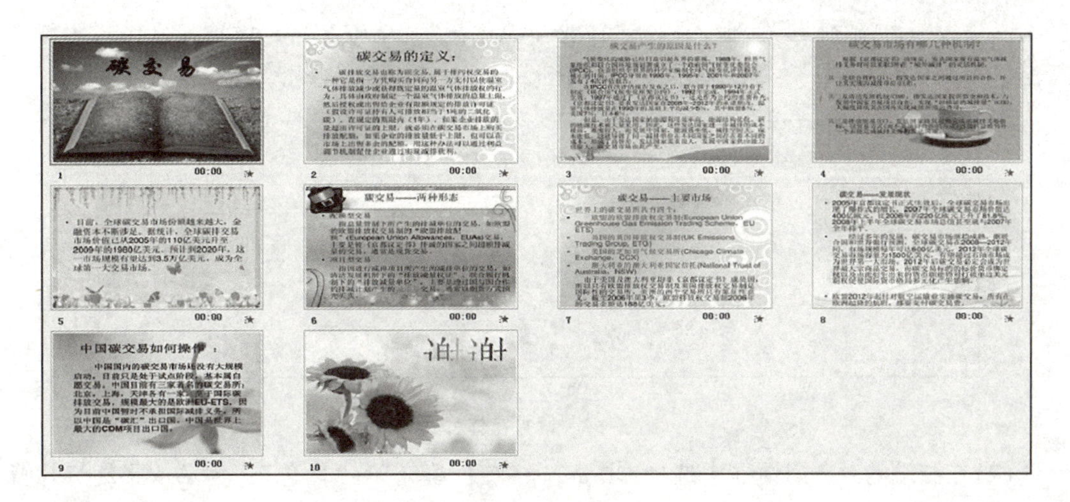

图 3-62　效果图

要求：

(1) 每一张幻灯片中的元素都要有动画效果。

(2) 为每一张幻灯片设置切换效果。

(3) 幻灯片放映时要求能够自动播放至结束。

任务 3-3　制作“林业知识竞赛”演示文稿

任务目标

(1) 理解幻灯片母版的概念，掌握幻灯片母版的编辑及应用方法。

(2) 能够结合应用场景，制作图文并茂的演示文稿。

(3) 提升数字化环境下解决问题的综合能力，增强团队协作和沟通意识。

任务描述

一年一度的植树节马上就要到了，为了更加深刻地领会“绿水青山就是金山银山”理念，小蒋所在的班级要举办一场林业知识竞赛。班长小蒋需要运用所学知识做了一个知识竞赛主题的演示文稿。

任务实施

1. 设置第一张幻灯片

(1) 在桌面上新建一个演示文稿，命名为“林业知识竞赛”。双击打开演示文稿，在空白处单击鼠标右键，添加第一张幻灯片，点击“开始”菜单栏中的“新建幻灯片”按钮，选择幻灯片版式为“仅标题”，输入标题“林业知识竞赛”，选中文字，设置文字格式为华文行楷，60号，居中对齐，“预设样式”为“填充-白色，轮廓-着色1”如图3-63所示。

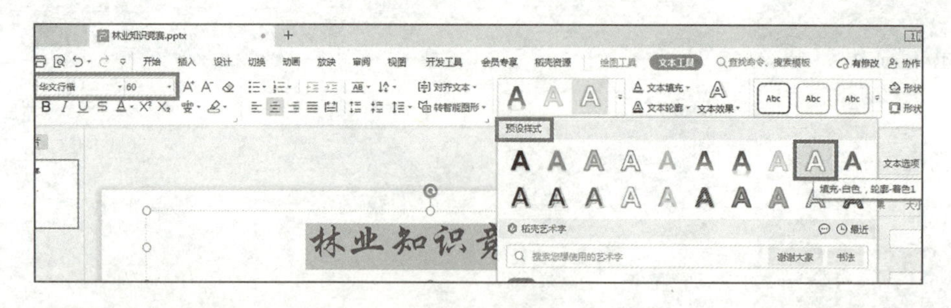

图3-63　设置字体样式

(2)在右端的对象属性框中选择“填充”→“纯色填充”→“黑色”，为第一张幻灯片背景填充黑色背景，如图3-64所示。

图3-64　填充背景颜色

(3)选择菜单栏的“插入”→“图片”，插入两张图片，调整图片位置与大小；选中标题文字衬底图片，选择右侧的“叠放次序”→“下移一层”，如图3-65所示。

图3-65　调整叠放次序

（4）选择菜单栏的“插入”→“形状”→“十字星”和“五角星”，在标题栏的上方绘制大小形状不一的十字星和五角星，填充合适的颜色，如图 3-66 所示。调整图形至合适的位置，效果如图 3-67 所示。

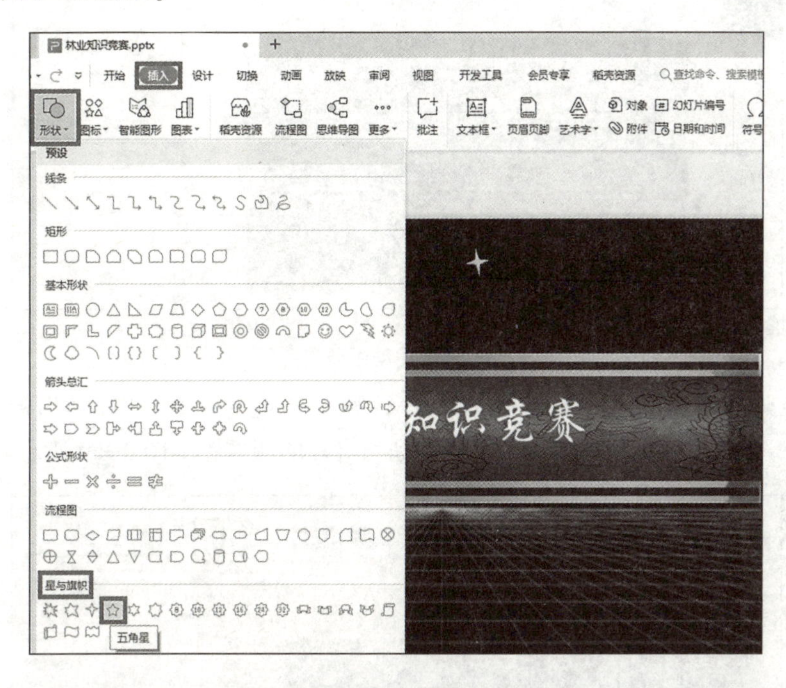

图 3-66　绘制十字星和五角星

图 3-67　设置图片形状

（5）为幻灯片添加动画效果：按住 Ctrl 键选中所有十字星及五角星，点击“动画”→“进入”→“缓慢进入”→“自顶部”，动画开始为“上一动画之后”，速度为“慢速（3 秒）”；选中最下方图片，点击“动画”→“进入”→“擦除”，动画开始为“与上一动画同时”，速度为“中速（2 秒）”；选中标题栏下方图片，点击“动画”→“进入”→“飞入”→“自顶部”，动画开始为“与上一动画同时”，速度为“快速（1 秒）”；标题效果设置为“擦除”→“自顶部”，动画开始为“与上一动画同时”，速度为“中速（2 秒）”，效果如图 3-68 所示。

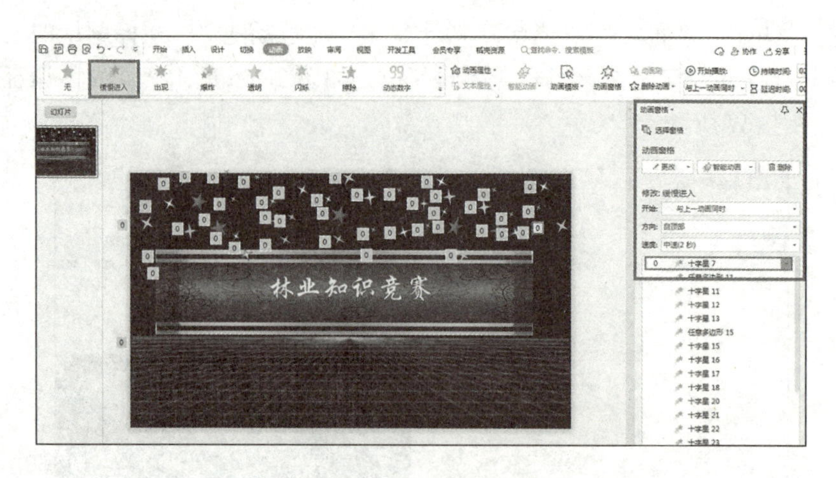

图 3-68　动画效果

(6)为幻灯片插入音频。点击“插入”→“音频”→“嵌入音频”，在弹出的对话框中选择音乐文件，将插入的音频小喇叭图标移动到幻灯片的侧方，如图 3-69 所示。

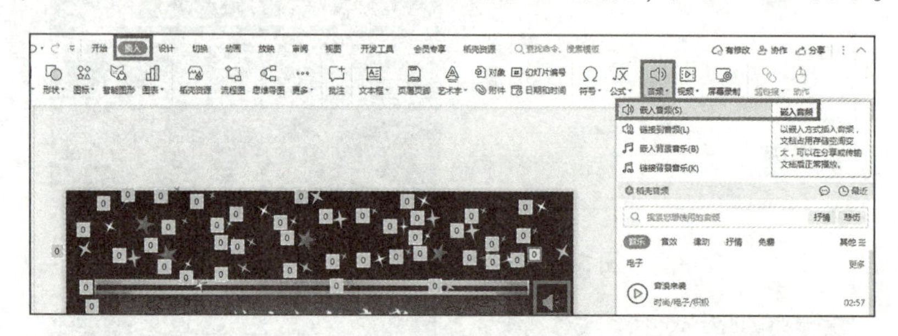

图 3-69　插入音频

(7)点击音频小喇叭图标，在打开的“音频工具”中，选择开始为“自动”，设置“跨幻灯片播放至 11 页停止，勾选“播放时隐藏”，在任务窗格中将音乐任务移到第一个，效果如图 3-70 所示。

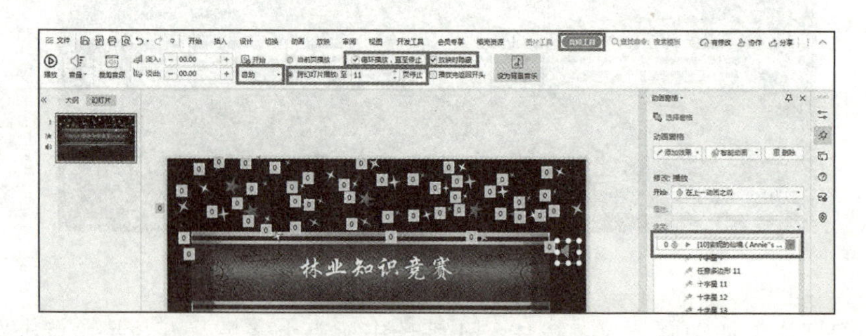

图 3-70　设置播放效果

2. 设置第二张幻灯片

(1)点击“开始”菜单栏中的“新建幻灯片”按钮，选择幻灯片版式为“仅标题”，添加第二张幻灯片，在幻灯片空白处单击鼠标右键，在弹出的菜单中选择“更换背景图片”，选中“幕布”图片。

(2)在标题栏中输入“看赛场英姿 观天下风骨”，格式为华文行楷，54 号加粗；设置标题进入效果为“劈裂”，动画开始为“与上一动画同时”，方向为“左右向中央收缩”，速度为“快速(1 秒)”。

(3)选择菜单栏的“插入”→“图片”，插入素材“笔”图片，调整图片至合适位置，选中图片，设计进入效果为“出现”，动画开始为“上一动画之后”；选中“笔”图片，点击“添加动画”按钮，选择“动画”中的“绘制自定义路径”，在文字下方绘制曲线路径，动画开始为“与上一动画同时”；如图 3-71 所示。然后点击“添加动画”按钮，选择退出中的“消失”，动画开始为“上一动画之后”，任务窗格顺序如图 3-72 所示。

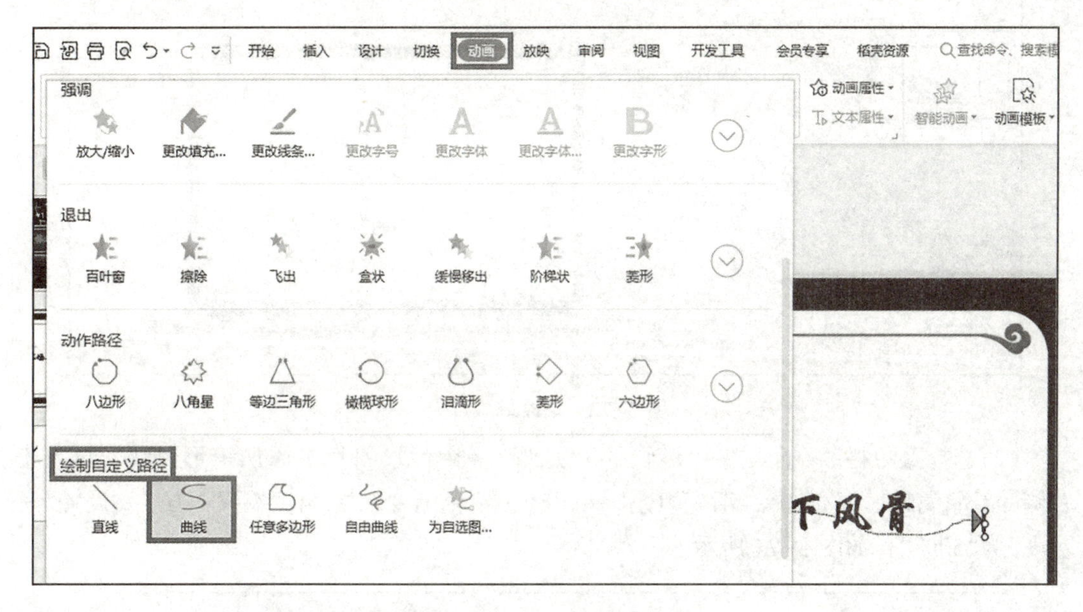

图 3-71　绘制自定义路径

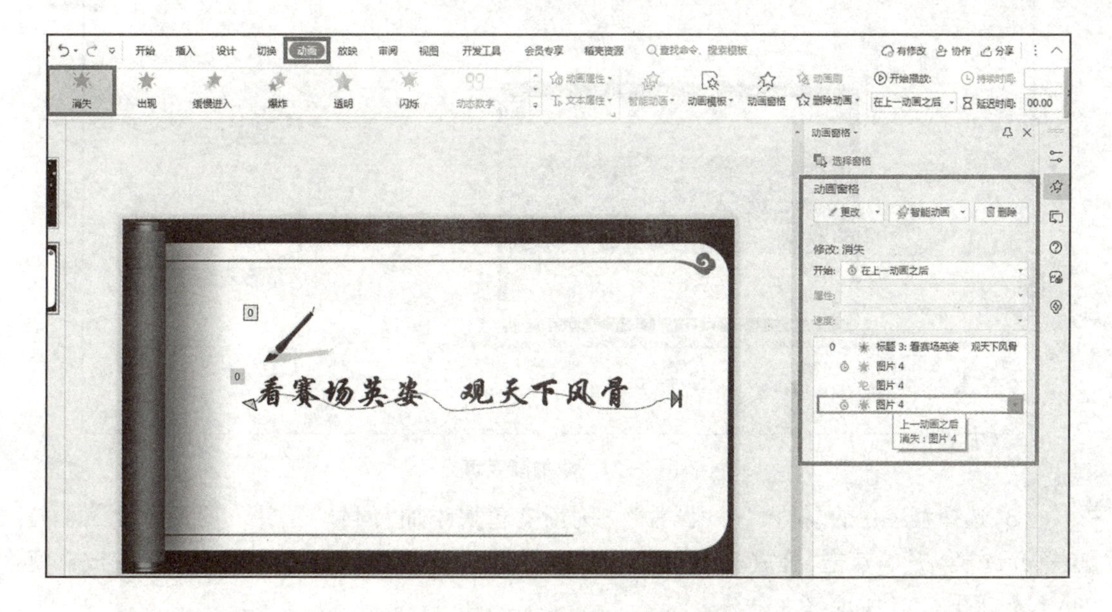

图 3-72　第二张幻灯片动画效果

3. 制作幻灯片母版

(1)点击“开始”→“新建幻灯片”→“空白”；点击“视图”→“幻灯片母版”，更改幻灯片母版背景图片，如图 3-73 所示。

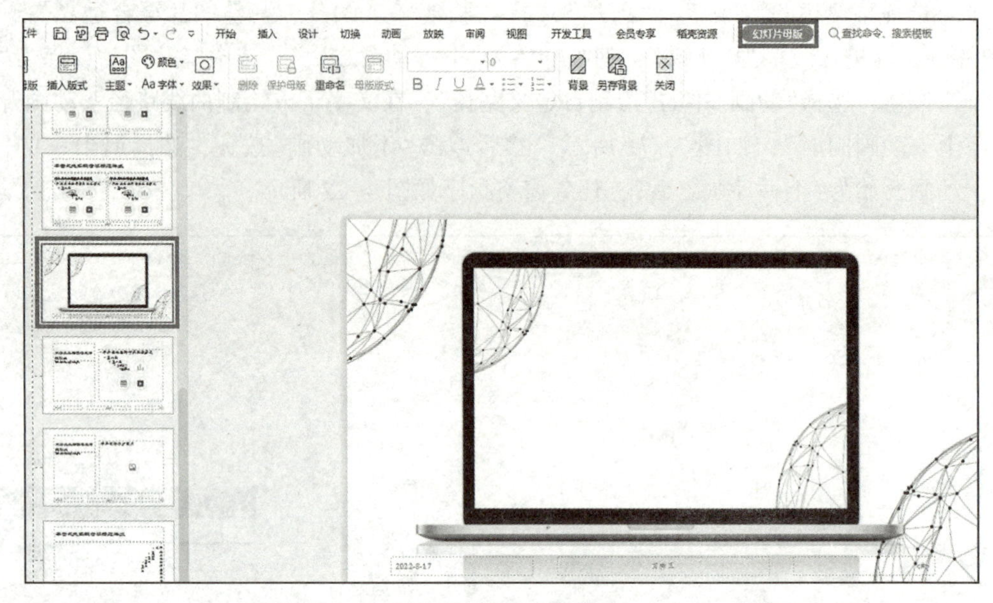

图 3-73　更改母版背景

(2)选择菜单栏的“插入”→“形状”→“矩形”，在背景图片中添加矩形色块，再点击右侧的对象属性，填充选择“渐变填充”→“红色-栗色渐变”→“角度”→“180°”，设置“透明度”为“50%”，如图 3-74 所示。

图 3-74　添加渐变填充

(3)选择菜单栏的“插入”→“图片”，为渐变色块添加“问号”图片，调整图片大小与位置，选中图片，点击“叠放次序”→“下移一层”，点击“关闭”按钮，母版设计完成，模板样式如图 3-75 所示。

图 3-75 模板样式

4. 设置第三张幻灯片

(1)点击“开始”→“新建幻灯片”按钮，选择刚才制作的幻灯片版式，如图 3-76 所示。

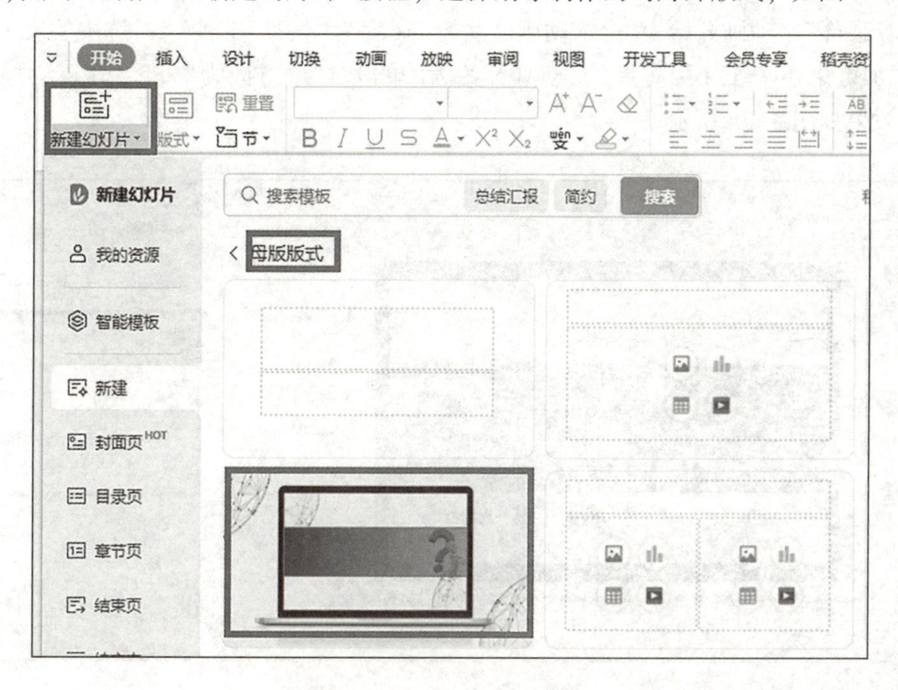

图 3-76 新建幻灯片版式

(2) 在矩形色块上选择菜单栏上的“插入”→“文本框”→“横向文本框”，在文本框中输入文字“我国人工林面积居世界第____位?”，设置文字格式为隶书，黑色，36 号，调整好文本框位置。

(3) 在矩形色块右下方点击“插入”→“文本框”→“横向文本框”，在文本框中输入文字“答案：第一名”，设置文字格式为华文楷书，32 号，点击“文本工具”→“预设样式”→“图案填充-深色上对角线”，如图 3-77 所示。

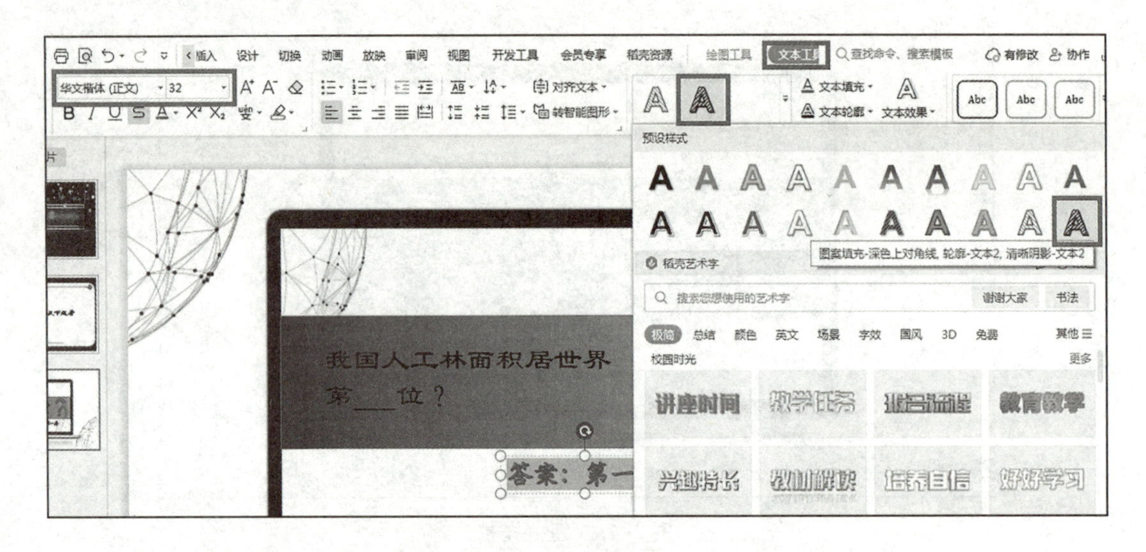

图 3-77 设置文字格式

(4) 添加动画效果。选中题目文本框，在右侧的动画窗格中选择“添加效果”为“飞入”→“自顶部”，动画开始为“上一动画之后”，速度为“快速(1 秒)”；选中答案文本框，选择“添加效果”→“十字形扩展”，动画开始为“单击时”，方向为“外”，速度为“中速(2 秒)”，效果如图 3-78 所示。

图 3-78 第三张幻灯片动画效果

5. 重复上述步骤，制作第四至九张幻灯片(图 3-79 至图 3-84)

图 3-79　第四张幻灯片动画效果

图 3-80　第五张幻灯片动画效果

图 3-81　第六张幻灯片动画效果

图 3-82 第七张幻灯片动画效果

图 3-83 第八张幻灯片动画效果

图 3-84 第九张幻灯片动画效果

6. 设置第十张幻灯片

(1)点击“开始”菜单栏中的“新建幻灯片”按钮，选择幻灯片版式为“仅标题”，添加第十张幻灯片；在幻灯片空白处单击鼠标右键，在弹出的菜单中选择“更换背景图片”，选中“幕布”图片。

(2)在标题栏中输入“感谢您的参与”，文字格式为华文行楷，54 号，加粗；添加标题进入效果为“擦除”，动画开始为“在上一动画之后”方向为“自左侧”，速度为“中速(2 秒)”，如图 3-85 所示。

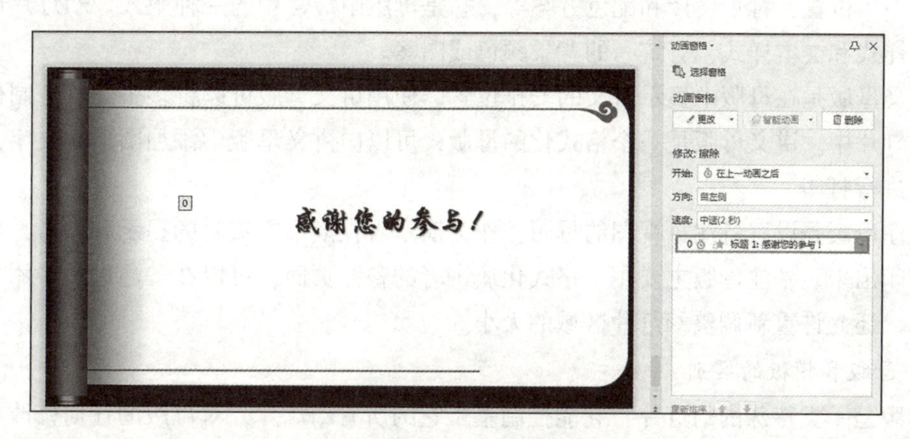

图 3-85　第十张幻灯片动画效果

7. 设置幻灯片切换方式

点击菜单栏上的“切换”→“预设效果”→“分割”→“自动换片”→“应用到全部”，如图 3-86 所示。

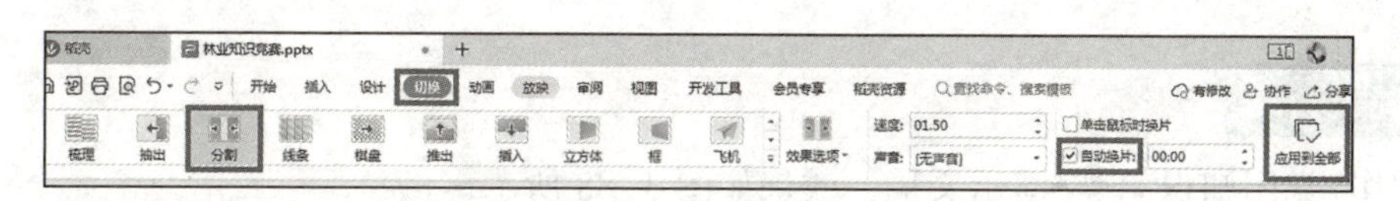

图 3-86　设置幻灯片切换方式

整个林业知识竞赛的演示文稿完成效果如图 3-87 所示。

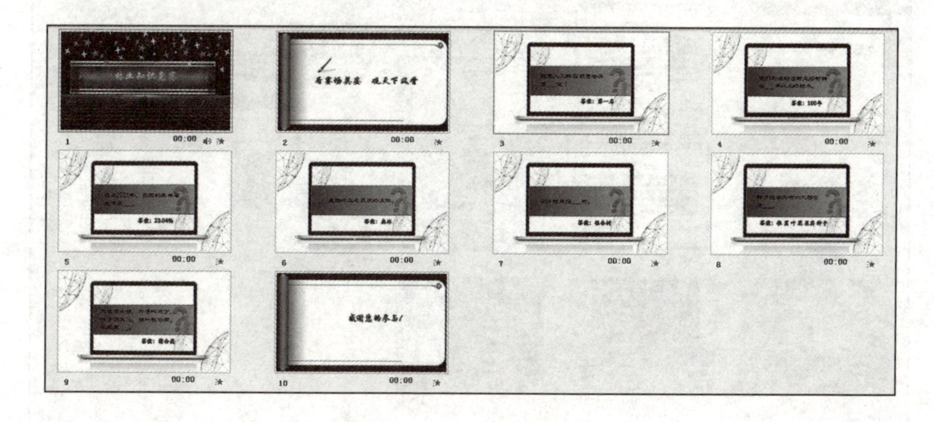

图 3-87　演示稿效果图

知识链接

1. 幻灯片母版的设计

演示文稿通常具有统一的外观和风格，提升演示文稿的整体美观度，通过设计、制作和应用幻灯片母版可以实现这一要求。常用的母版有三种：幻灯片母版、讲义母版、备注母版。

幻灯片母版是存储关于母版信息的设计模板的一个元素，这些模板信息包括文字、占位符大小、位置、背景设计和配色方案等，它是母版中最常用的一种版式。幻灯片母版包含标题样式和文本样式，有统一的背景颜色或图案。

讲义母版是在母版中显示讲义的安排位置。使用讲义母版可以将多张幻灯片制作在同一张幻灯片中。讲义母版是一个格式化的母版，可以向讲义母版中添加图形和文字，以方便用户进行打印。

备注母版是设置备注页视图的母版，作为演示者在演示文稿时的提示和参考，可以被单独打印出来。备注母版主要用于格式化演讲者的备注页面，可以在备注母版中添加图形和文字，还允许重新调整幻灯片区域的大小。

2. 母版和模板的区别

母版是一类特殊的幻灯片，它能控制基于它的所有幻灯片，对母版的任何修改均会体现在很多幻灯片中，所以每张幻灯片的相同内容往往用母版来设计。

模板是演示文稿中特殊的一类，是由母版设计而来的，扩展名为 potx。模板可以提供演示文稿的格式、配色方案、母版样式以及产生特效的字体样式等。应用设计模板可以快速生成风格统一的演示文稿。

巩固训练

制作“党团知识竞赛”演示文稿，效果如图 3-88 所示。

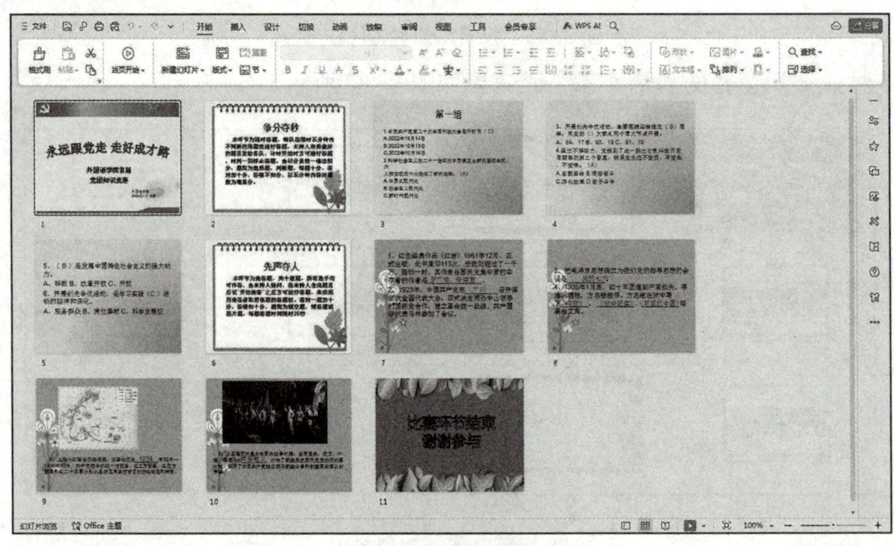

图 3-88　效果图

要求：

(1)每一张幻灯片中的元素都要有动画效果。

(2)插入背景音乐，并播放至幻灯片结束。

(3)为每一张幻灯片设置切换效果。

(4)幻灯片放映时要求能够自动播放至结束。

任务3-4 制作“探秘三江源”演示文稿

任务目标

(1)掌握音频、视频的插入方法，掌握智能图形的使用方法。

(2)能够使用多种元素丰富演示文稿，会放映、打印、打包演示文稿。

(3)鼓励学生进行创新设计，培养创新能力，培养家国情怀。

任务描述

习近平总书记在《生物多样性公约》第十五次缔约方大会领导人峰会上宣布，中国正式设立三江源等国家公园。地处青藏高原腹地的三江源国家公园，是长江、黄河、澜沧江的发源地。这里维系着我国乃至亚洲澜湄流域水生态安全命脉，是全球气候变化反应最为敏感的区域之一，也是我国生物多样性保护优先区之一。

本任务是制作三江源主题演示文稿。

任务实施

1. 设置第一张幻灯片

(1)在桌面上新建一个演示文稿，命名为“探秘三江源”。双击打开演示文稿，在空白处单击鼠标右键，添加第一张幻灯片，在幻灯片空白处单击鼠标右键，在弹出的菜单中选择“更换背景图片”，选中“第1页”图片，完成第一张幻灯片背景设置。

(2)选择菜单栏上的“插入”，点击“艺术字”按钮，选择第一行第四个“填充-白色，轮廓-着色5，阴影”，在弹出的文本框中输入“探秘三江源”；选中文字“探秘三江源”，设置文字格式为华文行楷，加粗，96号。

(3)选中艺术字，在右侧的对象属性框中选择“文本选项”→“文本填充”→“图案填充”→“苏格兰方格呢”，如图3-89所示。

(4)选中标题，在“文本工具”菜单栏中依次选择“文字效果”→“阴影”→“透视”→“左上角透视”，如图3-90所示。

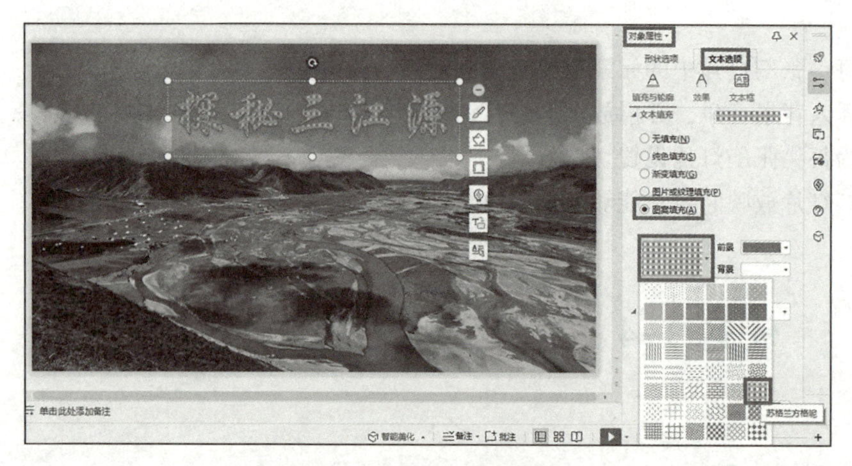

图 3-89　设置艺术字格式

图 3-90　设置艺术字文本效果

(5)选中标题，设置动画效果为“强调”→“华丽型”→“波浪型”，动画开始为“在上一动画之后”，速度为“中速(2 秒)”，最终效果如图 3-91 所示。

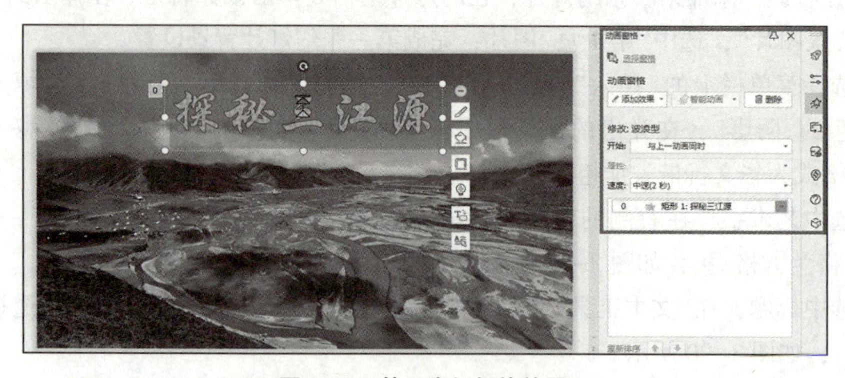

图 3-91　第一张幻灯片效果

2. 设置第二张幻灯片

(1)点击“开始”菜单栏中的“新建幻灯片”按钮，选择幻灯片版式为“空白”，添加第二张幻灯片，在幻灯片空白处单击鼠标右键，在弹出的菜单中选择“更换背景图片”，选中“第2页”图片。

(2)选择菜单栏上的“插入”→“文本框”→“横向文本框”，在文本框中输入素材文字，设置文字格式为华文琥珀，加粗，36号，白色；选中文字，在“文本工具”菜单栏的“预设样式”中选择第一行第四个“填充-白色，轮廓-着色5，阴影”，调整好文本框位置，如图3-92所示。

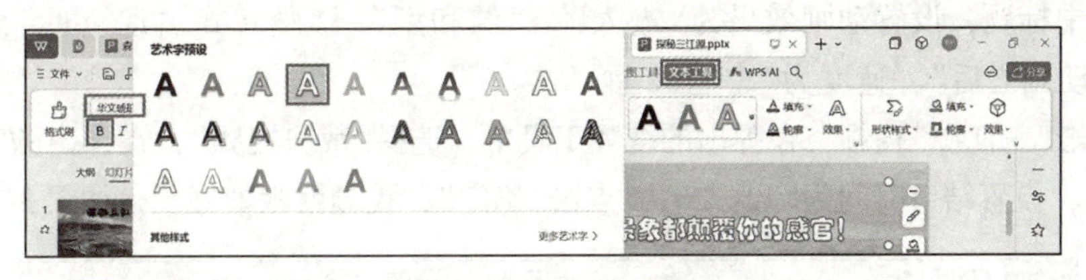

图3-92 设置文本效果

(3)选中标题，设置动画效果为“进入”→“基本型”→“飞入”→“自底部”，动画开始为“在上一动画之后”，速度为“中速(2秒)”，效果如图3-93所示。

图3-93 第二张幻灯片效果

3. 设置第三张幻灯片

(1)点击“开始”菜单栏中的“新建幻灯片”按钮，选择幻灯片版式为“空白”，添加第二张幻灯片，在幻灯片空白处单击鼠标右键，在弹出的菜单中选择“更换背景图片”，选中“第三页”图片。

(2)选择菜单栏上的“插入”，点击“艺术字”按钮，选择第一行倒数第二个，在弹出的文本框中输入“三江源是哪三江?”，如图3-94所示。

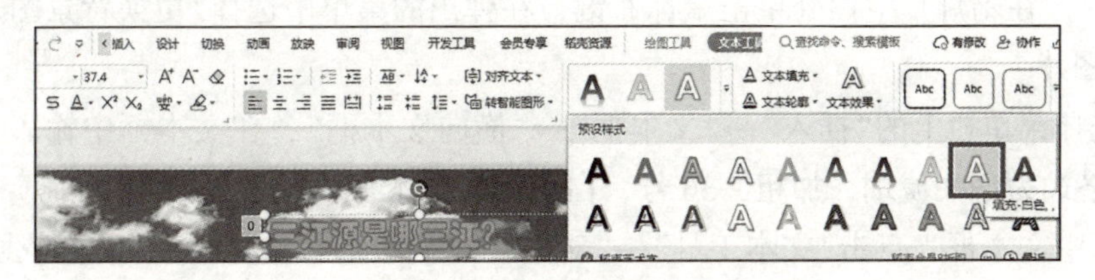

图3-94 设置艺术字

(3)为幻灯片插入视频。点击“插入”→“视频”→“嵌入音频”，选中“三江源”视频，调整视频窗口大小、位置，如图 3-95 所示。

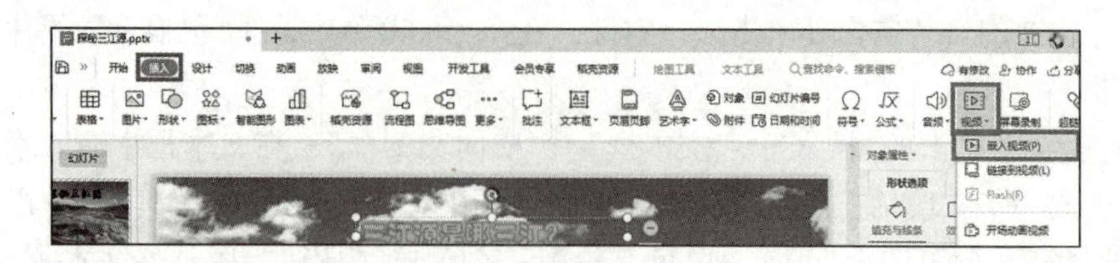

图 3-95　插入视频

(4)选中标题，设置动画效果为“进入”→“温和型”→“翻转式由远及近”，动画开始为“在上一动画之后”，速度为“中速(2 秒)”。

(5)点击“三江源”视频，在弹出的视频工具中，选择“裁剪视频”，在弹出的对话框中拖动结束滑块，设置结束时间为“12：26”，点击“确定”，视频就裁剪好了，如图 3-96 所示。

图 3-96　裁剪视频

(6)在视频工具中，选择视频开始方式为“自动”，勾选“未播放时隐藏”“循环播放，直到停止”和“播放完返回开头”三个选项，如图 3-97 所示。第三张幻灯片就制作完成了，效果如图 3-98 所示。

4. 设置第四张幻灯片

(1)点击“开始”菜单栏中的“新建幻灯片”按钮，选择幻灯片版式为“空白”，添加第二张幻灯片，在幻灯片空白处单击鼠标右键，在弹出的菜单中选择“更换背景图片”，选中“第四页”图片。

(2)选择菜单栏上的“插入”→“文本框”→“横向文本框”，在文本框中输入素材文字，设置文字格式为华文琥珀，加粗，36 号，白色，将文本框放置于页面左上角。

(3)选中文本框，点击“文本工具”→“对象属性”→“形状选择”→“填充与线条”→“纯色填充”→“矢车菊蓝，着色 1”，如图 3-99 所示。

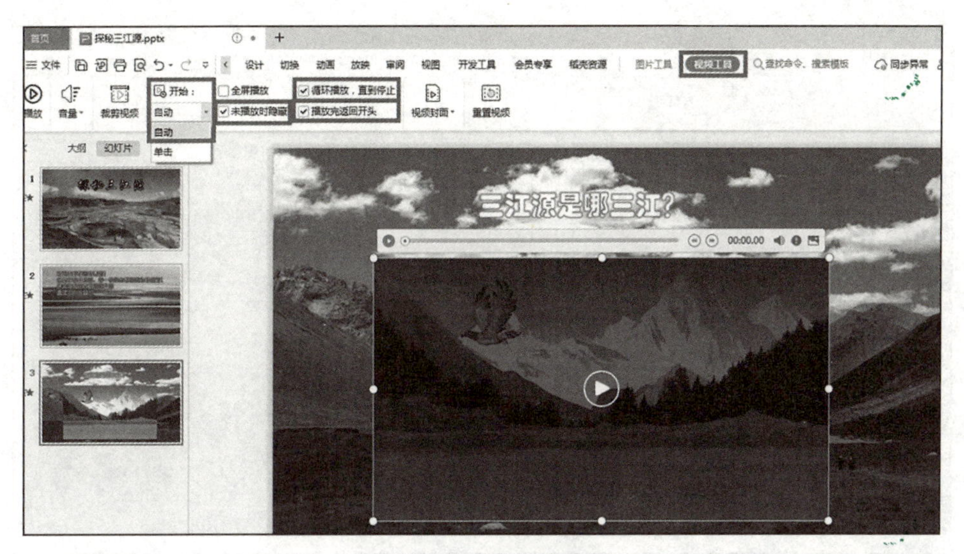

图 3-97　设置播放方式

图 3-98　第三张幻灯片效果

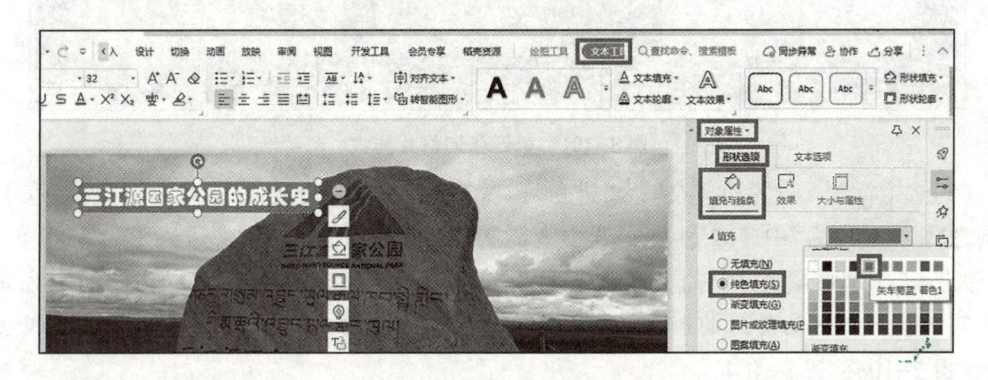

图 3-99　设置文本框填充

（4）选择菜单栏的“插入”→“智能图形”→“并列”→“水平项目符号列表”，如图 3-100 所示；在文本框中输入素材文字，设置年份文字格式为黑体，54 号，黑色，设置内容文字格式为华文琥珀，加粗，28 号，黑色，如图 3-101 所示。

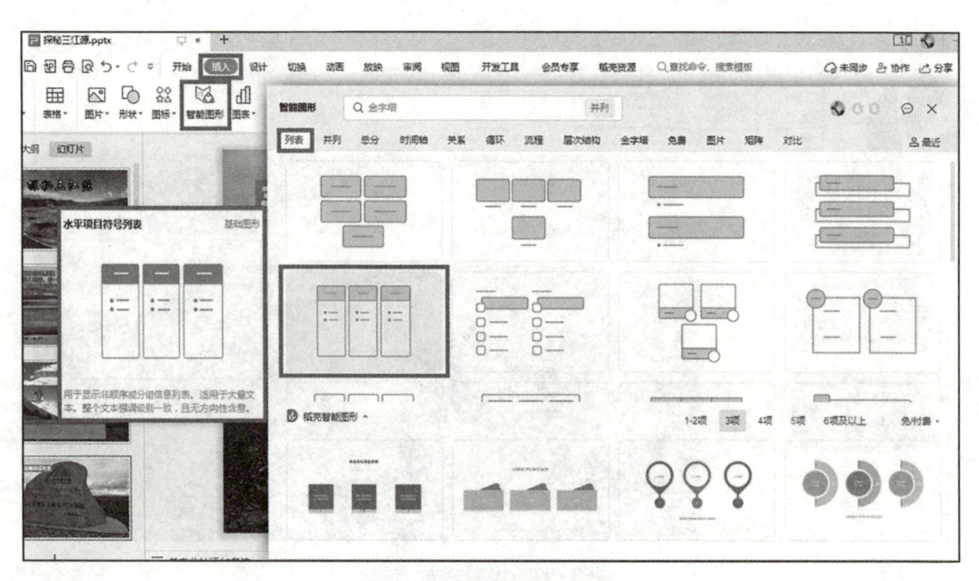

图 3-100　插入智能图形

图 3-101　第四张幻灯片样式

(5)选中标题，设置动画效果为“进入”→“基本型”→“缓慢进入”，动画开始为“在上一动画之后”，速度为“中速(2 秒)”；选中智能图形，设置动画效果为“进入”→“基本型”→“缓慢进入”，动画开始为“与上一动画同时”，速度为“中速(2 秒)”，效果如图 3-102 所示。

5. 重复第二张幻灯片的制作步骤，制作第五、第六张幻灯片，并为幻灯片添加动画效果(图 3-103、图 3-104)

6. 设置第七张幻灯片

(1)点击“开始”菜单栏中的“新建幻灯片”按钮，选择幻灯片版式为“空白”，添加第二张幻灯片，在幻灯片空白处单击鼠标右键，在弹出的菜单中选择“更换背景图片”，选中“第 7 页”图片。

图 3-102　第四张幻灯片效果

图 3-103　第五张幻灯片效果

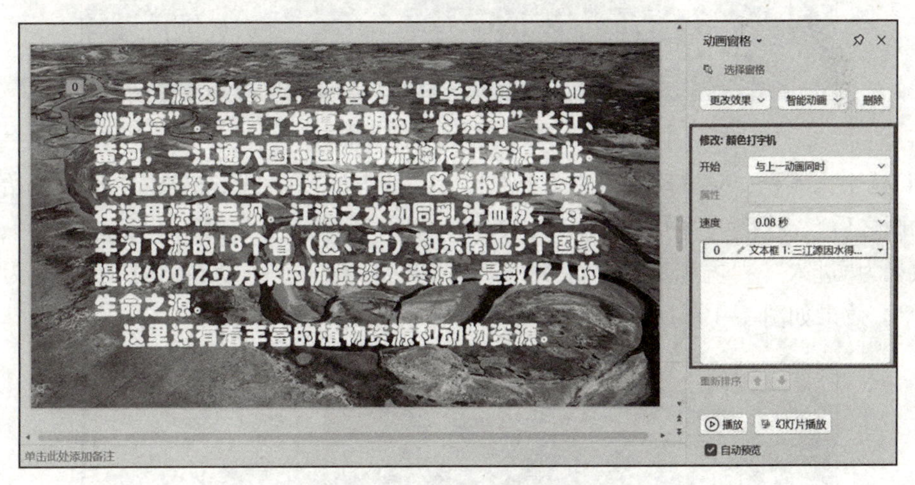

图 3-104　第六张幻灯片效果

(2) 选择菜单栏上的"插入"→"图片"，插入 4 张素材图片，调整图片至合适位置，选中图片，选择"图片工具"→"效果"→"柔化边缘"→"5 磅"，如图 3-105 所示。

(3) 选择菜单栏上的"插入"→"文本框"→"横向文本框"，在文本框中输入素材文字，设置文字格式为华文琥珀，加粗，32 号，白色；选中文本框，选择"文本工具"→"对象属性"→"形状选择"→"填充与线条"→"纯色填充"→"矢车菊蓝，着色 1"，如图 3-106 所示。

图 3-105　插入图片

图 3-106　第七张幻灯片样式

(4)选中文本框，设置动画效果为“进入”→“基本型”→“圆形扩展”，动画开始为“在上一动画之后”，速度为“中速(2 秒)”；选中山林、草原、虫草和红花绿绒蒿图片，设置动画效果为“进入”→“温和型”→“上升”，动画开始为“与上一动画同时”，速度为“中速(2 秒)”，效果如图 3-107 所示。

图 3-107　第七张幻灯片效果

7. 设置第八张幻灯片

(1)点击“开始”菜单栏中的“新建幻灯片”按钮，选择幻灯片版式为“空白”，添加第二张幻灯片，在幻灯片空白处单击鼠标右键，在弹出的菜单中选择“更换背景图片”，选中“第 8 页”图片。

(2)选择菜单栏上的“插入”→“文本框”→“横向文本框”，在文本框中输入素材文字，设置文字格式为华文琥珀，加粗，32 号，白色；选中文本框，选择“文本工具”→“对象属性”→“形状选择”→“填充与线条”→“纯色填充”→“矢车菊蓝，着色 1”，如图 3-108 所示。

图 3-108　设置文本框格式

(3)选择菜单栏上的“插入”→“图片”，插入 5 张素材图片，调整图片至合适位置，选中图片，选择“图片工具”→“效果”→“柔化边缘”→“5 磅”，如图 3-109 所示。

图 3-109　第八张幻灯片样式

(4)选中文本框，设置动画效果为“进入”→“细微型”→“展开”，动画开始为“在上一动画之后”，速度为“中速(2 秒)”；选中白唇鹿图片，设置动画效果为“进入”→“基本型”→“飞入”，动画开始为“与上一动画同时”，方向为“自底部”，速度为“中速(2 秒)”；选中藏羚羊图片，设置动画效果为“进入”→“基本型”→“飞入”，动画开始为“在上一动画之后”，方向为“自右侧”，速度为“中速(2 秒)”；选中鹰图片，设置动画效果为“进入”→“基本型”→“飞入”，动画开始为“在上一动画之后”，方向为“自顶部”，速度为“中速(2 秒)”；选中雪豹图片，设置动画效果为“进入”→“基本型”→“飞入”，动画开始为“在上一动画之后”，方向为“自左侧”，速度为“中速(2 秒)”；选中野牦牛图片，设置动画效果为“进入”→“基本型”→“向内溶解”，动画开始为“在上一动画之后”，速度为“快速(1 秒)”，效果如图 3-110 所示。

图 3-110　第八张幻灯片效果

8. 设置第九张幻灯片

(1)点击“开始”菜单栏中的“新建幻灯片”按钮，选择幻灯片版式为“空白”，添加第二张幻灯片，在幻灯片空白处单击鼠标右键，在弹出的菜单中选择“更换背景图片”，选中“第 9 页”图片。

(2)选择菜单栏上的“插入”→“文本框”→“横向文本框”，在文本框中输入素材文字，设置文字格式为华文琥珀，加粗，32 号，白色，将文本框放置于页面合适位置。

(3)选中文本框，设置动画效果为“强调”→“细微型”→“着色”，动画开始为“在上一动画之后”，颜色为“绿色”，速度为“快速(1 秒)”，效果如图 3-111 所示。

图 3-111　第九张幻灯片样式

9. 设置第十张幻灯片

(1)点击“开始”菜单栏中的“新建幻灯片”按钮，选择幻灯片版式为“空白”，添加第二张幻灯片，在幻灯片空白处单击鼠标右键，在弹出的菜单中选择“更换背景图片”，选中“第10页”图片。

(2)选择菜单栏上“插入”→“图片”插入素材图片，将图片放置于合适位置；选中图片，设置动画效果为“进入”→“温和型”→“上升”，动画开始为“在上一动画之后”，速度为“中速(2秒)”，如图3-112所示。

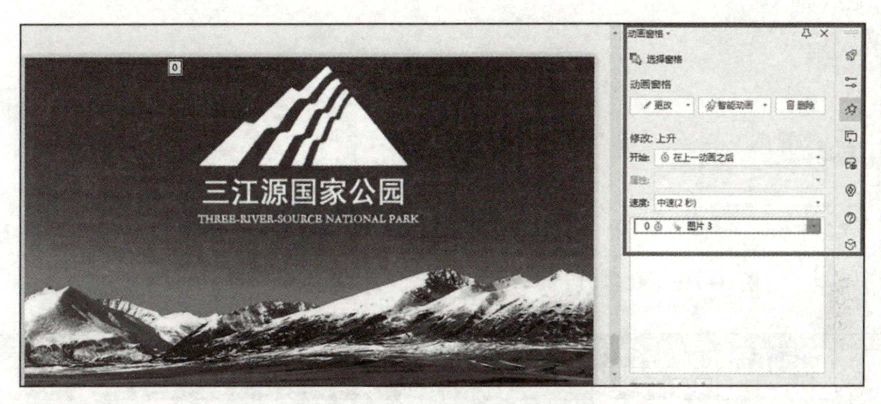

图3-112 第十张幻灯片效果

10. 设置幻灯片切换方式

点击菜单栏上的“切换”，点击“预设效果”→“随机”→“自动换片00：10”→“应用到全部”，如图3-113所示。

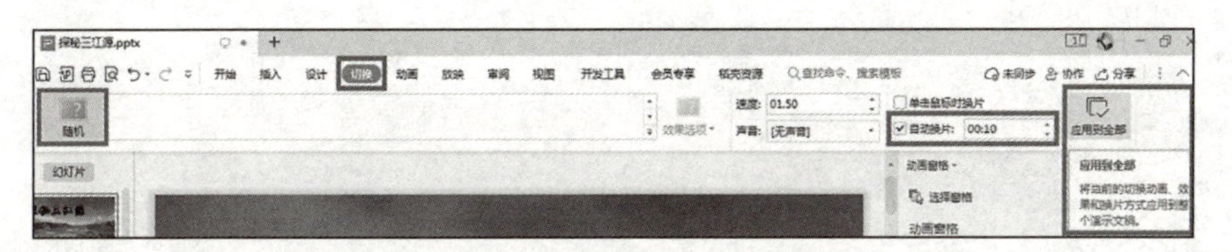

图3-113 设置幻灯片切换方式

最后，点击“保存”按钮。探秘三江源演示文稿就完成了，效果如图3-114所示。

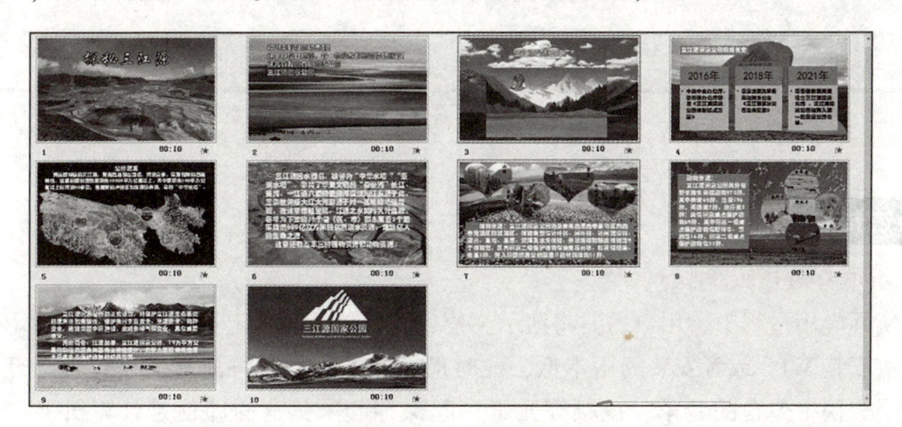

图3-114 效果图

11. 演示文稿打包

点击菜单栏上的“文件”→“文件打包”→“将演示文稿打包成文件夹”，在弹出的对话框中，修改文件夹名称及保存路径，点击“确定”按钮，演示文稿打包就完成了。操作过程如图 3-115、图 3-116 所示，效果如图 3-117 所示。

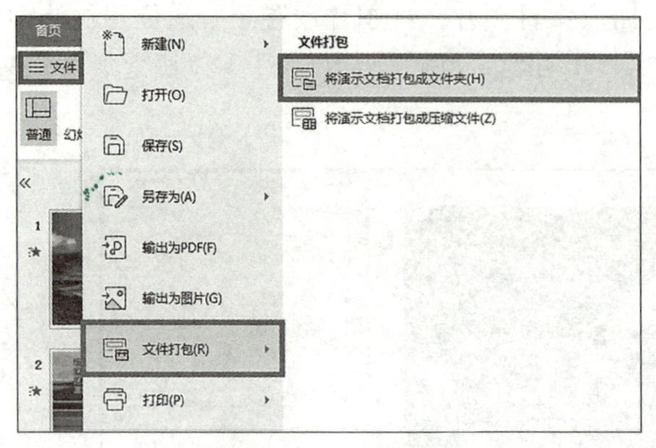

图 3-115 打包(1)

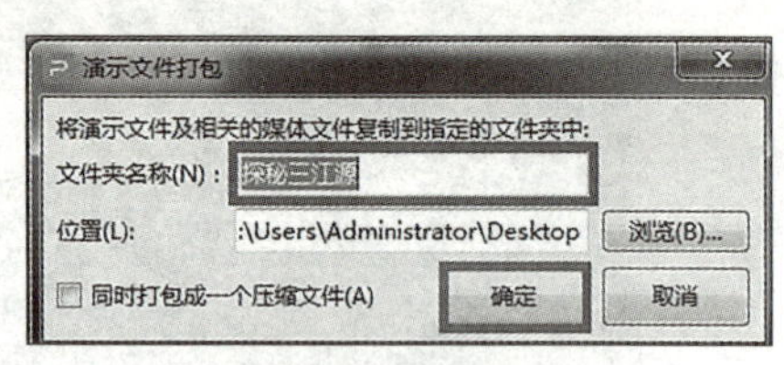

图 3-116 打包(2)

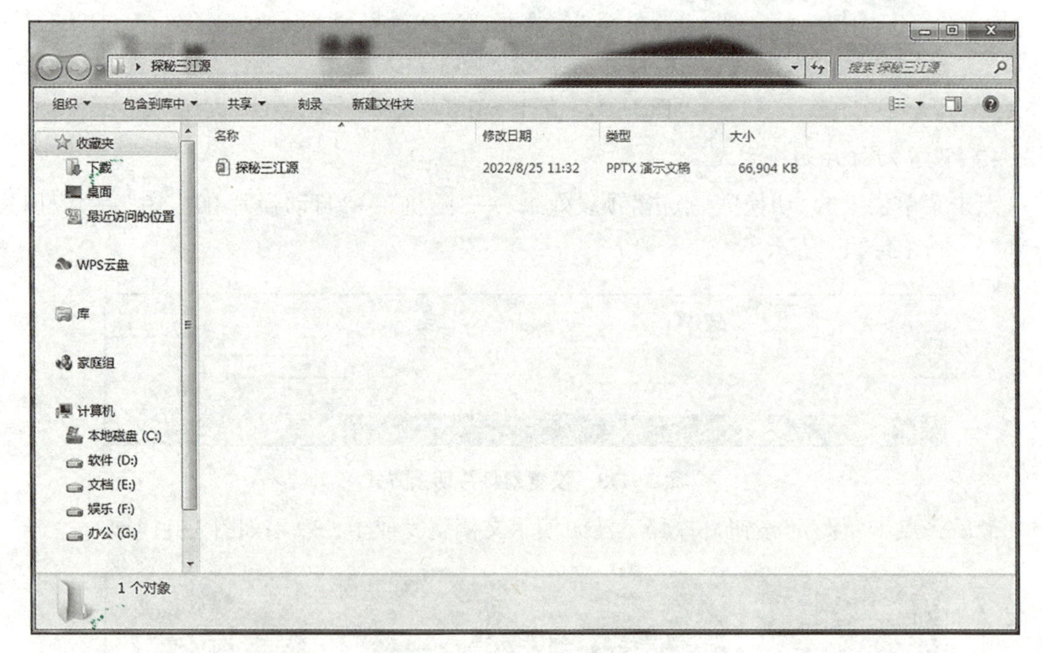

图 3-117 打包后的文件夹

知识链接

1. 演示文稿打包

在实际应用过程中，用户需要将演示文稿放到其他计算机上进行演示，而演示的计算机并没有安装 WPS 或者安装的版本低，此时最好的方法就是将演示文稿打包。打包后可以将演示文稿中包含的音乐、视频等元素一起保存起来，这样即使是计算机上没有安装 WPS，也可以直接演示播放。

2. 幻灯片的打印

有时候也需要将幻灯片打印出来。选择“文件”→“打印”命令，点击“整页幻灯片”命令右侧的下拉箭头，在打开的打印方式中选择一种方式即可，选择“幻灯片加框”和“根据纸张调整大小”复选框，点击“打印机属性”，在属性对话框中，进行纸张大小、打印方向等属性的设置。

3. 正文排版技巧

在 WPS 演示文稿中提供了常用的正文排版方式的模板，常用的有并列、循环、流程、时间轴等，如图 3-118 所示。各种模板无主次之分，相互并列，讲述产品的特点等可选择并列排版；介绍新生报到流程可选流程排版；讲述产品上线宣发流程也可以选择流程排版；介绍废弃零件循环利用可用循环排版；讲述计算机发展简史可用时间轴等。

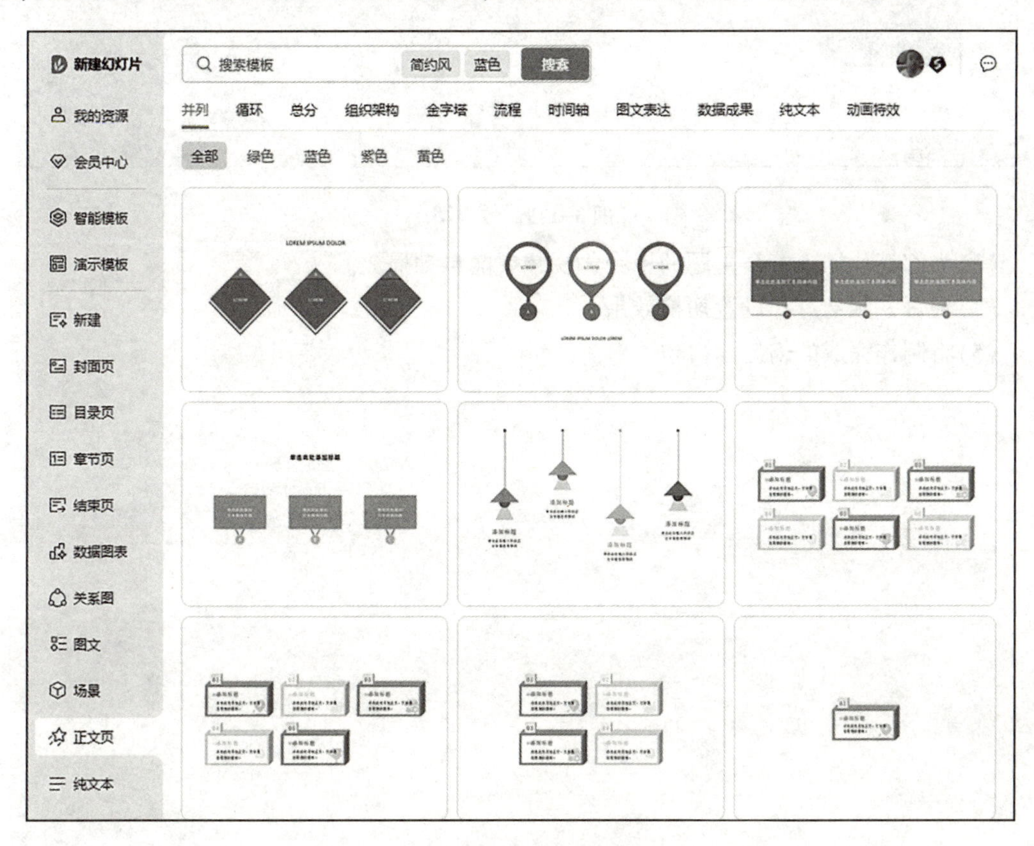

图 3-118　正文排版

巩固训练

制作“世界地质公园——张家界”的演示文稿，效果如图 3-119 所示。

要求：

(1) 每一张幻灯片中的元素都要有动画效果。

(2) 在幻灯片中添加智能图形，并设计动画效果。

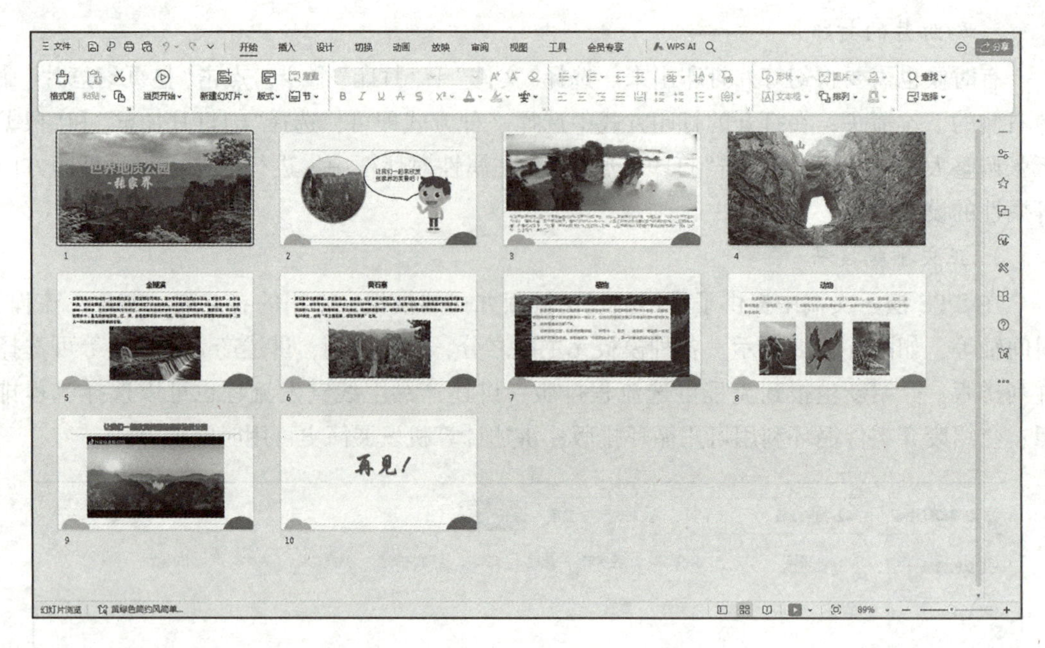

图 3-119 效果图

(3)为幻灯片插入符合主题的视频，视频要能自动播放。

(4)为每一张幻灯片设置切换效果。

(5)将制作完成的幻灯片打包。

项目4 信息检索

当今社会是一个高度信息化的社会，人类各项活动的顺利开展，如工作、学习、生活等都离不开大量信息的支持。信息检索是保证各项活动顺利开展的重要前提，如何从浩如云烟的信息海洋中迅速准确地获取信息，变得非常重要。掌握高效的检索方法，是现代社会对高素质技术技能人才的基本要求。本项目将带领大家一起探索信息检索基础知识和使用技巧。

任务 4-1　认识信息检索

任务目标

(1)理解信息检索的概念，熟悉信息检索的分类，了解信息检索发展历程。

(2)增强自身信息意识，了解信息在现代社会中的作用与价值。

任务描述

了解信息检索的基础知识，包括信息检索的概念、分类、发展历程等，学会信息检索是保证各项活动顺利开展的重要前提。本任务主要了解信息检索相关知识。

任务实施

1. 自行检索信息的定义，了解信息检索的作用。
2. 了解聚合搜索，使用不同搜索引擎进行信息检索。
3. 交流讨论常用信息检索工具。

知识链接

1. 信息检索的概念

信息检索又称信息存贮与检索、情报检索，是指将信息按一定的方式组织和存储起来，并根据信息用户的需要找出有关的信息的过程和技术。

(1)狭义的信息检索

在互联网中，用户经常会通过搜索引擎搜索各种信息，像这种从一定的信息集合中找出所需要信息的过程，就是狭义的信息检索，也就是我们常说的信息查询。

(2)广义的信息检索

广义的信息检索包括信息存储和信息获取两个过程。信息存储是指通过对大量无序信息进行选择、收集、著录、标引后，组建各种信息检索工具或系统，使无序信息转化为有序信息集合的过程。信息获取的过程一般包括定位信息需求和选择信息来源两方面。

2. 信息检索分类

信息检索的划分方式有多种，通常会按检索对象、检索手段、检索途径 3 种方式进行划分(图 4-1)。

(1)按检索对象划分

①文献检索　从一个文献集合中查找出专门包含所需信息内容的文献，是以文献为检索对象的信息检索类型。文献检索结果提供的是与用户的信息需求相关的文献的线索或原文。

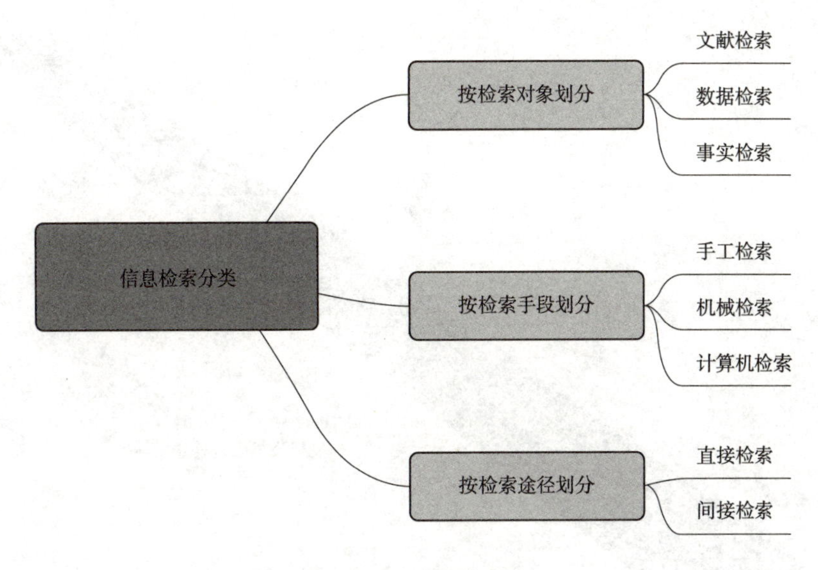

图 4-1 信息检索分类

②数据检索　以特定数据为检索对象和检索目的的信息检索类型。包括数据图表，某物质材料成分、性能、图谱、市场行情、物质的物理与化学特性，设备的型号与规格等，是一种确定性检索。

③事实检索　是获取以事物的实际情况为基础而集合生成的新的分析结果的一类信息检索，是以从文献中抽取的事项为检索内容，包括事物的基本概念、基本情况，事物发生的时间、地点、相关事实与过程等。

(2)按检索手段划分

①手工检索　历史最悠久的一种信息检索方式。手工检索是利用手翻、眼看、笔录等手段，利用检索工具查找所需特定信息的过程。

②机械检索　利用某种机械装置来查找文献的方式。

③计算机检索　又称自动化检索，是利用计算机、光盘等现代技术设备处理、检索所需信息的检索方式。

(3)按检索途径划分

①直接检索　读者通过直接阅读，浏览一次文献或三次文献从而获得所需资料的过程。

②间接检索　通过检索工具或利用二次文献查找文献资料的文献检索方式。

3. 信息检索发展历程

信息检索发展历程如图 4-2 所示。

(1)手工检索阶段(1876—1954 年)

信息检索源于参考咨询和文摘索引工作。较正式的参考咨询工作是由美国公共图书馆和大专院校图书馆于 19 世纪下半叶发展起来的。到 20 世纪 40 年代，咨询工作的内容又进一步，包括事实性咨询、编书目、文摘、进行专题文献检索，提供文献代译。“检索”从此成为一项独立的用户服务工作，并逐渐从单纯的经验工作向科学化方向发展。

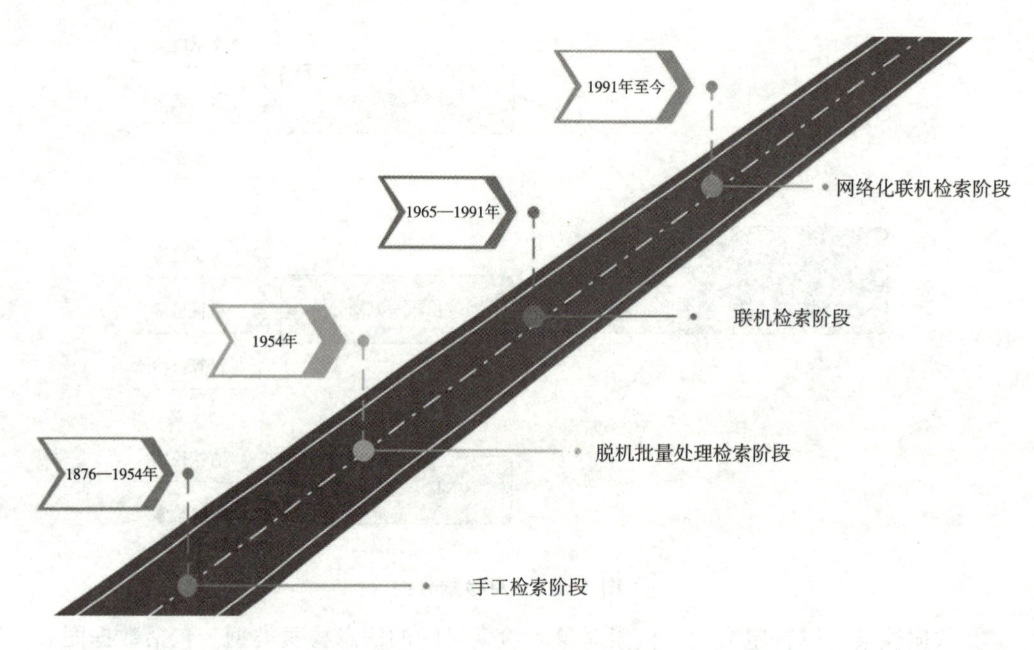

图 4-2 信息检索发展历程

(2)脱机批量处理检索阶段(1954 年)

1954 年，美国海军机械试验中心使用 IBM 701 型机，初步建成了计算机情报检索系统，这也预示着以计算机检索系统为代表的信息检索自动化时代的到来。单纯的手工检索和机械检索都或多或少显现出各自的缺点，因此极有必要发展一种新型的信息检索方式。

(3)联机检索阶段(1965—1991 年)

1965 年美国系统发展公司研制成功 ORBIT 联机情报检索软件，开始了联机情报检索系统阶段。与此同时，美国洛克公司研制成功了著名的 Dialog 检索系统。20 世纪 70 年代卫星通信技术、微型计算机以及数据库的同步发展，使用户得以冲破时间和空间的障碍，实现了国际联机检索，计算机检索技术从脱机阶段进入联机信息检索时期。远程实时检索多种数据库是联机检索的主要优点。联机检索是计算机、信息处理技术和现代通信技术三者的有机结合。

(4)网络化联机检索阶段(1991 年至今)

20 世纪 90 年代是联机检索发展的一个重要转折时期。随着互联网的迅速发展及超文本技术的出现，基于客户/服务器的检索软件的开发，实现了将原来的主机系统转移到服务器上，使客户/服务器联机检索模式开始取代以往的终端/主机结构，联机检索进入了一个崭新的时期。

4. 信息检索的流程

信息检索是用户获取知识的一种快捷方式，一般来说，信息检索流程包括以下 6 个步骤(图 4-3)。

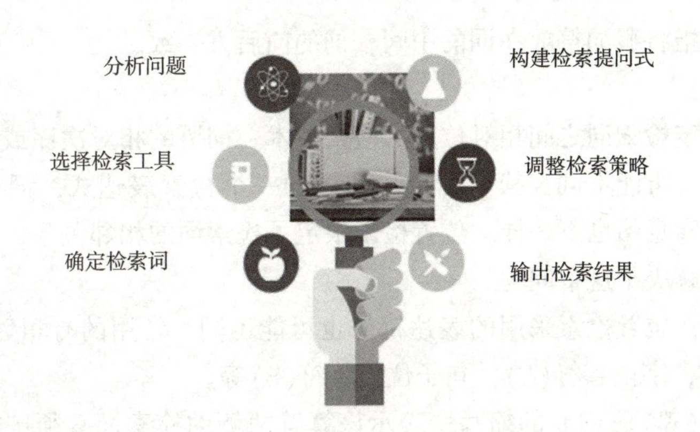

图 4-3 信息检索步骤

5. 常用的信息检索技术

(1) 布尔逻辑检索

布尔逻辑检索也称布尔逻辑搜索，其命名来源于 19 世纪的英国数学家乔治·布尔。布尔逻辑检索在电子、计算机软硬件上的应用相当广泛，是目前涉及面最广、使用频率最高的检索技术。严格意义上的布尔逻辑检索是指利用布尔运算符把各个检索词连接在一起，组成一个逻辑检索式，再由计算机进行相应逻辑运算，从而找出所需要信息的方法。

在具体检索时，检索功能是通过 3 个布尔逻辑运算符，也就是“逻辑与”(AND)、“逻辑或”(OR)和“逻辑非”(NOT)来实现的。

①逻辑与　用符号“AND”表示，其逻辑表达式为“A AND B”，表示两个概念的交叉部分，只有同时含有这两个概念才属于有效搜索信息，也就是检索记录中必须同时含有检索词 A 和检索词 B，才属于有效搜索结果。逻辑与用于缩小检索范围，提高查准率。

②逻辑或　用符号“OR”表示，其逻辑表达式为“A OR B”，表示检索记录中凡含有检索词 A 或检索词 B，或同时含有检索词 A 和 B，均为命中文献。逻辑或用于扩大检索范围，提高查全率。

③逻辑非　用符号“NOT”表示，其逻辑表达式为：“A NOT B”，表示检索记录中含有检索词 A，但不能含有检索词 B 的文献，才属于命中文献。逻辑非用于缩小检索范围，提高查准率。

(2) 截词检索

截词检索是一种常用的防止漏检从而提高查全率的检索技术。所谓截词，就是指在合适位置截断检索词，再使用截词符处理，既能减少字符数目，也可提高检索的查全率。截词检索是一种相当常用的检索技术，特别是广泛使用在西文检索中。最常用截词符号有“?”“*”和“$”。

截词检索的类型主要有前截断、后截断、中间截断。

①前截断　指在词根前边放置截词符号，表示在词根前方有有限个或无限个字符，后方一致。

②后截断　指在词根后边放置截词符号，表示在词根后方有有限个或无限个字符，前方一致。

③中间截断　指将截词符放在词的中间，词的前后方一致。

(3)位置检索

位置检索是限定检索词之间相对位置的检索技术。词语的相对次序或者相对位置不同时，表达出的意思有可能不同，换句话说，同样的一个检索表达式，词语的相对次序不同，那么表达的检索意图也不一样。位置检索限定了检索词的相邻关系，包括位置关系和前后次序，很好地解决了这个问题。

检索系统不同，位置检索采用的表达符号也可能不同，常用的有相邻位置算符(W)、(nW)、(N)、(n)，字段算符(F)，句子位置算符(S)等。

①(W)算符　(W)是 with 的缩写，表示该算符两侧的检索词必须按此前后顺序相邻排列，不可改变词序，而且两词之间除空格和标点符号之外不允许有其他的词或字母。

②(nW)算符　(nW)是指“n Words”。(nW)算符与(W)算符类似，也对算符两侧的检索词前后顺序进行限定，只是(nW)算法允许插词，插词量小于或等于 n 个。

③(N)算符　(N)表示“Near”，表示该算符两侧的检索词必须紧密连接，检索词的词序可变，除空格和标点符号外，检索词间不允许插入其他的词或字母。

④(nN)算符　(nN)是(N)算符的变形，不同之处为允许两词间插入最多 n 个其他词。

⑤(F)算符　(F)的含义为“field”。表示其两侧的检索词必须在同一字段(如同在题目字段或文摘字段)中出现，词序不限，中间可插入任意检索词。(F)算符与 AND 布尔逻辑组配的主要区别在于：(F)算符使两个检索项在同一字段，AND 布尔逻辑组配中两个检索词会发生在不同字段中。

⑥(S)算符　(S)含义为“Sentence”，表示其两侧的检索词必须在同一句子(子字段)中出现，两词的词序可以颠倒。

以上介绍的各种位置算符，按照限制程度的大小，(W)、(nW)最强，(N)、(nN)次之，(S)再次之，(F)最弱。当(nN)算符的 n≥10 时，其作用已经相当于(S)算符。

(4)限制检索

限制检索泛指检索系统中提供的缩小或约束检索结果的检索方法，主要有以下方式。

①字段检索　指利用字段进行限制，如题名、摘要、全文等。通常的字段限制范围的大小顺序是：题名<关键词<摘要<全文。

②二次检索　指在前一次检索的结果中进行另一概念的检索。

巩固训练

你在互联网上进行过信息检索操作吗？检索过哪些类型的数据？使用的是什么检索工具呢？请将具体内容填入表 4-1。

表 4-1　信息检索方法

检索对象	检索方法
概念、术语	使用“百度百科”或“MBA 智库”等工具进行检索
书籍	

（续）

检索对象	检索方法
热点视频	
时事新闻	
音乐	

任务4-2　搜索引擎使用

任务目标

（1）掌握通过网页、社交媒体、专业平台进行信息检索的方法。

（2）会使用搜索引擎的高级搜索功能。

（3）增强创新意识，能够通过信息技术解决实际问题。

任务描述

搜索引擎是信息时代最重要的信息检索工具。搜索引擎是指根据一定的策略，运用特定的计算机程序从互联网上搜集信息，再将信息进行组织和处理，为提供检索服务，将检索的相关信息展示给用户的系统。本任务主要了解搜索引擎相关知识。

任务实施

1. 在360搜索引擎中检索古树名木相关信息

（1）打开浏览器，打开360搜索引擎(图4-4)。

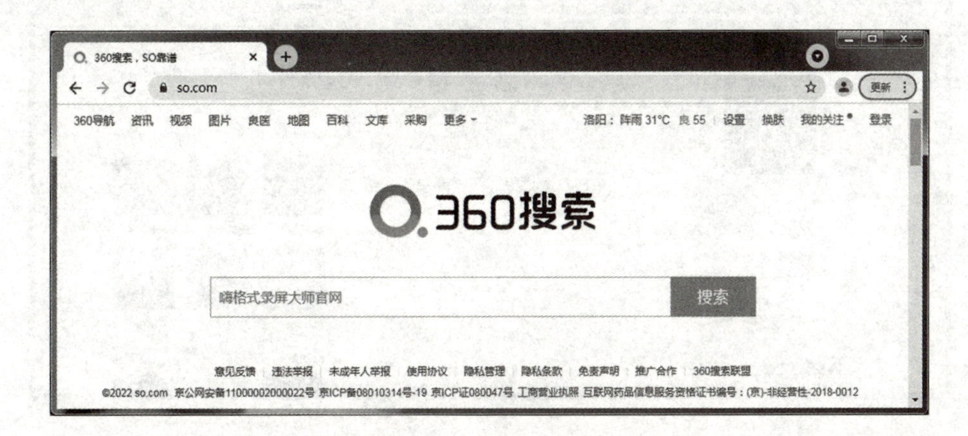

图4-4　360搜索引擎首页

(2)在 360 搜索引擎搜索框中输入需要搜索的内容“古树名木”。在输入过程中搜索引擎会根据输入的内容进行联想，此时可以直接用鼠标选择搜索引擎联想出的关键词，也可以手动完成关键词输入(图 4-5)。

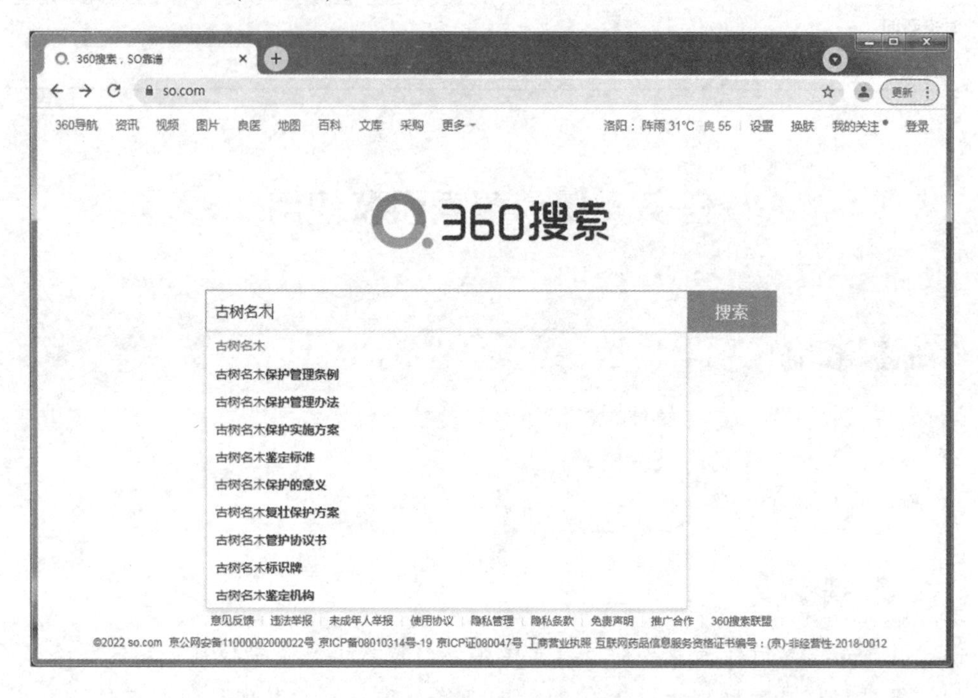

图 4-5　360 搜索引擎关键词联想功能

(3)关键词输入完成后点击关键词搜索框后的“搜索”按钮或者在键盘上按回车键进行搜索，搜索结果如图 4-6 所示。

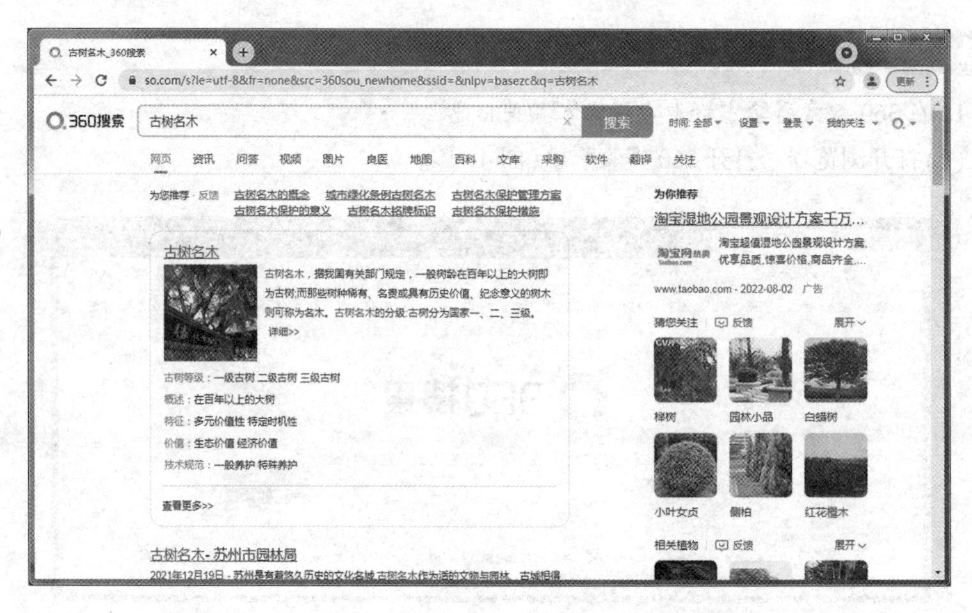

图 4-6　360 搜索引擎对“古树名木”关键词的搜索结果

2. 使用百度搜索三江源国家公园

通过百度高级搜索功能可以迅速找到想要搜索的内容。

(1)点击百度首页的“设置”→“高级搜索”打开相关功能界面。利用高级搜索，检索框会自动生成检索式，如图 4-7 所示。

图 4-7　百度搜索引擎中的“高级搜索”

(2)在“高级搜索”对话框中将需要搜索的“三江源国家公园”及“照片”填入相应栏目，如图 4-8 所示。

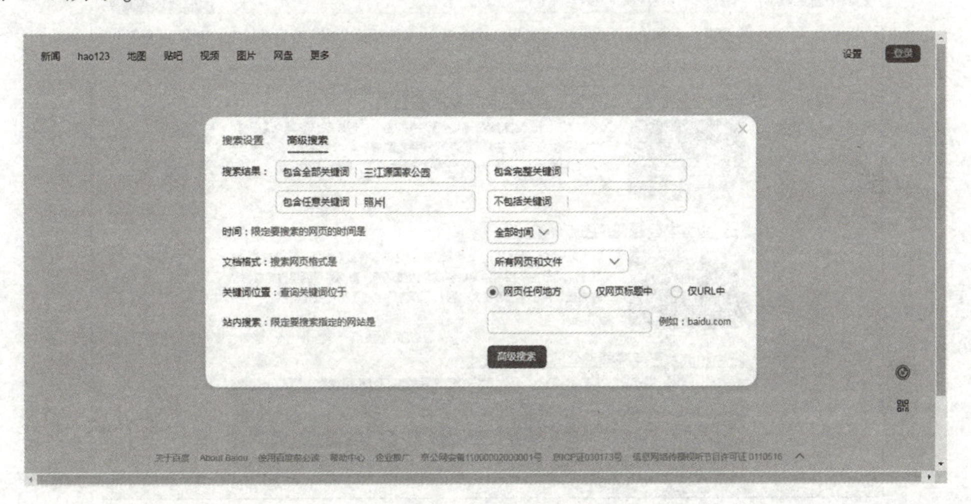

图 4-8　百度搜索引擎“高级搜索”设置

(3)点击“高级搜索”按钮后，搜索引擎会将最接近三江源国家公园的照片呈现出来，如图 4-9 所示。

(4)除了使用高级搜索方式进行精准搜索外，也可以使用百度搜索语法实现高级搜索功能。例如，使用“照片 intitle：三江源国家公园”也可以实现刚刚的高级搜索功能将限定搜索网页标题中包含“三江源国家公园”及“照片”的网页页面搜索出来，如图 4-10 所示。

图 4-9 高级搜索结果

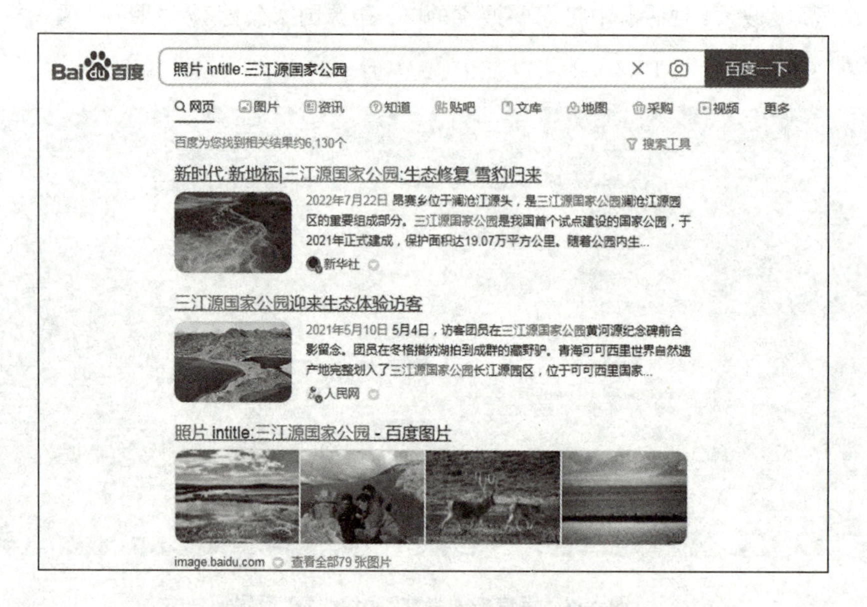

图 4-10 使用百度搜索语法搜索关键词

(5)要在某个特定站点中搜索信息，可以使用特定语法把搜索范围限定在这个站点中，提高查询效率。使用的方式是在查询内容的后面，加上“site：站点域名”。例如，需要在中华人民共和国文化和旅游部网站中搜索三江源国家公园的相关信息，可以使用“三江源国家公园 site：www. mct. gov. cn”命令进行限定搜索，搜索结果如图 4-11 所示。

(6)网页 url 中的部分信息往往能够提高搜索结果的准确性。可以使用特定搜索语法将搜索信息限定在某一类别网站中。例如，如果需要在各地政府官网中搜索三江源国家公

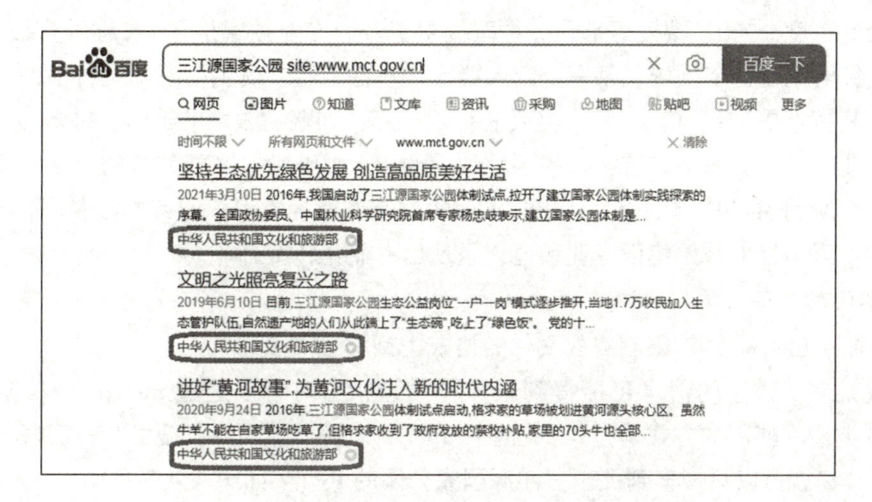

图 4-11　使用百度搜索语法在限定网站中搜索关键词

园相关信息，可以使用“三江源国家公园 inurl：gov”命令进行搜索，得到的结果如图 4-12 所示。

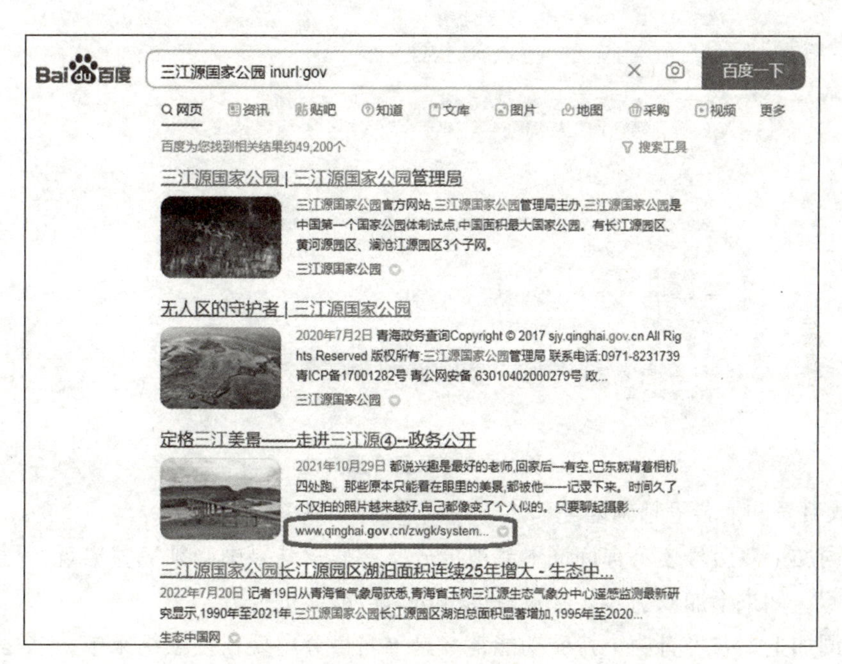

图 4-12　使用百度搜索语法在限定网址中搜索关键词

知识链接

1. 搜索引擎的分类

按照内容组织方式，可以将搜索引擎分为关键词搜索引擎和目录式搜索引擎；按信息采集方式，可以将搜索引擎分为机器人搜索引擎和人工采集搜索引擎；按照收录范围，可以将搜索引擎分为综合型搜索引擎和专业搜索引擎。

常用的百度、360、搜搜等都是综合型搜索引擎。专业搜索引擎(又称垂直搜索引擎)是指通过针对某一特定领域、某一特定人群或某一特定需求提供的有一定价值的信息和相关服务。其特点是“专、精、深”，且具有行业色彩。如购物领域的美团、拼多多，旅游领域的去哪儿、携程、途牛旅游，视频领域的优酷、哔哩哔哩，文档领域的百度文库、豆丁网，医学领域的 Medical Matrix、Health Web 等都是专业搜索引擎的典型代表。近年来，很多综合型搜索引擎也开始建设专业频道，呈现出专业化转型趋势。

2. 其他搜索语法举例

(1)通过 filetype 语法限制查找文件的格式类型

查找某一关键字的信息可能搜到很多种类型，这时可以通过 filetype 语法限制要查找的文件类型。使用的方式是搜索“关键字+filetype：ppt”。例如，搜索“三江源国家公园+filetype：ppt”就可以只搜索到关于三江源国家公园的 PPT，如图 4-13 所示。

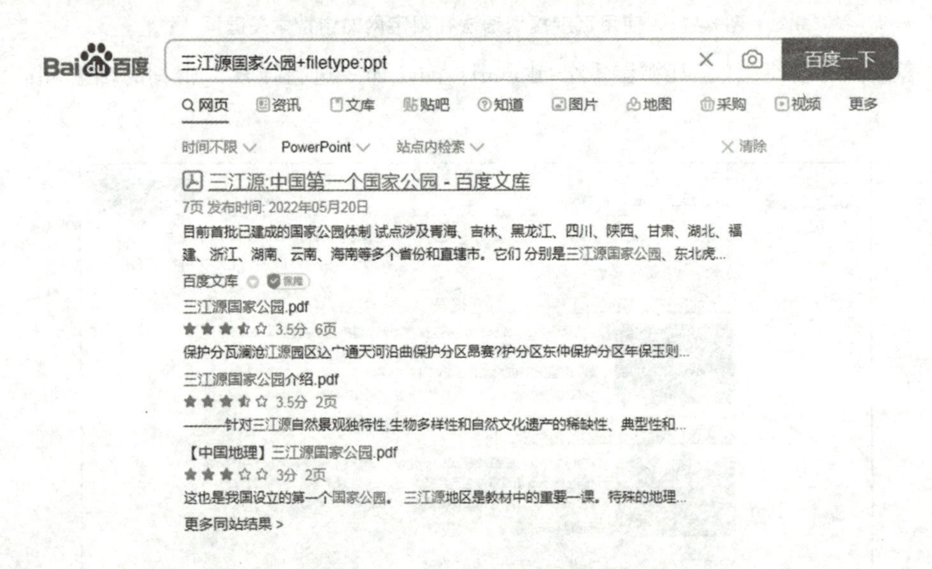

图 4-13 限定搜索文件

(2)双引号和书名号精确匹配

查询词加上双引号表示查询词不能被拆分，在搜索结果中必须完整出现，可以对查询词精确匹配。如果不加双引号，经过百度分析后可能会被拆分。

查询词加上书名号有两个特殊功能，一是书名号会出现在搜索结果中；二是书名号中的内容不会被拆分。书名号在某些情况下效果明显，例如，查询词为三江源，如果不加书名号，在很多情况下搜索结果是相关地点，而加上书名号后，搜索结果就都是关于纪录片方面的了，如图 4-14 所示。

3. 在社交媒体中搜索

社交媒体是指互联网上基于用户关系的内容生产与交换平台，其传播的信息已成为人们浏览互联网的重要内容。在抖音平台中检索有关森林康养的内容，具体操作如下。

(1)在智能手机中下载抖音 APP，然后在手机桌面上找到抖音 APP 并点击，进入抖音界面后，点击右上角的“搜索”按钮。

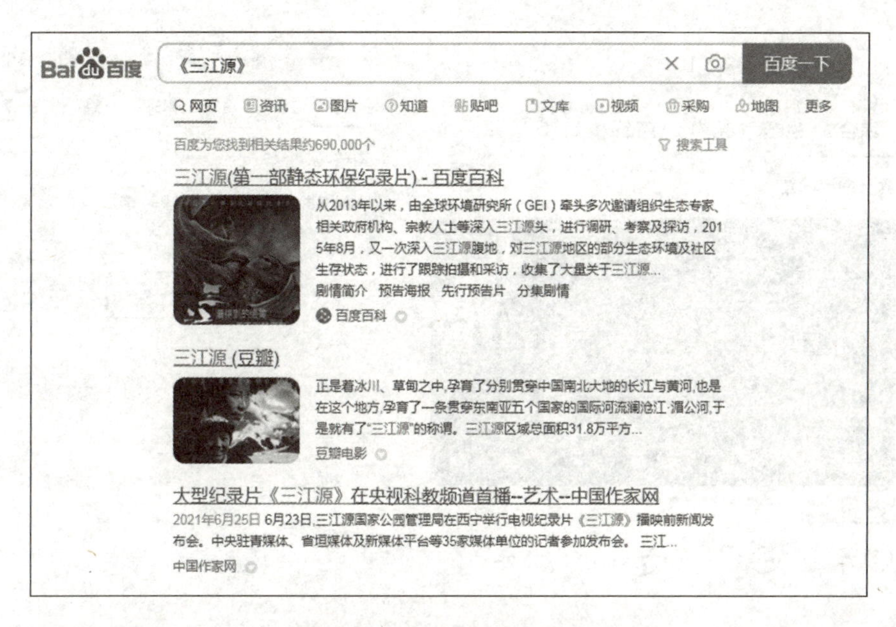

图 4–14　限定搜索《三江源》

(2)进入搜索界面，在上方的搜索框中输入关键词“森林康养”，此时，搜索框下方将自动显示与之相关的词条，这里点击第一个选项，如图 4–15 所示。

图 4–15　在抖音 APP 中搜索“森林康养”

(3)进入搜索结果界面，其中显示了与“森林康养”相关的所有内容，包括视频、商品、直播、音乐等，如图 4–16 所示。

(4)在搜索结果界面点击右上角的“筛选”按钮，在打开的列表中点击“一周内”按钮，此时，平台将会自动播放满足筛选条件的视频，如图 4–17 所示。

图 4-16 在抖音 APP 中搜索“森林康养”显示结果　　图 4-17 抖音 APP 中搜索筛选功能

巩固训练

请利用百度搜索引擎及社交媒体抖音搜索河南省森林康养基地。其中百度搜索要求时间为 1 年内，文档类型为 PDF，关键词位置进网页标题中。

任务 4-3 专用平台信息检索

任务目标

(1)掌握专用平台信息搜索方法。

(2)会使用专用搜索平台的高级搜索功能。

(3)提高自身使用专用平台进行搜索能力。

任务描述

用户在互联网中除了可以利用搜索引擎检索网站中的信息以外，还可以通过各种专业网站检索各类专业信息。本任务将使用专业平台进行信息检索操作，其中主要涉及专利信息检索、期刊信息检索、商标信息检索和学位论文检索等内容。

任务实施

1. 使用万方数据库检索森林防火相关专利

专利即专有的权利和利益。下面将在万方数据中检索有关“森林防火”的专利信息，具体操作如下。

(1)在万方数据库的首页选项中将搜索内容调整为“专利”，如图 4-18 所示。

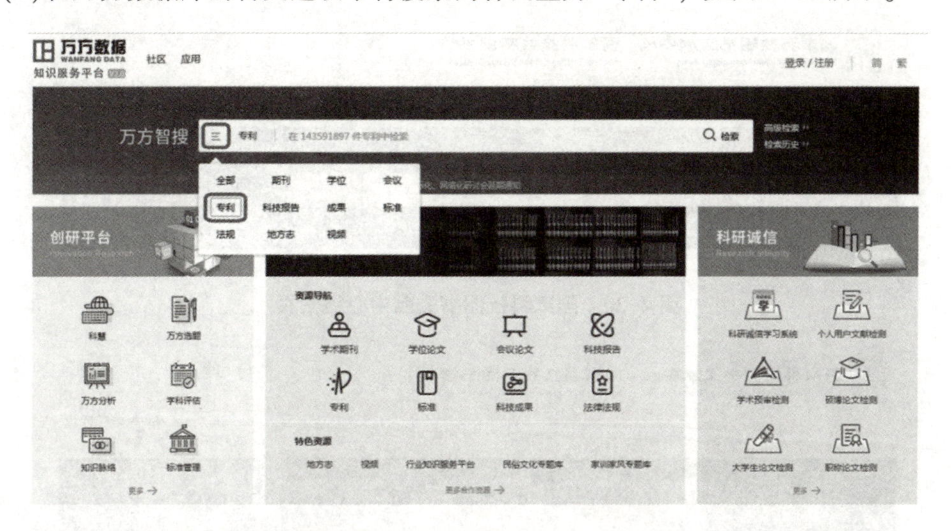

图 4-18　万方数据库的专利检索功能

(2)在搜索框中输入关键词“森林防火”，然后点击“检索”按钮。在打开的页面中可以看到检索结果，包括每项专利的名称、专利人、摘要等信息，点击专利名称，在打开的页面中可以看到更详细的内容，如图 4-19 所示。

图 4-19　万方数据库的专利检索结果

2. 使用国家科技图书文献中心检索林业碳汇相关期刊

期刊是指定期出版的刊物，包括周刊、旬刊、半月刊、月刊、季刊、半年刊、年刊等。下面将在国家科技图书文献中心网站中，检索有关“中国国家地理”的期刊，具体操作如下：打开国家科技图书文献中心网站首页，取消会议、学位论文两个选项，然后在搜索框中输入关键词“林业碳汇”，最后点击“检索”按钮(图 4-20)，检索结果页如图 4-21 所示。

图 4-20　国家科技图书文献中心检索页

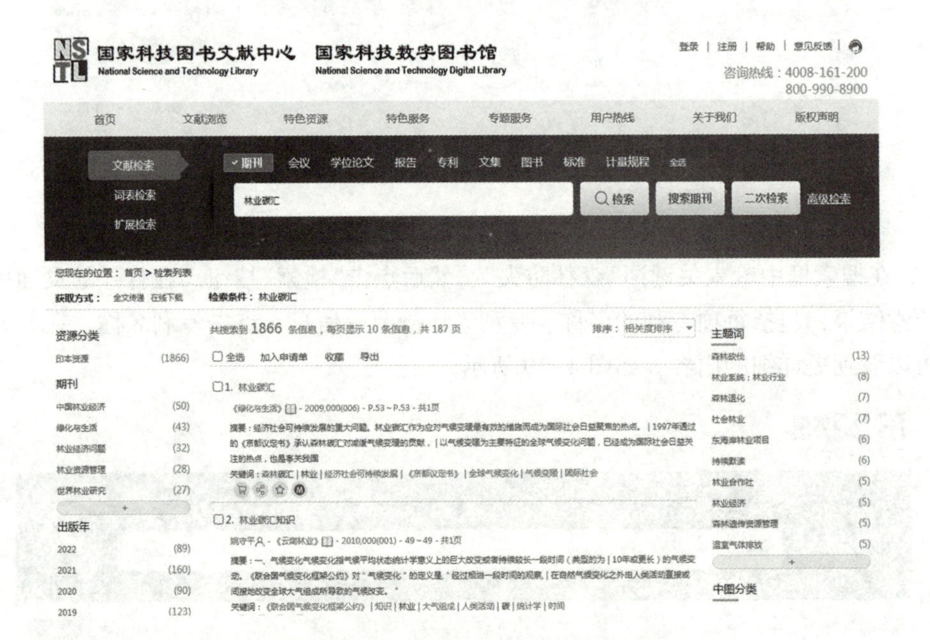

图 4-21　国家科技图书文献中心期刊检索结果页

3. 使用中国商标网搜索大熊猫国家公园

商标是用来区分一个经营者和其他经营者的品牌或服务不同之处的。下面将在中国商标网中查询与大熊猫国家公园类似的商标，具体操作如下。

(1)打开“中国商标网”网站首页，然后点击网页中间的“商标网上查询”，如图 4-22 所示。

(2)进入商标查询页面，点击“我接受”按钮，如图 4-23 所示。

(3)打开商标网上查询页面，然后点击页面左侧的“商标近似查询”按钮，如图 4-24 所示。

图 4-22 商标网上查询

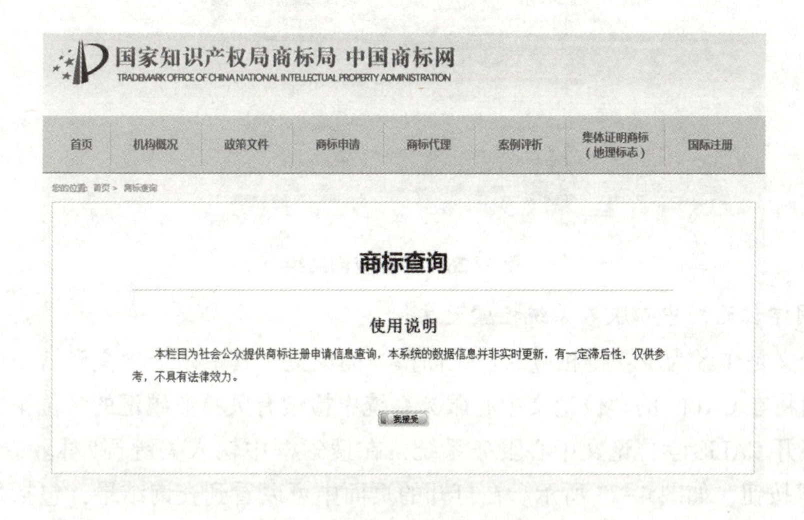

图 4-23 商标查询使用说明

图 4-24 商标网上查询页面

(4)打开“商标近似查询”页面，在“自动查询”选项卡中设置要查询商标的国际分类、查询方式、商标名称等信息，然后点击“查询”按钮(图 4-25)，查询结果如图 4-26 所示。

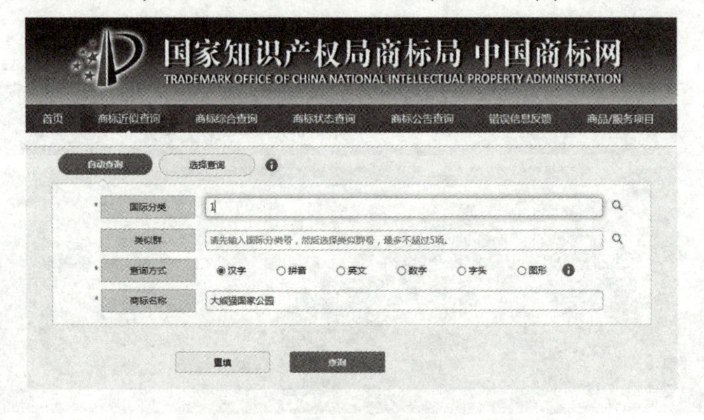

图 4-25 查询栏目页

WWW.CNIPA.GOV.CN WCJS.SBJ.CNIPA.GOV.CN 帮助 当前数据截至：(2022年08月02日)

检索到15件商标　仅供参考，不具有法律效力

序号	申请/注册号	申请日期	商标名称	申请人名称
1	44168877	2020年02月21日	大熊猫国家公园 GIANT PANDA NATIONAL PARK	国家林业局驻成都森林资源监督专员办事处
2	44166270	2020年02月21日	大熊猫国家公园 GPNP GIANT PANDA NATIONAL PARK	国家林业局驻成都森林资源监督专员办事处
3	53648783	2021年02月07日	海南热带雨林国家公园 雨林 NATIONAL PARK OF HAINAN TROPICAL RAINFOREST	海南智慧雨林中心
4	21933703	2016年11月17日	三江源国家公园 THREE-RIVER-SOURCE NATIONAL PARK	三江源生态保护基金会
5	21933716	2016年11月17日	三江源国家公园 THREE-RIVER-SOURCE NATIONAL PARK	三江源生态保护基金会
6	48764897	2020年08月07日	钱江源国家公园 QIANJIANGYUAN NATIONAL PARK	开化县钱江源国家公园绿色发展协会

图 4-26 商标查询结果

4. 使用学位论文中心服务系统检索论文

学位论文是作者为了获得相应的学位而撰写的论文，其中硕士论文和博士论文非常有价值，下面将在 CALIS 的学位论文中心服务系统中检索有关林业碳汇的学位论文，具体操作如下：打开 CALIS 学位论文中心服务系统，在搜索框中输入关键词“林业碳汇”，然后点击“检索”按钮，如图 4-27 所示。在打开的页面中可以看到查询结果，包括每篇学术论文的名称、作者、学位年度、学位名称、主题词、摘要等信息，如图 4-28 所示。

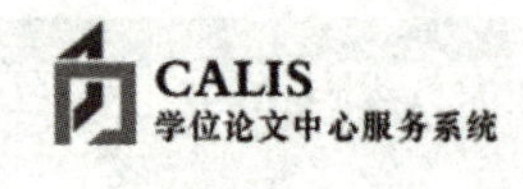

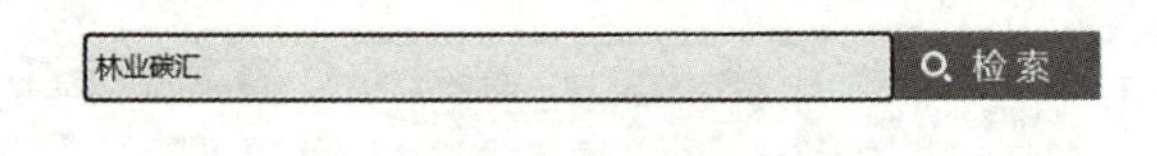

高等教育文献保障系统（CALIS）管理中心 版权所有

图 4-27 CALIS 学位论文中心服务系统页面

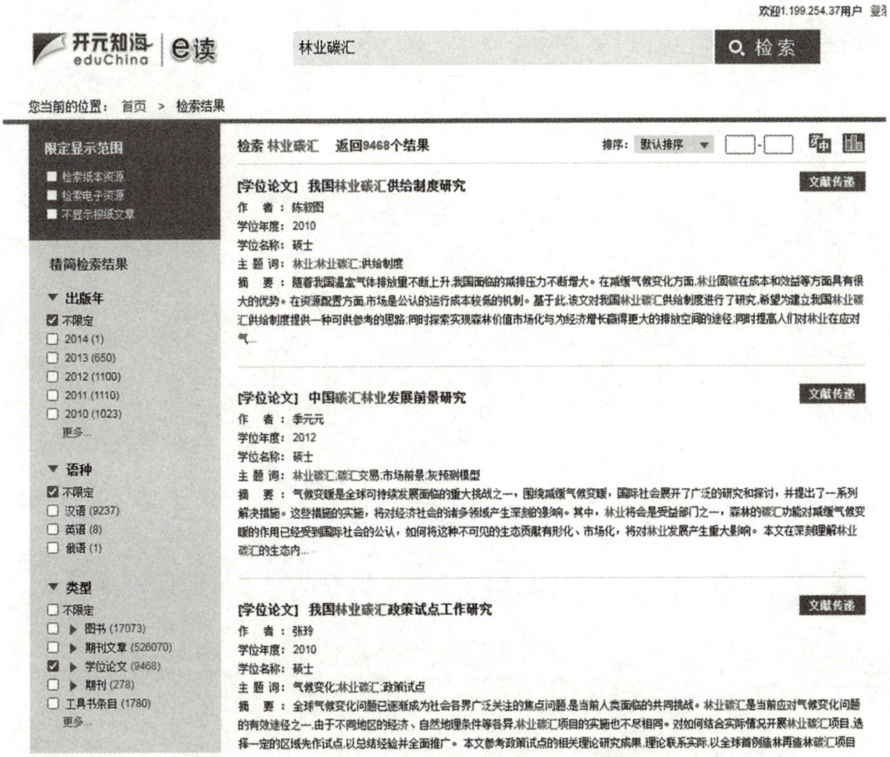

图 4-28　CALIS 学位论文中心服务系统搜索结果

巩固训练

使用所学到的高级查询技能在期刊网中查询碳交易等相关文章，要求来源为核心期刊，时间为近三年，并导出研究趋势图。

项目5　新一代信息技术概述

信息技术已成为率先渗透到经济社会生活各领域的先导技术，将促进以物质生产、物质服务为主的经济发展模式向以信息生产、信息服务为主的经济发展模式转变，世界正在进入以信息产业为主导的新经济发展时期。新一代信息技术产业是国家加快培育和发展的七大战略性新兴产业之一，正在飞速影响着国民经济的各个领域，也正在加速推进全球产业分工深化和经济结构调整，重塑全球经济竞争格局。本项目主要从大数据、云计算、人工智能、物联网、区块链、量子信息等技术方向，结合相关热点领域的核心技术、应用案例、发展方向，以知识讲解的形式，对新一代信息技术进行总体介绍。

任务5-1 大数据

任务目标

(1)了解大数据的概念和基本特征。
(2)了解大数据的关键技术。
(3)了解大数据在农业行业的应用。
(4)培养学生的创新思维和实践能力。

任务描述

数据作为新型生产要素，是数字化、网络化、智能化的基础，已快速融入生产、分配、流通、消费和社会服务管理等各个环节，深刻改变着生产方式、生活方式和社会治理方式。大数据是数据的集合，是围绕数据形成的一套技术体系，并衍生出了丰富的产业生态，成为释放数据价值的重要引擎。本任务主要讲解大数据的基本概念、核心技术及应用。

任务实施

1. 了解大数据

打开浏览器，在搜索引擎输入框中输入“大数据”，按回车键，了解大数据的定义、特征、结构、应用、趋势等相关内容。

2. 查阅大数据白皮书

(1)了解大数据的五大核心领域。
(2)了解大数据的在我国的发展态势。

3. 交流大数据

讨论大数据热门应用及面临的安全问题，如个人隐私安全问题、数据存储和处理安全问题、大数据基础设施安全问题等。

知识链接

1. 大数据概述

(1)大数据的定义

大数据：又称巨量资料，是以容量大、类型多、存取速度快、应用价值高为主要特征的数据集合，正快速发展为对数量巨大、来源分散、格式多样的数据进行采集、存储和关联分析，从中发现新知识、创造新价值、提升新能力的新一代信息技术和服务业态。简而言之，大数据是数据量非常大、数据种类繁多、无法用常规归类方法应用计算的数据集成。

(2)大数据的发展历程

大数据在近30年的发展史中，共经历了以下几个阶段(图5-1)。

①启蒙阶段　数据仓库出现，第一次明确了数据分析的应用场景，并采用单独的解决方案去实现，不依赖业务数据库。

②技术变革阶段　Hadoop诞生。2003年，Google公布了三篇鼻祖型论文，包括：分布式处理技术MapReduce，列式存储BigTable，分布式文件系统GFS，这三篇论文奠定了现代大数据技术的理论基础。

③工厂阶段　大数据平台兴起。大数据平台(平台即服务PaaS)应运而生，它让数据像在流水线上一样快速完成加工，原始数据变成指标，出现在各个报表或者数据产品中。

④数据价值阶段　数据中台概念的提出。数据中台的核心思想是：避免数据的重复计算，通过数据服务化，提高数据的共享能力。

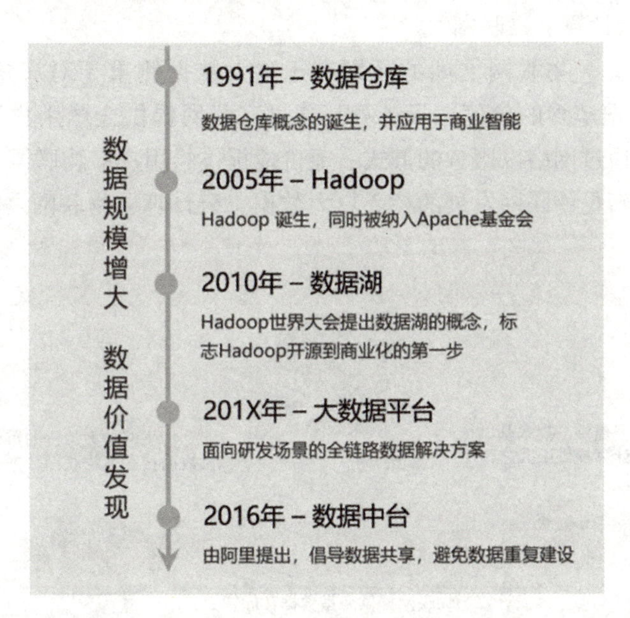

图5-1　大数据发展历程图

(3)大数据的基本特征

业界通常用“4V”来概括大数据的基本特征，分别是：数据量大(volume)、数据类型多(variety)、数据时效性强(velocity)、数据价值密度低(value)，具体内容如下：

①数据量大　在当今的数字时代，人们日常网络生活(网上聊天、搜索与购物等)都在产生数量庞大的数据，传感器、物联网、工业互联网、车联网、手机、平板电脑等，无一不是数据来源或者承载方式，数据不再以GB或TB为单位来衡量，而是以PB(1024个TB)、EB(1024个PB)或ZB(1024个EB)为计量单位，从TB跃升到PB、EB乃至ZB级别，数据量巨大，这就是大数据的首要特征。

②数据类型多　大数据不仅体现在量的急剧增长，数据类型也是趋于多样。大数据类型可分为结构化、半结构化和非结构化数据。结构化数据常见于关系型数据库(如SQL)中；半结构化数据包括电子邮件、文字处理文件以及大量的网络新闻等，以内容为基础；

非结构化数据随着社交网络、移动计算和传感器等新技术应用不断产生，广泛存在于社交网络、物联网、电子商务之中，如网络日志、音视频、图片、地理位置信息等。

③数据时效性强　美国互联网数据中心指出，企业数据每年正在以55%的速度增长，互联网数据每年增长50%，每两年将翻一番。IBM研究表明，整个人类文明所获得的全部数据中，90%是过去两年内产生的。数据处理速度快也是大数据区别于传统数据挖掘技术的本质特征。数据价值除了与数据规模相关，还与数据处理速度成正比，数据处理速度越快、越及时，其发挥的效能就越大。

④数据价值密度低　大数据的重点不在于其数据量的增长，而是在信息爆炸时代对数据价值的再挖掘，如何挖掘出大数据的有效信息至关重要。价值密度的高低与数据总量的大小成反比。虽然价值密度低是大数据日益凸显的一个特性，但是对大数据进行研究、分析挖掘仍然是具有深刻意义的，大数据的价值依然是不可估量的。

(4)大数据与云计算、物联网

大数据、云计算、物联网之间的区别在于：大数据侧重于对海量数据的存储、处理、分析，发现数据蕴含的价值；云计算是通过互联网提供全球用户计算力，旨在整合与优化各种资源并通过网络以服务的方式，廉价地提供给用户；物联网的发展目标是实现物物相连，应用创新是物联网发展的核心。大数据、云计算、物联网之间的关系如图5-2所示。

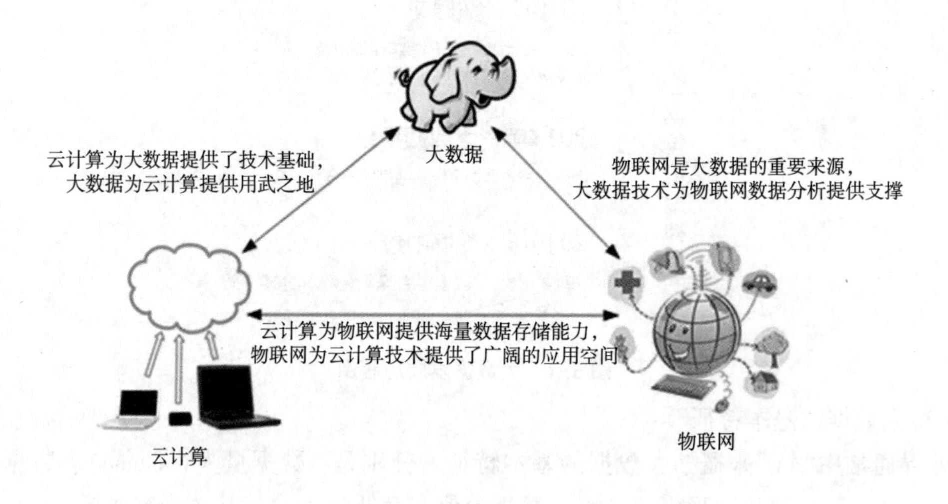

图5-2　大数据、云计算、物联网之间的关系

2. 大数据关键技术

大数据技术是一系列使用非传统工具对大量的结构化、半结构化和非结构化数据进行处理，从而获得分析和预测结果的数据处理技术，大数据价值的完整体现需要多种技术的协同。大数据关键技术涵盖数据存储、处理、应用等多方面的技术，根据大数据的处理过程，可将其分为大数据采集、大数据预处理、大数据存储及管理、大数据处理、大数据分析及挖掘、大数据可视化技术等。大数据处理基本流程如图5-3所示。

数据处理各个环节的主要技术如图5-4所示。

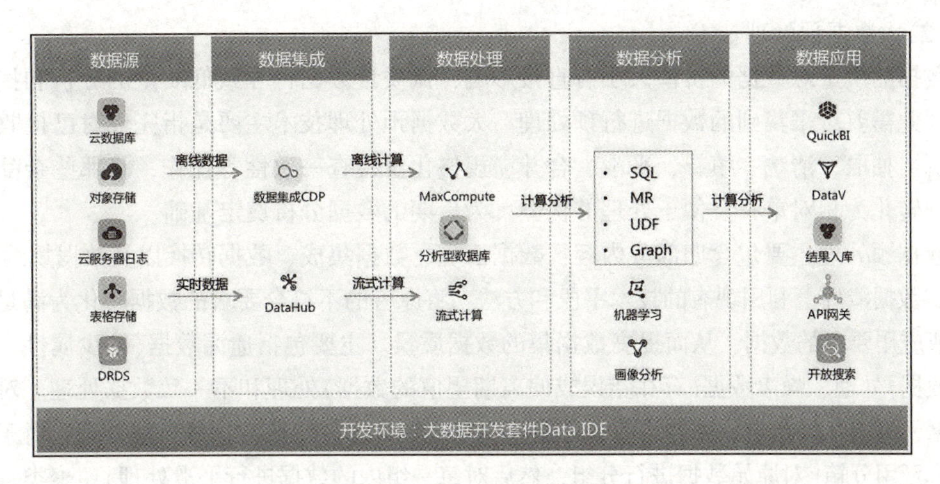

图 5-3　大数据处理流程图

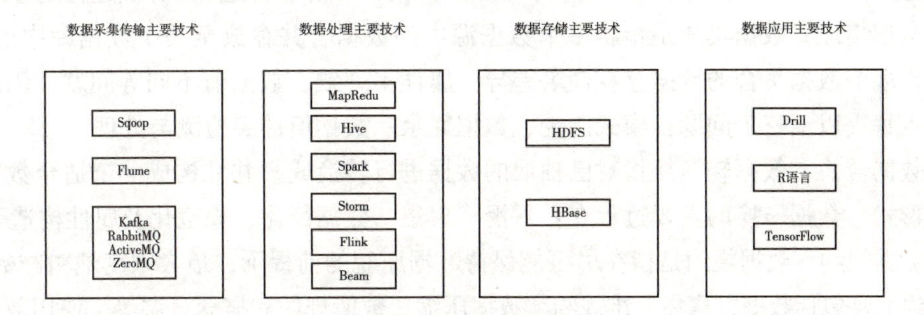

图 5-4　大数据各环节主要技术

(1)大数据采集技术

数据采集是大数据生命周期的第一个环节，在大数据时代背景下，如何从大数据中采集有用的信息已成为大数据发展的关键因素之一。数据采集，又称数据获取，是指通过射频识别(radio frequency identification，RFID)数据、传感器数据、社交网络交互数据及移动互联网数据等方式获得各种类型的结构化、半结构化及非结构化的海量数据。

大数据时代，数据的来源极其广泛，数据有不同的类型和格式，同时呈现爆发性增长的态势，这些特性对数据采集技术也提出了更高的要求。数据采集需要从不同的数据源实时或及时采集不同类型的数据并发送给存储系统或数据中间件系统进行后续处理。大数据采集技术分为以下几种类型：

①大数据智能感知层采集　主要包括数据传感体系、网络通信体系、传感适配体系、智能识别体系及软硬件资源接入系统，实现对结构化、半结构化、非结构化的海量数据的智能化识别、定位、跟踪、接入、传输、信号转换、监控、初步处理和管理等，关键在于针对大数据源的智能识别、感知、适配、传输、接入等技术。

②基础支撑层采集　提供大数据服务平台所需的虚拟服务器，结构化、半结构化及非结构化数据的数据库及物联网络资源等基础支撑环境。重点攻克分布式虚拟存储技术，大数据获取、存储、组织、分析和决策操作的可视化接口技术，大数据的网络传输与压缩技术，大数据隐私保护技术等。

（2）大数据预处理技术

数据的质量对数据的价值大小有直接影响，低质量数据将导致低质量的分析和挖掘结果，因此需要对采集到的数据进行预处理。大数据预处理技术主要是指完成对已接收数据的辨析、抽取、清洗、填补、平滑、合并、规格化及检查一致性等操作，将那些杂乱无章的数据转化为相对单一且便于处理的构型，为后期的数据分析奠定基础。

数据预处理主要包含四部分内容：数据清理、数据集成、数据转换以及数据规约。

①数据清理　利用现有的技术手段和方法，将原有的不符合要求的数据转化为满足数据质量或应用要求的数据，从而提高数据集的数据质量。主要包括遗漏数据（缺少属性、不完整的数据）处理、噪声数据（存在错误或偏离期望值的数据）处理和不一致数据处理。对于遗漏数据，可用全局常量、属性均值、可能值填充或者直接忽略该数据等方法处理；对于噪声数据，可用分箱（对原始数据进行分组，然后对每一组内的数据进行平滑处理）、聚类、计算机人工检查和回归等方法去除噪声；对于不一致数据，可用手动更正的方法进行处理。

②数据集成　数据集成是指将多个数据源中的数据合并存放至一个数据库中的过程，由于来自多个数据集合的数据存在命名差异、属性不一致、数据值不同等问题，因此数据集成重点解决以下三个问题：模式匹配、数据冗余、数据值冲突检测与处理。

③数据转换　数据转换是指对已抽取的数据进行转换或归并，构成一个适合数据处理的描述形式。数据转换的主要过程有：平滑、聚集、数据泛化、规范化及属性构造等。

④数据规约　数据规约是指在尽可能保持数据原貌的前提下，最大限度地精减数据量。数据规约主要包括数据方聚集、维规约、数据压缩、数值规约和概念分层等。使用数据规约技术可以实现数据集的规约表示，使得数据集变小的同时仍然近于保持原数据的完整性。在规约后的数据集上进行挖掘，依然能够得到与使用原数据集近乎相同的分析结果。

（3）大数据存储及管理技术

大数据存储与管理技术是指用存储器把采集到的数据存储起来，建立相应的数据库，并进行管理和调用。在大数据时代，从多渠道获得的原始数据常常缺乏一致性，数据结构混杂且高速增长，单机系统即使不断提升硬件配置也难以跟上数据增长的速度，这就导致传统的数据处理和存储技术对大数据存储失去可行性。大数据存储及管理技术重点研究复杂结构化、半结构化和非结构化大数据管理与处理技术，解决大数据的可存储、可表示、可处理及有效传输等几个关键问题，如海量文件的存储与管理，海量小文件的存储、索引和管理，海量大文件的分块与存储，系统可扩展性与可靠性等。在大数据存储和管理发展过程中，产生了以下几类数据库系统：分布式文件存储、NoSQL 数据库、NewSQL 数据库。

①分布式文件存储　分布式文件存储能够支持多台主机通过网络同时访问共享文件和存储目录，可通过多个节点并行执行数据库任务，提高整个数据库系统的性能和可用性，大部分采用了关系数据模型并且支持 SQL 语句查询。缺点是缺乏较好的弹性，并且容错性较差。

②NoSQL 数据库　NoSQL 数据库摒弃了传统关系型数据库的设计思想，采用了不同的解决方案来满足扩展性方面的需求，放弃了传统 SQL 的强事务保证和关系模型，重点放在数据库的高可用性和可扩展性。由于它没有固定的数据模式并且可以水平扩展，因而能够很好地应对海量数据的挑战。

相对于关系型数据库而言，NoSQL 数据库的主要优势有：高可用性和可扩展性，自动分区，轻松扩展；性能大幅提升；没有关系模型的限制，极其灵活。

③NewSQL 数据库　NewSQL 数据库采用不同的设计，它取消了耗费资源的缓冲池，摒弃了单线程服务的锁机制，通过使用冗余机器来实现复制和故障恢复，取代原有的昂贵的恢复操作。这种可扩展、高性能的 SQL 数据库被称为 NewSQL，其中“New”用来表明与传统关系型数据库系统的区别。NewSQL 数据库不仅能够实现 SQL 数据库的质量保证，也能实现 NoSQL 数据库的可扩展性。简单来讲，NewSQL 就是在传统关系型数据库上集成了 NoSQL 强大的可扩展性。

NewSQL 数据库支持复杂查询和大数据分析，支持 ACID 事务，支持隔离级别，可弹性伸缩、扩容减容对于业务层完全透明，主流的 NewSQL 有 TiDB、VoltDB、ClustrixDB 等。

(4)大数据处理技术

大数据的应用类型很多，主要的处理模式可以分为批处理模式和流处理模式两种。批处理是先存储后处理，而流处理则是直接处理。

①批处理模式　最具代表性的批处理模式是 Google 公司在 2004 年提出的 MapReduce 编程模型。MapReduce 模型首先将用户的原始数据源进行分块，然后分别交给不同的 Map 任务去处理。Map 任务从输入中解析出键/值对集合，然后对这些集合执行用户自行定义的 Map 函数以得到中间结果，并将该结果写入本地硬盘。Reduce 的任务是在硬盘上读取数据之后，根据 key 值进行排序，将具有相同 key 值的数据组织在一起。最后，用户自定义的 Reduce 函数会作用于这些排好序的结果并输出最终结果。

MapReduce 的核心设计思想有两点：一是将问题分而治之，把待处理的数据分成多个模块分别交给多个 Map 任务去并发处理。二是以计算推导数据而不是以数据推导计算，从而有效地避免数据传输过程中产生的大量通信开销。

②流处理模式　流处理模式将数据视为流，将源源不断的数据组成数据流。流处理模式的基本理念是：数据的价值会随着时间的流逝而不断减少。因此，尽可能快地对最新的数据做出分析并给出结果是所有流处理模式的主要目标。采用流处理模式的大数据应用场景主要有：网页点击量的实时统计、传感器网络、金融系统中的高频交易等。

(5)大数据分析及挖掘技术

大数据处理的核心就是对大数据进行分析，只有通过分析才能获取更多智能的、深入的、有价值的信息。数据的分析与挖掘就是把隐藏在一大批看来杂乱无章的数据中的信息集中起来，进行萃取、提炼，以找出潜在有用的信息和所研究对象的内在规律的过程。现实中越来越多的应用涉及大数据，大数据的分析方法在大数据领域就显得尤为重要，是判断最终信息是否有价值的决定性因素。利用数据挖掘进行数据分析的常用方法主要有：分类、回归分析、聚类、关联规则等，分别从不同的角度对数据进行挖掘。

①分类　分类是找出数据库中一组数据对象的共同特点并按照分类模式将其划分为不同的类。其目的是通过分类模型，将数据库中的数据项映射到某个给定的类别。常见的应用有客户的分类、客户的属性和特征分析、客户满意度分析、客户的购买趋势预测等。

②回归分析　回归分析方法反映的是事务数据库中属性值在时间上的特征。该方法可

产生一个将数据项映射到一个实值预测变量的函数，发现变量或属性间的依赖关系，其主要研究问题包括数据序列的趋势特征、数据序列的预测及数据间的相关关系等。常见的应用有产品生命周期分析、销售趋势预测及有针对性的商业促销活动等。

③聚类　聚类是把一组数据按照相似性和差异性分为几个类别。其目的是使属于同一类别的数据间的相似性尽可能大，不同类别中的数据间的相似性尽可能小。常见的应用有客户群体的分类、客户背景分析、市场的细分等。

④关联规则　关联规则是描述数据库中数据项之间存在关系的规则，根据一个事务中某些项的出现可推导出另一些项在同一事务中也会出现，挖掘隐藏在数据间的关联或相互关系。

(6)大数据可视化技术

随着互联网技术的发展，尤其是移动互联技术的发展，网络空间的数据量呈爆炸式增长。如何从这些数据中快速获取自己想要的信息，并以一种直观、形象的方式展现出来，是大数据可视化要解决的问题。大数据可视化是利用计算机图形学及图像处理技术，将数据转换为图形或图像形式展示到屏幕上，并进行交互处理的理论、方法和技术。它涉及计算机视觉、图像处理、计算机辅助设计、计算机图形学等多个领域，并逐渐成为一项研究数据表示、数据综合处理、决策分析等问题的综合技术。

数据可视化起源于20世纪60年代的计算机图形学，随着计算机硬件的发展，人们创建的数字模型更加复杂，需要更高级的计算机图形学技术及方法来创建规模庞大的数据集。随着数据可视化平台的拓展、应用领域的增加、表现形式的不断变化，以及增加了诸如实时动态效果、用户交互使用等功能，数据可视化的边界也在不断扩大。在当前的大数据研究领域中，数据可视化异常活跃。一方面是因为数据可视化以数据挖掘、数据采集、数据分析为基础；另一方面，数据可视化是一种新的表达数据的方式，能够将大量不可见的现象转换为可见的图形符号，更直观地帮助人们发现规律和获取知识。

目前业界的数据可视化工具或产品有很多，大致可分为以下几类：

①数据可视化库类　如D3、Echarts、HighCharts、蚂蚁金服的Antv等。

②报表类　如FineBI、Tableau、百度图说等。

③大屏投放类　如FineReport、阿里DataV等。

④专业类　如R语言的ggplot2扩展包、Python绘图库、Leaflet地图库等。

3. 大数据在农业行业的应用

农业生产的发展与科学技术的发展息息相关，每一次大规模的科技飞跃之后，农业也会迎来一次飞跃性的发展。在进入21世纪之后，信息技术的迅猛发展也带动了农业生产工具的发展，同时提高了农业信息获得速度与准确度。大数据技术的出现，加快推进了农业现代化与信息化的深度融合，为建设现代农业，推进社会主义新农村建设，提高农民社会经济地位，建设资源节约、环境友好的可持续农业提供了重要的科学技术支撑。在农业生产过程中，应用农业大数据技术，可显著提升农业生产效率，改善农作物产量及质量。具体应用案例如下：

(1)精准种植大数据应用

在农业种植过程中，若采取传统的种植方式需要大量人力及物力，而将大数据、物联网等相关技术应用于农业生产中，农业种植效率将显著提升。例如，在大棚内种植蔬菜前，可通过精准种植物联网系统制定适宜的种植关键技术方案。种植过程中，可通过温度、湿度传感器实时监测大棚内环境状况，并对其进行分析处理。根据处理结果，系统将结合农作物生长情况适时为农民推送相关农事提醒，与此同时通过移动终端设备农民也可明确相关监测数据及农作物实际生长状况。此外，借助无线网络，可实现 APP 软件及大棚内相关设备的有效连接，便于农民远程控制各种机械设备，落实耕种、温度控制及灌溉等各项工作。

(2)灾情防控大数据应用

在传统的农业产生过程中，由于受到气候、风力、洪涝等自然灾害的影响，农业生产变得低效率，从而会给农业生产带来一定的损失。将大数据运用到农业领域中，农业技术人员能够对以往的农业生产数据整合分析，得出农业产生过程中的风力、降水量等信息数据，根据相关数据的预测，在类似气候与天气来临前，做好防御措施，确保农业生产总量，从而能够为农业生产创造有利的价值。因此，将大数据运用到农业领域中，能够有效预测农业灾害，使农业工作人员做好预防措施，从而减少农作物的损失。

(3)农产品品质溯源大数据应用

为确保农产品生产质量，可利用大数据技术对农产品销售过程进行追踪。首先通过传感器或农事信息采集系统对信息实时采集并上传，构建一个安全追溯的平台数据库。农产品销售时，在产品上张贴 RFID 电子标签或生成对应的二维码，通过对 RFID 标签进行扫描，并从生产至消费的各个环节对相关数据进行更新，实现对农产品的全程追踪。消费者在购买时，可利用短信、上网或扫描二维码等多种方式获取农产品相关信息，跟踪了解农产品详细信息。

巩固训练

1. 单选题

(1)大数据的起源是(　　)。

A. 金融行业　　B. 互联网

C. 电信行业　　D. 公共管理

(2)大数据技术是由哪个公司首先提出的？(　　)

A. 阿里巴巴　　B. 谷歌

C. 百度　　D. 微软

(3)以下哪个现象不属于大数据的典型特征？(　　)

A. 数据包含噪声及缺失值　　B. 数据量大

C. 数据类型多　　D. 产生速率高

(4)数据清理的方法不包括以下哪一项？(　　)

A. 噪声数据清除　　B. 一致性检查

C. 重复数据记录处理　　D. 缺失值处理

2. 简答题

大数据有哪些应用？

任务5-2 云计算

任务目标

(1)了解云计算的基本概念和特征。

(2)了解云计算的部署方式和服务模式。

(3)了解云计算的关键技术及应用。

(4)培养学生的工匠精神和创新意识。

任务描述

云计算描述了一种新的基于互联网的IT服务模式，人们无须详细了解云中的基础架构，也不需要具备专业知识就可以轻松使用。云计算动态可伸缩的特性不仅可以帮助用户节省成本，也可以让IT资源更好地匹配业务发展需求。本任务将讲解云计算的基本概念、特征、部署方式、服务模式、关键技术及应用。

任务实施

1. 了解云计算

(1)打开浏览器，检索云计算白皮书，能够检索到行业、企业或科研院所等发布的云计算白皮书。

(2)下载并查看相关云计算白皮书，了解中国和全球云计算产业发展概况。

2. 搭建云服务器

进入云计算企业站点，申请试用云计算服务，感受云计算的便利性。

3. 交流云计算

讨论云计算技术的优点及应用前景，如云游戏、智慧城市、5G集成、人工智能和机器学习等。

知识链接

1. 云计算概述

(1)云计算的定义

云计算是按照使用量付费的模式，这种模式提供可用、便捷、按需的网络访问，进入可配置的计算资源共享池(资源包括网络、服务器、存储，应用软件，服务)，这些资源可快速部署，并能以最少的管理成本或只需服务提供商开展少量的工作就可实现资源发布。云计算将计算作为一种服务交付给用户而不是一种产品，在这种服务中，计算资源、软件和信息如同日常的水、电一样通过互联网交付给计算机或其他计算媒介。

云计算是分布式计算、并行计算、效用计算、网络存储、虚拟化、负载均衡、高可用性等传统计算机和网络技术发展融合的产物。对于用户，云计算是“IT 即服务”，即通过互联网从中央式数据中心向用户提供计算、存储和应用服务；对于互联网应用程序开发者，云计算是互联网级别的软件开发平台和运行环境；对于基础设施提供商和管理员，云计算是由 IP 网络连接起来的大规模、分布式数据中心基础设施。

(2)云计算的基本特征

①通用性　云计算中心很少为特定的应用存在，能够有效支持业界大多数的主流应用，并且一个“云”可以支撑多个不同类型应用同时运行，并保证这些服务的运行质量。

②可扩展性　在云计算中，物理或虚拟资源能够快速地水平扩展，具有强大的弹性，可以根据用户应用需要进行调整和动态伸缩，资源的划分、供给仅受制于服务协议，不需要通过扩大存储量或者维持带宽来维持，降低了客户获取计算资源的成本。

③高可靠性　云计算中心在软硬件层面采用了诸如数据多副本容错、心跳检测和计算节点同构可互换等措施来保障服务的高可靠性，在设施层面上的能源、制冷和网络连接等方面采用了冗余设计，进一步确保服务的可靠性。另外，云计算的虚拟化技术可以将资源和硬件分离，当硬件发生故障时，可以轻易地将资源迁移、恢复。

④虚拟化　云计算支持用户在任意位置、使用各种终端获取应用服务，所请求的资源都来自“云”，而不是固定的有形的实体。应用在“云”中某处运行，但实际上用户无须了解，也不用担心应用运行的具体位置，有效减少了云服务用户和提供者之间的交互，简化了应用的使用过程，降低了用户的时间成本和使用成本。云计算通过抽象处理过程，屏蔽了复杂处理过程。对用户来说，他们仅知道服务在正常工作，并不知道资源是如何使用的。资源池化将维护等原本属于用户的工作，移交给了提供者。

⑤自动化　在云中无论是应用、服务和资源的部署，还是软硬件的管理，都主要通过自动化的方式来执行和管理，极大地降低了整个云计算中心庞大的人力成本。

⑥低成本　组建一个高性能服务器所消耗的资金很多，而云计算通过采用搭建在远离聚居地的大量商业计算机组成集群与运用多租户技术和资源池技术的方式，降低云服务的使用成本。云计算的高利用率与高通用性使其在达到同样性能的前提下，所需要的费用与用户自搭建计算中心相比要少很多。

⑦超大规模　云计算中心具有相当的规模，很多提供云计算服务的公司(如谷歌、微软、百度等)，其服务器数量达到了几十万、几百万的级别。云能整合数量庞大的计算机集群，为用户提供前所未有的存储能力和计算能力。

⑧按需服务　“云”是一个庞大的资源池，用户可以按需购买，就像自来水、电和煤气等公用事业那样根据用户的使用量计费，无须任何软硬件和设施等方面的前期投入，将用户从低效率和低资产利用率的业务模式中带离出来，进入高效模式。

⑨泛在接入　泛在接入是指用户在任何时间、任何地点，使用任何网络与任何类型的终端，都可以接入云服务。云服务因为具备标准化的传输协议、访问接口和安全技术，而可以被广泛访问。为满足云服务用户特殊的需求，云服务提供商还会剪裁云服务架构以满

足不同等级的访问。

(3)云计算的部署方式

按照部署方式，可将云计算分为公有云、私有云、混合云三种。

①公有云　公有云通常指第三方提供商为用户提供服务的云，云服务提供商通过客户资源使用情况(vCPU 数、磁盘空间大小、时长等)进行收费。从用户的角度来说，自己只需要购买云上的资源或者服务，而云计算所用的硬件以及相应的管理工作都由服务商负责。国内常见的公有云有阿里云、腾讯云、百度网盘、华为手机的云备份恢复功能、有道云笔记等，公有云被认为是云计算的主要形态。公有云的优点在于所有的应用、服务、数据都存放在公有云提供商处，客户无须硬件投资与建设及管理；缺点在于数据没有存放在客户自己的数据中心，安全性方面有一定的风险。

②私有云　私有云是指由企业或机构独享的云，仅供内部人员或分支机构使用，一般部署于企业或机构的数据中心，适用于有众多分支机构的大型企业、政府部门、行业机构。私有云的优点在于数据安全性和系统可用性可控，IT 资源利用率较高；缺点在于投资较大，尤其是一次性建设的投资较大。

③混合云　混合云是在成本和安全方面的一种折中方案，就是公有云和私有云的结合。混合云的数据依然是存到本地的机器上，但是一旦出现大规模的访问或者计算时，就会把这部分计算的需求转移到公有云平台上，实现不同场景的切换。与此同时，在混合云方案中，私有云还常常把公有云作为灾难恢复和灾难转移的平台。混合云使用起来具有更高的灵活性，是企业考虑成本效益的首选方案。混合云的主要应用场景有云灾备、潮汐应用、电商大促、游戏公测等。

(4)云计算的服务模式

①基础设施即服务(infrastructure as a service，IaaS)　是指把 IT 基础设施作为一种服务通过网络对外提供，并根据用户对资源的实际使用量或占用量进行计费的一种服务模式。在这种服务模型中，普通用户不用自己构建一个数据中心等硬件设施，而是通过租用的方式，利用互联网从 IaaS 服务提供商获得计算机基础设施服务，包括服务器、存储和网络等服务。目前，IaaS 在云计算服务模式中最为常用。

②平台即服务(platform as a service，PaaS)　是指将软件研发的平台作为一种服务，以 SaaS 的模式提交给用户。通过 PaaS 模式，用户可以在一个提供软件开发工具包、文档、测试环境和部署环境等在内的开发平台上，且用户无须关注服务器、操作系统、网络和存储等资源的运维，这些烦琐的工作都由 PaaS 云供应商负责，PaaS 的主要服务对象是技术开发人员。

③软件即服务(software as a service，SaaS)　是指将应用软件统一部署在云供应商的服务器上，客户可以根据工作实际需求，通过互联网向厂商订购所需的应用软件服务，按定购的服务需求和时间长短向厂商支付费用，并通过互联网获得 SaaS 平台供应商提供的服务。

简单来说，云服务商不仅提供了计算、网络、存储等基础设施服务，也提供了操作系统和运行环境，还提供了运行在该环境下的应用程序。用户可以直接使用云服务商提供的应用程序，不用担心如何进行维护，进一步降低了用户的技术门槛。

(5) 云计算与大数据、物联网、人工智能的关系

从技术上看，云计算与大数据密不可分。大数据的特点在于对海量数据进行分布式数据挖掘，因此它必须依托云计算的分布式处理、分布式数据库和云存储中的存储虚拟化技术。云计算与物联网相辅相成，云计算是物联网发展的基石，而作为云计算的最大用户，物联网对数据存储、分析计算的能力不断增高，也促进着云计算的发展。云计算不仅是人工智能的基础计算平台，也是人工智能集成到千万应用中的便捷途径；人工智能丰富了云计算服务的特性，又让云计算服务更加符合业务场景的需求，并进一步解放人力。云计算目前正在从 IaaS 向 PaaS 和 SaaS 发展，这个过程中与人工智能的关系会越来越密切，云计算平台的资源整合能力会在人工智能的支持下越加强大。

2. 云计算技术

虚拟化技术是指计算任务在虚拟的基础上而不是真实的硬件基础上运行，可实现软件应用与底层硬件相隔离，扩大硬件的容量，简化软件的重新配置过程。利用虚拟化技术，可以有效地整合数据中心的硬件资源、虚拟服务器和其他基础设施，通过高效的管理和调度，为上层应用程序提供动态的、可扩展的、灵活的基础设施平台，以满足云计算按需部署、随需随用的需求。

(1) 虚拟化技术

虚拟技术是云计算技术的核心，可以为云计算提供系统虚拟层面的支持，实现服务器虚拟化，存储虚拟化以及网络虚拟化。

(2) 分布式技术

分布式技术是把同一个任务分布到多个网络互连的物理节点上并发执行，最后再汇总结果。分布式技术的性能、容量、吞吐量等可以随着节点增加而线性增长，非常适合云计算这种大规模的系统。在云上主要应用的有分布式存储、分布式数据库、分布式缓存，分布式消息队列等。

(3) 数据管理技术

云计算需要对分布的、海量的数据进行处理、分析，因此，数据管理技术必须能够高效地管理大量的数据。云计算系统中的数据管理技术主要是 Google 的 BigTable 数据管理技术和 Hadoop 团队开发的开源数据管理模块 HBase。

(4) 数据存储技术

云计算采用分布式存储数据，并用冗余的方式保证数据存储的高可用、高可靠和经济性，目前广泛使用的数据存储技术有 GFS (google file system) 和 HDFS (hadoop distributed filesystem)。

(5) 编程模型技术

云计算在保证后台复杂的并行执行和任务调度的同时，对用户和编程人员是透明的，因此，云计算的编程模型必须简单有效，才能让用户更方便地享受云服务。云计算采用类似 Map-Reduce 的编程模式，它是一种简化的分布式编程模型和高效的任务调度模型，适用于大规模数据集的并行运算。Map-Reduce 模式的思想是将要执行的问题分解成 Map (映射) 和 Reduce (化简) 的方式，先通过 Map 程序将数据切割成不相关的区块，分配 (调度)

给计算机处理，达到分布式运算的效果，再通过 Reduce 程序将结果汇总输出。

(6) Web 技术

由于云计算对网络与通信的依赖，通用的 Web 技术通常被用作云服务的实现介质与云管理接口。在云计算的应用中，Web 客户端与 Web 服务器往往被分别部署在用户的电子设备与云计算中心上，二者通过 Web 接口的通信实现用户与云计算中心的互联。在云数据中心的管理与运维中，也是通过 Web 接口实现对资源的操作与管理。

3. 云计算应用

(1) 云存储

云存储是云计算技术的一个延伸和应用，通过存储虚拟化、分布式文件系统、底层对象化等技术，利用应用软件将网络中的海量存储设备集合起来，协同工作，共同构成一个向外提供可扩展存储资源的系统。对于用户来说，云存储并不是一种设备，而是一种由海量服务器和存储设备提供的数据服务。通过各种网络接口，用户可以访问云存储服务并使用其中的存储、备份、访问、归档、检索等功能，大大方便了用户对数据资源进行管理。同时，用户仅需按其使用的存储量付费，无需进行存储设备的检测和维护。

云存储环境的可用性强、速度快、可扩展性强。云存储可以解决本地存储管理缺失问题，降低数据丢失率，提供高效便捷的数据存储和管理服务。

(2) 开发测试云

开发测试云可以解决开发中的一些问题，通过构建一个个异构的开发测试环境，利用云计算的强大算力进行应用的压力测试，适合开发和测试需求多的企业和机构。通过友好的网页界面，开发测试云可以解决开发测试过程中的各种难题。

(3) 大规模数据处理云

大规模数据处理云通过在云计算平台上运行数据处理软件和服务，充分利用云计算的数据存储能力和处理能力，处理海量数据。它可以帮助企业通过数据分析迅速发现商机，从而针对市场做出迅捷、准确的决策。

(4) 杀毒云

杀毒云是安置了强大的杀毒软件的云，通过云中存储的庞大病毒特征库并利用云强大的数据处理能力，分析数据是否含有病毒。如果在数据中发现疑似病毒，就将有嫌疑的数据上传至云进行检测并处理。杀毒云可以准确、迅速地发现病毒，捍卫用户计算机的安全。

巩固训练

单选题

(1) SaaS 是(　　)的简称。

A. 软件即服务　　B. 平台即服务

C. 基础设施即服务　　D. 硬件即服务

(2) 云计算是对(　　)技术的发展和应用。

A. 并行计算　　B. 网格计算

C. 分布式计算　　D. 以上选项都是

(3)下列哪个选项不是虚拟化的主要特征？(　　)

A. 高可用性　　B. 高扩展性

C. 高安全性　　D. 实现技术简单

(4)从研究现状上看，不属于云计算特点的是(　　)。

A. 超大规模　　B. 虚拟化

C. 私有化　　D. 高可靠性

(5)下列关于云计算的部署模式说法不正确的是(　　)。

A. 专有云：也称私有云，用户自行管理和维护难度低于公有云

B. 公有云：规模化、运维可靠、高扩展性

C. 混合云：同时兼具专有云隐私性和公有云的扩展性优势

D. 从运维角度来说，混合云的使用和管理复杂性要高于公有云和专有云

(6)云主机是一种云计算服务，由 CPU、内存、云硬盘和(　　)组成。

A. 显卡　　B. 镜像

C. 磁盘驱动器　　D. 调制解调器

任务 5-3　人工智能

任务目标

(1)了解人工智能的定义和发展历程。

(2)了解人工智能的分类和技术。

(3)了解人工智能的应用。

(4)培养学生在人工智能时代必备的基本素养和思维能力。

任务描述

随着科研机构的大量涌现、科技巨头大力布局、新兴企业迅速崛起，人工智能技术开始广泛应用于各行各业，展现出可观的商业价值和巨大的发展潜力。本任务主要讲解人工智能的定义、发展历程、分类、核心技术及应用。

任务实施

1. 了解人工智能

打开浏览器，在搜索引擎输入框中输入“人工智能”，按回车键，了解人工智能的定

义、发展、技术和应用等相关内容。

2. 体验 AI 智能创作

打开浏览器，进入百度 AI 开放平台网站，点击百度智能云一念智能创作平台，如图 5-5 所示，体验 AI 文案、AI 作画等功能。

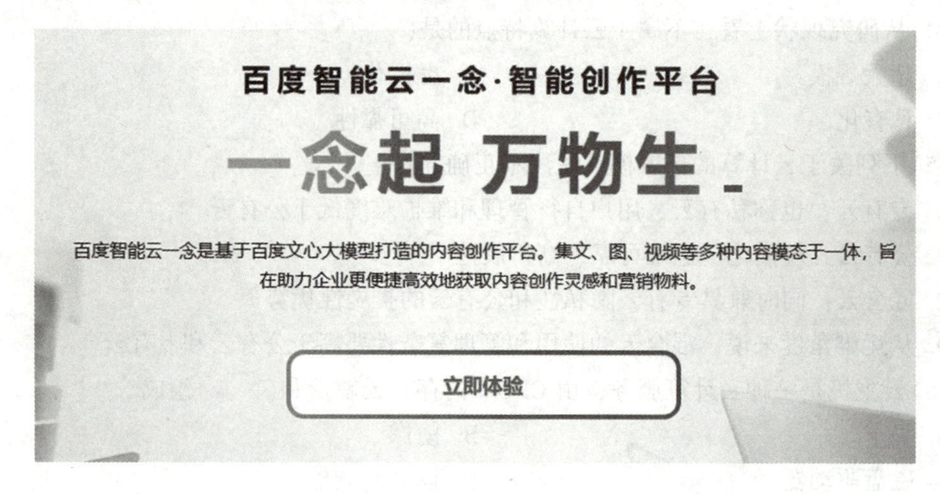

图 5-5　百度智能创作平台

3. 探寻其他智能 AI 平台

在网络搜索其他智能 AI 平台，如腾讯 AI 开放平台、阿里 AI 精灵、讯飞开放平台等，了解语音技术、图像技术、文字技术、人脸与人体识别、视频技术、AR 与 VR、自然语言处理、数据智能、知识图谱等多种 AI 技术。

知识链接

1. 人工智能概述

(1) 人工智能的定义

人工智能(artificial intelligence，AI)，是研究、开发用于模拟、延伸和扩展人的智能的理论、方法、技术及应用系统的一门新的科学技术。1956 年由约翰·麦卡锡首次提出，当时的定义为“制造智能机器的科学与工程”。人工智能的目的是让机器能够像人一样思考，让机器拥有智能。时至今日，人工智能已发展成为一门交叉学科，如图 5-6 所示。

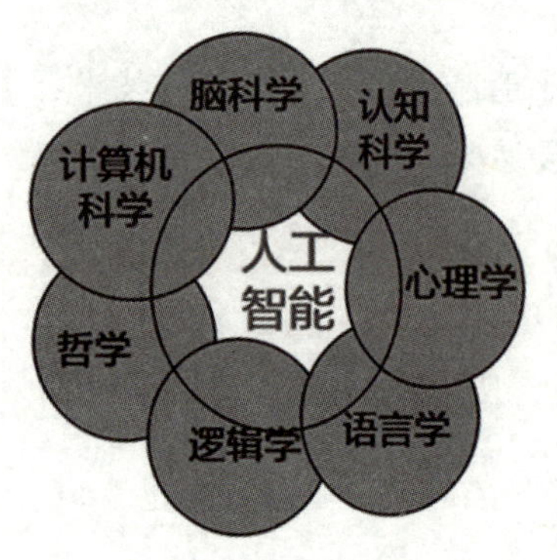

图 5-6　人工智能

(2) 人工智能的研究内容

人工智能研究涉及众多领域，包括数学、统计学、计算机科学、物理学、哲学和认知科学、逻辑学、心理学、控制论、决定论、不确定性原理、社会学、犯罪学等。研究范畴包括自然语言处理、知识表现、智能搜索、推理、规划、机器学习、增强式学习、知识获取、感知问题、模式识别、逻辑程序设计、软计算、不精确和不确定的管理、人工生命、人工神经网络、复杂系统、遗传算法、数据捕捞、模糊控制等多个方向。

(3)人工智能的发展历程

将人工智能的发展历程划分为六个阶段:

——起步发展期:1956年至20世纪60年代初期

“人工智能”一词最初在1956年达特茅斯学会上被提出,初期的人工智能主要在机器学习、定理证明、模式识别、问题求解等方面取得了不少成就,掀起人工智能发展的第一个高潮。

——反思发展期:20世纪60年代至70年代初期

人工智能发展初期的突破性进展大幅提升了人们对人工智能的期望,人们开始尝试更具挑战性的任务,并提出了一些不切实际的研发目标。然而,接二连三的失败和预期目标的落空,使人工智能的发展走向低谷。

——应用发展期:20世纪70年代初至80年代中期

20世纪70年代出现的专家系统,能够模拟人类专家的知识和经验解决特定领域的问题,实现了人工智能从理论研究走向实际应用,从一般推理策略探讨转向专门运用知识的重大突破。专家系统在医疗、化学、地质等领域取得成功,推动人工智能走向应用发展的新高潮。

——低迷发展期:20世纪80年代中期至90年代中期

随着人工智能的应用规模不断扩大,专家系统存在的应用领域狭窄、缺乏常识性知识、知识获取困难、推理方法单一、缺乏分布式功能、难以与现有数据库兼容等问题逐渐暴露出来。

——稳步发展期:20世纪90年代中期至2010年

网络技术特别是互联网技术的发展加速了人工智能的创新研究,促使人工智能技术进一步走向实用化。1997年国际商业机器公司(IBM)深蓝超级计算机战胜了国际象棋世界冠军卡斯帕罗夫,2008年IBM提出“智慧地球”的概念,都是这一时期的标志性事件。

——蓬勃发展期:2011年至今

随着大数据、云计算、互联网、物联网等信息技术的发展,泛在感知数据和图形处理器等计算平台推动以深度神经网络为代表的人工智能技术飞速发展,大幅跨越了科学与应用之间的技术鸿沟,诸如图像分类、语音识别、知识问答、人机对弈、无人驾驶等人工智能技术实现了从“不能用”到“不好用”再到“可以用”的技术突破,迎来了爆发式增长的新高潮。

(4)人工智能的分类

人工智能按照能力可分为以下三类。

①弱人工智能　弱人工智能(artificial narrow intelligence, ANI),是指不能制造出真正的推理和解决问题的智能机器。弱人工智能是擅长于单个方面的人工智能,例如,有能战胜围棋世界冠军的人工智能AlphaGO,这些机器并不真正拥有智能,也不会有自主意识。

②强人工智能　又称通用人工智能(artificial general intelligence, AGI),是指真正能推理和解决问题的智能机器,这样的机器将被认为是有知觉和自我意识的,可以独立思考问题并制定解决问题的最优方案,有自己的价值观和世界观体系。有和生物一样的各种本能,例如,生存和安全需求,在某种意义上可以看作一种新的文明。创造强人工智能比创

造弱人工智能难得多，人类现在还做不到。

③超人工智能　超人工智能(artificial super intelligence，ASI)，科学家把超人工智能定义为几乎在所有领域都能凌驾人类的人工智能，包括科学创新、通识和社交技能等，超人工智能可以像人类智能实现生物上的进化一样，对自身进行重编程和改进。

(5)人工智能编程语言

人工智能早在20世纪50年代就已经出现，但直到最近10年，软件开发人员才将AI构建到应用程序中。编程语言是人工智能开发项目的支柱，有了它的帮助，软件开发人员才可以创建出新的AI解决方案。以下是一些适合AI的编程语言。

①Python　Python非常适合人工智能，因为它具有强大的数据科学和机器学习能力。它的计算能力之快、可读性之强使其成为数据科学家的首选。借助Python，数据科学家可以分析大量复杂的数据集，同时不必担心计算速度。同时，Python拥有大量与人工智能相关的软件包列表，如PyBrain、NeuralTalk2和PyTorch等。

②R语言　R语言是一种开源编程语言，支持统计分析和科学计算。R语言可以帮助人类生成交互式图形和其他高级的可视化图形，它可以处理所有类型的数据分析，如从简单的线性回归到复杂的3D模拟。R语言具有高度可扩展性，可以不间断地进行高效能计算，在统计计算和机器学习中都有广泛应用。

③LISP　LISP最初创建于1958年，是一种函数式编程语言，几乎所有主要的深度学习框架的核心操作都依赖于LISP，在选择库或工具时提供了很大的灵活性。

④JavaScript　JavaScript是一种广泛使用的编程语言，对人工智能至关重要，它可以帮助我们构建从聊天机器人到计算机视觉的所有内容。

⑤C++　C++是一种流行的通用高级编程语言，由贝尔实验室的本贾尼·斯特劳斯特卢普(C++语言之父)所领导的计算机科学家团队开发，它可以在Windows、Linux、Mac OS X操作系统以及智能手机和平板电脑等移动设备上运行，C++已被用于开发游戏、应用程序和图形程序。C++有助于机器学习的原型设计和生产，能够帮助我们快速试验新模型或重新设计现有模型。

2. 人工智能技术

(1)机器学习

机器学习是一门涉及统计学、系统辨识、逼近理论、神经网络、优化理论、计算机科学、脑科学等诸多领域的交叉学科，研究计算机怎样模拟或实现人类的学习行为，以获取新的知识或技能，重新组织已有的知识结构使之不断改善自身的性能，是人工智能技术的核心。

基于数据的机器学习是现代智能技术中的重要方法之一，研究从观测数据(样本)出发寻找规律，利用这些规律对未来数据或无法观测的数据进行预测。根据学习模式可将机器学习分为监督学习、无监督学习和强化学习等，根据学习方法可将机器学习分为传统机器学习和深度学习。

(2)自然语言处理

自20世纪50年代以来，理解人类语言一直是人工智能研究者的目标，这一领域被称为自然语言处理，重点研究能实现人与计算机之间用自然语言进行有效通信的各种理论和方法，主要包括机器翻译、语义理解和问答系统等。

①机器翻译　机器翻译技术是指利用计算机技术实现从一种自然语言到另外一种自然语言的翻译过程。基于统计的机器翻译方法突破了之前基于规则和实例翻译方法的局限性，翻译性能取得巨大提升。基于深度神经网络的机器翻译在日常对话等一些场景的成功应用已经显现出了巨大的潜力。随着上下文的语境表征和知识逻辑推理能力的发展，自然语言知识图谱不断扩充，机器翻译将会在多轮对话翻译及篇章翻译等领域取得更大进展。

②语义理解　语义理解技术是指利用计算机技术实现对文本篇章的理解，并且回答与篇章相关问题的过程。语义理解更注重对上下文的理解以及对答案精准程度的把控。语义理解技术将在智能客服、产品自动问答等相关领域发挥重要作用，进一步提高问答与对话系统的精度。

③问答系统　问答系统分为开放领域的对话系统和特定领域的问答系统。人们可以向问答系统提交用自然语言表达的问题，系统会返回关联性较高的答案。尽管问答系统目前已经有不少应用产品出现，但大多是在实际信息服务系统和智能手机助手等领域中的应用，在问答系统鲁棒性(也称强健性或抗干扰性)方面仍然存在着问题和挑战。

(3)人机交互

人机交互主要研究人和计算机之间的信息交换，主要包括人到计算机和计算机到人的两部分信息交换，是人工智能领域重要的外围技术。人机交互是与认知心理学、人机工程学、多媒体技术、虚拟现实技术等密切相关的综合学科。传统的人与计算机之间的信息交换主要依靠交互设备进行，主要包括键盘、鼠标、操纵杆、数据服装、眼动跟踪器、位置跟踪器、数据手套、压力笔等输入设备，以及打印机、绘图仪、显示器、头盔式显示器、音箱等输出设备。人机交互技术除了传统的基本交互和图形交互外，还包括语音交互、情感交互、体感交互及脑机交互等技术。

(4)生物特征识别

生物特征识别技术是指通过个体生理特征或行为特征对个体身份进行识别认证的技术。从应用流程看，生物特征识别通常分为注册和识别两个阶段。注册阶段通过传感器对人体的生物表征信息进行采集，如利用图像传感器对指纹和人脸等光学信息、麦克风对说话声音等声学信息进行采集，利用数据预处理以及特征提取技术对采集的数据进行处理，得到相应的特征进行存储。

识别过程采用与注册过程一致的信息采集方式对待识别人进行信息采集、数据预处理和特征提取，然后将提取的特征与存储的特征进行比对分析，完成识别。从应用任务看，生物特征识别一般分为辨认与确认两种任务，辨认是指从存储库中确定待识别人身份的过程，是一对多的问题；确认是指将待识别人信息与存储库中特定单人信息进行比对，确定身份的过程，是一对一的问题。

生物特征识别技术涉及的内容十分广泛，包括指纹、掌纹、人脸、虹膜、指静脉、声纹、步态等多种生物特征，其识别过程涉及图像处理、计算机视觉、语音识别、机器学习等多项技术。目前生物特征识别作为重要的智能化身份认证技术，在金融、公共安全、教育、交通等领域有广泛应用。

(5)计算机视觉

计算机视觉(Computer Vision，CV)，是一门运用计算机模仿人类视觉系统、研究如何使计算机更好地“看”世界的科学，让计算机拥有类似人类提取、处理、了解和分析图像以及图像序列的才能。通过给计算机输入图片、图像等数据，利用各种深度学习算法，进行预处理、特征提取、检测分割等操作，使得计算机能够进行识别、跟踪和测量。根据解决的问题，计算机视觉可分为计算成像学、图像理解、三维视觉、动态视觉和视频编解码五大类。计算机视觉有着广泛的应用，如医疗成像分析被用来提高疾病预测、诊断和治疗，人脸识别被 Facebook 用来自动识别照片里的人物，以及在安防及监控领域被用来指认嫌疑人等。

(6)VR/AR

虚拟现实(VR)和增强现实(AR)是以计算机为核心的新型视听技术。结合相关科学技术，在一定范围内生成与真实环境在视觉、听觉、触感等方面高度近似的数字化环境。用户借助必要的装备与数字化环境中的对象进行交互，相互影响，获得近似真实环境的感受和体验，通过显示设备、跟踪定位设备、数据获取设备、专用芯片等实现。

在交互方式方面，虚拟现实通常需要佩戴 VR 头盔或眼镜，并使用手柄、手套或其他控制器等设备进行交互；增强现实可以通过手机、平板电脑或 AR 眼镜等设备进行交互，用户可以通过触摸屏幕、手势识别或语音控制等方式与虚拟内容进行互动。在使用场景方面，虚拟现实通常用于游戏、娱乐、培训、模拟和虚拟旅游等领域，用户可以沉浸在虚拟世界中；增强现实则更多地应用于教育、医疗、设计、维修和导航等领域，用户可以在现实世界中获得虚拟内容的辅助信息。

目前虚拟现实/增强现实面临的挑战主要体现在智能获取、普适设备、自由交互和感知融合四个方面。在硬件平台与装置、核心芯片与器件、软件平台与工具、相关标准与规范等方面存在一系列科学技术问题，总体呈现虚拟现实系统智能化、虚实环境对象无缝融合、自然交互全方位与舒适化的发展趋势。

3. 人工智能的应用

(1)人脸识别

人脸识别也称人像识别、面部识别，是基于人的脸部特征信息进行身份识别的一种生物识别技术，人脸识别涉及的技术主要包括计算机视觉、图像处理等。人脸识别系统的研究始于 20 世纪 60 年代，随着计算机技术和光学成像技术的发展，20 世纪 90 年代后期，人脸识别技术进入初级应用阶段。目前，人脸识别技术已广泛应用于多个领域，如金融、司法、公安、边检、航天、电力、教育、医疗等。

(2)无人驾驶

无人驾驶汽车是智能汽车的一种，也称为轮式移动机器人，主要依靠车内以计算机系统为主的智能驾驶控制器来实现无人驾驶，无人驾驶涉及的技术主要包括计算机视觉、自动控制技术等。近年来，伴随着人工智能浪潮的兴起，无人驾驶成为人们热议的话题，国内外许多公司都纷纷投入自动驾驶和无人驾驶的研究中。例如，谷歌的 Google X 实验室正在积极研发无人驾驶汽车 Google Driverless Car，百度已启动了“百度无人驾驶汽车”研发计划；华为也在无人驾驶领域取得了重大突破，推出新一代毫米波雷达和 MDC 无人车系统，实现高精度探测和L4级无人驾驶。这些技术将降低制造成本，提高性能价格比，加快无人驾驶工业化进程，开启全新的交通时代。

(3)机器翻译

机器翻译是计算语言学的一个分支，是利用计算机将一种自然语言转换为另一种自然语言的过程。随着经济全球化进程的加快及互联网的迅速发展，机器翻译技术在促进政治、经济、文化交流等方面的价值凸显，也给人们的生活带来了许多便利。

(4)智能客服

智能客服是一种利用机器模拟人类行为的人工智能实体形态，能够实现语音识别和自然语义理解，具有业务推理、话术应答等能力。智能客服广泛应用于商业服务与营销场景，为客户解决问题、提供决策依据。同时，智能客服机器人在应答过程中，可以结合丰富的对话语料进行自适应训练，大大降低了企业的人工客服成本。

(5)个性化推荐

个性化推荐是一种基于聚类与协同过滤技术的人工智能应用，它建立在海量数据挖掘的基础上，通过分析用户的历史行为建立推荐模型，主动给用户提供匹配他们需求与兴趣的信息，如商品推荐、新闻推荐等。个性化推荐既可以为用户快速定位需求产品，弱化用户被动消费意识，提升用户兴趣和留存黏性，又可以帮助商家快速引流，找准用户群体与定位，做好产品营销。

个性化推荐系统广泛存在于各类网站和APP中，它会根据用户的浏览信息、用户基本信息和对物品或内容的偏好程度等多因素进行考量，依托推荐引擎算法进行指标分类，将与用户目标因素一致的信息内容进行聚类，经过协同过滤算法，实现精确的个性化推荐。

巩固训练

单选题

(1)被誉为“人工智能之父”的科学家是(　　)。

A. 明斯基　B. 麦肯锡　C. 冯诺依曼　D. 图灵

(2)AI时代主要的人机交互方式是(　　)。

A. 鼠标　B. 键盘　C. 语音+视觉　D. 触屏

(3)2016年3月，围棋九段选手李世石以1∶4落败，战胜他的人工智能被称为(　　)。

A. 深蓝　B. AlphaGo　C. 图灵机　D. IBM

(4)在自动驾驶中，AI需要不断通过路面信息来调整车辆，这种处理模式适合用(　　)来训练合理的策略。

A. 监督学习　B. 非监督学习　C. 弱化学习　D. 强化学习

(5)在人工智能中，有一个领域研究如何使机器自动获取知识和技能，实现自我完善，这个研究分支叫(　　)。

A. 概率推理　B. 机器学习　C. 神经网络　D. 智能搜索

任务 5-4　物联网

任务目标

(1) 了解物联网的定义和发展。

(2) 了解物联网的基本特征和体系结构。

(3) 了解物联网的关键技术和行业应用。

(4) 培养学生较强的终身学习和可持续发展能力。

任务描述

物联网被认为是继计算机、互联网之后，世界信息产业的第三次浪潮。物联网正在推动人类社会从信息化向智能化转变，促进信息科技与产业发生巨大变化，已成为全球新一轮科技革命与产业变革的重要驱动力。本任务主要讲解物联网的定义、起源与发展、基本特征、体系结构、关键技术和应用。

任务实施

1. 了解物联网

打开浏览器，在搜索引擎输入框中输入“物联网”，按回车键，搜索物联网相关资料，了解物联网相关知识。

2. 了解物联网在农业行业的应用

打开浏览器，进入大疆农业物联网数据平台，如图 5-7 所示，了解人工智能技术在农田、果园等作业场景中的应用。

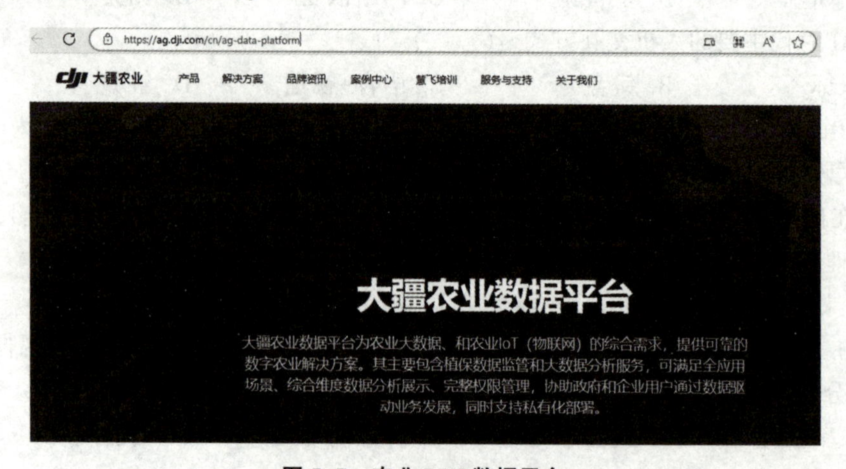

图 5-7　农业 IOT 数据平台

3. 了解物联网在其他行业的应用

网络搜索物联网在其他行业的应用。

知识链接

1. 物联网概述

(1)物联网的定义

物联网(internet of things，IOT)，是指通过各种信息传感器、射频识别技术、全球定位系统、红外感应器、激光扫描器等装置与技术，实时采集任何需要监控、连接、互动的物体或过程，采集其声、光、热、电、力学、化学、生物、位置等各种需要的信息，通过各类可能的网络接入，实现物与物、物与人的泛在连接，实现对物品和连接过程的智能化感知、识别和管理。物联网是一个基于互联网、传统电信网等的信息承载体，它让所有能够被独立寻址的普通物理对象形成互联互通的网络。

物联网是实现物物相连的互联网络，包含两方面含义：第一，物联网的核心和基础仍然是互联网，是在互联网基础上扩展和延伸的网络；第二，其用户端延伸和扩展到了任何物体与物体之间，使其进行信息交换和通信。物联网是现代信息技术发展到一定阶段后出现的一种聚合性应用与技术提升，将各种感知技术、现代网络技术、人工智能与自动化技术聚合在一起，使人与物智慧对话，创造一个智慧的世界。

(2)物联网的起源与发展

物联网概念最早出现于比尔·盖茨 1995 年《未来之路》一书，在该书中，比尔·盖茨已经提及物联网概念，只是当时受限于无线网络、硬件及传感设备的发展，并未引起世人的重视。

1998 年，美国麻省理工学院创造性地提出了当时被称作 EPC 系统的物联网的构想。

1999 年，美国 Auto-ID 首先提出物联网的概念，主要是建立在物品编码、RFID 技术和互联网的基础上。

2003 年，美国《技术评论》提出传感网络技术将是未来改变人们生活的十大技术之首。

2005 年 11 月 17 日，在突尼斯举行的信息社会世界峰会(WSIS)上，国际电信联盟(ITU)发布了《ITU 互联网报告 2005：物联网》，正式提出了物联网的概念。报告指出，无所不在的物联网通信时代即将来临，世界上所有的物体从轮胎到牙刷、从房屋到纸巾都可以通过因特网主动进行交换。射频识别技术、传感器技术、纳米技术、智能嵌入技术将得到更加广泛的应用。

2011 年，德国汉诺威工业展，德国政府提出“工业 4.0”一词，工业物联网(industrial internet of things，IIoT)的概念重新进入人们视野。

2013 年以来，随着传感技术、云计算、大数据、移动互联网融合发展，全球物联网应用才真正进入实质推进阶段。

(3)物联网的基本特征

物联网具有以下三大基本特征。

①全面感知　利用条形码、射频识别、传感器等各种感知、捕获和测量的技术手段，

随时随地获取物体的信息。

②互联互通(可靠传递)　各种通信网络与互联网相互融合，通过网络的可靠传递实现物体信息的共享。

③智慧运行(智能处理)　利用云计算、数据挖掘以及模糊识别等人工智能技术，对海量的数据和信息进行分析和处理，对物体实施智能化的控制。

2. 物联网体系结构

根据物联网信息的生成、传输、处理和应用，物联网分为感知层、传输层(又称网络层)、平台层(又称支撑层)、应用层四层体系结构。

(1)感知层

感知层的主要功能就是采集物理世界的数据，包括各类物理量、标识、音频、视频数据等，是人类世界与物理世界进行交流的关键桥梁。

感知层的数据来源主要有两种：

一是主动采集生成信息，比如传感器、多媒体信息采集、GPS 等，这种方式需要主动去记录或与目标物体进行交互才能拿到数据，存在一个采集数据的过程，且信息实时性高。

二是接收外部指令被动保存信息，如 RFID、IC 卡识别技术、条形码、二维码技术等，这种方式一般都是通过事先将信息保存起来，等待被直接读取。

(2)传输层

传输层是物联网的中间环节，利用现有网络技术，如互联网(IPv4/IPv6 网络)、移动通信网(如 GSM、TD-SCDMA、WCDMA、CDMA、无线接入网、无线局域网等)、卫星通信网等基础网络设施，对来自感知层的信息进行接入和传输，是进行信息交换、传递的数据通路。

(3)平台层

平台层主要是在高性能网络计算环境下，将网络内大量或海量信息资源通过计算整合成一个可互联互通的大型智能网络，为上层的服务管理和大规模行业应用建立一个高效、可靠和可信的网络计算超级平台，可对海量信息进行处理、挖掘、分析等。支撑层利用了各种智能处理技术、高性能分布式技术、存储技术、挖掘技术等现代计算机技术。

平台层在整个物联网体系架构中起着承上启下的关键作用，它不仅实现了底层终端设备的“管、控、营”一体化，为上层提供应用开发和统一接口，构建了设备端和业务端的通道，同时提供了业务融合以及数据价值孵化的土壤，为提升产业整体价值奠定了基础。

在物联网中，平台层也有类似的分层关系，按照逻辑关系可分为连接管理平台(connectivity management platform，CMP)、设备管理平台(device management platform，DMP)、应用使能平台(application enablement platform，AEP)和业务分析平台(business analytics platform，BAP)四部分。

物联网平台层技术主要包括云计算(cloud computing)技术、嵌入式系统(embedded system)、人工智能技术(artificial intelligence technology，AIT)、数据库与数据挖掘技术、分布式并行计算和多媒体与虚拟现实技术。

(4)应用层

应用层是物联网系统结构的最高层，是物联网的最终目的，其主要是将设备端收集来的数据进行处理，再根据用户的需求，面向各行业提供差异化服务应用。应用层必须结合不同行业的专业特点、业务模型和用户需求，才能做出精细准确的智能化管理系统，如交通系统、安防系统、运输系统、农业系统、医疗系统、教育系统等。物联网应用层服务类型主要有四类：一是监控型，如物流监控、污染监控等；二是控制型，如智能交通、智能家居等；三是扫描型，如手机钱包、高速收费等；四是查询型，如远程抄表、智能检索等。

物联网应用层技术主要包括专家系统、系统集成技术、编/解码技术等。

3. 物联网技术

(1)射频识别技术

射频识别技术，又称电子标签，是一种通信技术，可通过无线电信号识别特定目标并读写相关数据而无须在识别系统与特定目标之间建立机械或光学接触，是物联网的一项核心技术，一般由 RFID 标签、阅读器、天线三部分组成。当带有电子标签的物品经过特定的信息读写器时，无线电波将标签中存储的信息通过天线迅速传递到相应的电子网络当中。射频识别技术广泛应用于物流、零售、服装业、制造业、医疗、防伪、身份识别、交通等各个领域。

(2)传感器技术

传感器是指能感知预定的被测指标并按照一定规律转换成可用信号的器件和装置，通常由敏感元件和转换元件组成。传感器是一种检测装置，能感受到被测量的信息，并能将检测到的信息按一定规律转换为电信号或其他所需形式的信息输出，以满足信息的传输、处理、存储、显示、记录和控制等要求。在物联网中，传感器技术增加了协同、计算、通信功能，构成了具有感知、计算和通信能力的传感器节点。常见的传感器有电阻式传感器(如电子秤)、电感式传感器、电容式传感器、压电式传感器、磁电式传感器、热电式传感器、光电式传感器(如烟雾传感器、感应水龙头)、数字式传感器(如监控摄像头)、光纤式传感器、超声波传感器(如超声波动仪器)、热敏传感器、模拟传感器、光敏传感器(如红外线传感器、紫外线传感器、图像传感器)等。

(3)二维码技术

二维码是用某种特定的几何图形按一定规律在平面(二维方向上)分布的黑白相间图形记录数据符号信息。在代码编制上巧妙地利用构成计算机内部逻辑基础的“0”“1”比特流的概念，使用若干个与二进制相对应的几何形体来表示文字数值信息，通过图像输入设备或光电扫描设备自动识读以实现信息自动处理。二维码的常见码制有 Data Matrix、Maxi Code、Azter、QR Code、Vericode、PDF417、UItracode、Code 49、Code 16K 等。

(4)嵌入式系统技术

嵌入式系统技术是综合了计算机软硬件、传感器技术、集成电路技术、电子应用技术的复杂技术，具备故障诊断、自动报警、信息传输、远程控制等多种功能，实现了产品使用和管理的信息化、智能化。由于嵌入式系统体积小、功能强、成本低，被广泛应用于智能家居、车联网等领域。

(5)网络通信技术

物联网中应用的无线电通信技术，主要分为短距离通信技术与广域网通信技术两类。短距离通信技术主要有Zigbee、Wi-Fi、蓝牙等通信技术，适用于区域范围较小、连接设备较少的场景；广域网通信技术主要有LoRA. NB-IoT、4G等技术，适用于区域范围较广、数据量较大、连接设备较多、使用地区偏远的场景。

(6)GPS技术

GPS技术又称全球定位系统，是具有海、陆、空全方位实时三维导航定位能力的新一代卫星导航定位系统。GPS技术可以和无线通信技术相结合实现全球定位，在物流智能化、智能交通等领域有广泛应用。据悉，最早的GPS卫星定位系统的服役年龄即将到达，我国的北斗卫星已经启用。

4. 物联网应用

(1)物联网在农业中的应用

①农业标准化生产监测　是将农业生产中最关键的温度、湿度、二氧化碳含量、土壤温度、土壤含水率等数据信息实时采集，实时掌握农业生产的各种数据。

②动物标识溯源　实现各环节一体化全程监控、达到动物养殖、防疫、检疫和监督的有效结合，对动物疫情和动物产品的安全事件进行快速、准确的溯源和处理。

③水文监测　包括传统近岸污染监控、地面在线检测、卫星遥感和人工测量，为水质监控提供统一的数据采集、数据传输、数据分析、数据发布平台，为湖泊观测和成灾机理的研究提供实验与验证途径。

(2)物联网在工业中的应用

①电梯安防管理系统　该系统通过安装在电梯外围的传感器采集电梯正常运行、冲顶、停电等数据，并经无线传输模块将数据传送到物联网的业务平台。

②输配电设备监控、远程抄表　基于移动通信网络，实现所有供电点及受电点的电力电量信息、电流电压信息、供电质量信息及现场计量装置状态信息实时采集，以及用电负荷远程控制。

③企业一卡通　大中小型企事业单位的门禁、考勤及消费管理系统、校园一卡通及学生信息管理系统等。

(3)物联网在服务产业中的应用

①个人保健　通过传感器对人的健康参数进行监控，并且实时传送到相关的医疗保健中心，如果有异常可通过手机等终端进行提醒。

②智能家居　以计算机技术和网络技术为基础，包括各类电子产品、通信产品、家用电器及智能家居等，完成家电控制和家庭安防功能。

③智能物流　通过网络提供的数据传输通路，实现物流车载终端与物流公司调度中心的通信，实现远程车辆调度，实现自动化货仓管理。

④移动电子支付　实现手机支付、移动票务、自动售货等功能。

(4)物联网在公共事业中的应用

①智能交通　通过GPS定位系统、监控系统，可以查看车辆运行状态，关注车辆预计

到达时间及车辆的拥挤状态。

②平安城市　利用监控探头，实现图像敏感性智能分析并与110、119等交互，从而构建和谐安全的城市生活环境。

③城市管理　运用地理编码技术，实现城市部件的分类、分项管理，可实现对城市管理问题的精确定位。

④环保监测　将传统传感器所采集的各种环境监测信息，通过无线传输设备传输到监控中心，进行实时监控和快速反应。

⑤医疗卫生　通过物联网技术实现远程医疗、药品查询、卫生监督、急救及探视视频监控。

巩固训练

1. 单选题

(1)物联网的概念最早是由谁提出的？(　　)

A. IBM公司　　B. 比尔·盖茨

C. 奥巴马　　D. MIT Auto-ID中心的Ashton教授

(2)利用传感器、RFID、二维码等可获取物体的信息，指的是以下哪一项？(　　)

A. 可靠传递　　B. 全面感知　　C. 智能处理　　D. 互联网

(3)RFID属于物联网的(　　)。

A. 感知层　　B. 传输层　　C. 平台层　　D. 应用层

(4)对空气、土壤、水的环境连续监测，最有可能用到(　　)。

A. 无线传感网络　　B. 指纹识别　　C. RFID　　D. 光纤通信

(5)物联网的核心是(　　)。

A. 应用　　B. 产业　　C. 标准　　D. 技术

(6)射频识别技术中，真正的数据载体是(　　)。

A. 读写器　　B. 电子标签　　C. 中间件　　D. 天线

2. 简答题

物联网的关键技术有哪些？

任务5-5　区块链

任务目标

1. 了解区块链的起源和发展历程。
2. 了解区块链的关键技术和常用的编程语言。
3. 了解区块链的应用场景。
4. 培养学生独立获取知识、提出问题、分析问题和解决问题的专业素质。

任务描述

区块链是当前社会的热门话题之一，作为衍生自加密“数字货币”的底层技术，区块链技术对商业、社会和政治体系都具有深远的影响。区块链被认为是继大型机、个人计算机、互联网、移动社交网络之后计算范式的第五次颠覆性创新。本任务主要了解区块链的起源、发展、分类、关键技术、常用编程语言及应用。

任务实施

1. 了解区块链

上网搜索国内外研究机构、科技企业等发布的区块链白皮书，了解国内外区块链技术发展、应用场景、产业发展新动态等。

2. 了解区块链技术产品

打开浏览器，进入蚂蚁集团数字科技事业群，了解区块链产品和政务、金融、零售等行业解决方案。

3. 对比讨论不同产品的差异

上网查看其他头部企业、研究机构发布的区块链产品。

知识链接

1. 区块链概述

(1)区块链的起源

区块链起源于比特币。2008年11月1日，一位自称中本聪的网络极客，在论坛发表了一篇名为《比特币：一种点对点的电子现金系统》(*Bitcoin*：*A Peer-to-Peer Electronic Cash System*)的技术论文，即后来人们所称的区块链《白皮书》，它在基于主权信用背书的货币系统基础上，提出了一种能够规避主权货币滥发，且完美解决货币信用问题的电子支付系统——比特币，完整阐述了基于点对点传输技术、密码学算法、区块链技术之上的比特币分布式网络的架构理念，论证了区块链技术是构建比特币数据结构与交易信息加密传输的基础技术，实现了比特币的挖矿与交易。

2009年1月3日，序号为0的区块——创世区块诞生。时隔不久，2009年1月9日，序号为1的第二个区块诞生，并与创世区块相连形成了链，世界首条区块链面世。区块链的诞生是密码学、分布式技术、互联网治理与数字经济发展融合的必然结果，是从信息互联网到信任互联网，再到价值互联网的必然进程。

(2)区块链的发展历程

从区块链诞生至今的十数年间，区块链技术历经了数次迭代发展。从以比特币为代表的区块链1.0，到以以太坊为代表的区块链2.0，再到以超级账本、EOS为代表的区块链

3.0，区块链技术所能承载的业务场景和应用范围逐渐广泛。其功能已不仅局限于电子货币系统，而是进一步推广到了企业、机构间数据共享、高敏感性数据存储等诸多场景。

——区块链 1.0：加密数字货币

以比特币为代表的加密数字货币兴起，其本质是一个保存基本记录交易的分布式账本，承载加密货币应用，但由于处于初期阶段，并不支持其他应用开发。

——区块链 2.0：智能合约

以以太坊为代表，区块链网络上除了分布式账本以外，增加了可以执行智能合约的程序代码，承载的应用场景从加密货币延伸到了加密资产。

——区块链 3.0：区块链生态圈

2015 年，在 IBM 主导下，全球诞生了第一个联盟链，成立了开源组织超级账本，国内也研发了自主联盟链，提供面向商业级的支撑能力，将区块链应用的领域扩展到金融行业之外，例如，司法、医疗、物流等各个领域，覆盖人类社会生活的方方面面。区块链 3.0 时代也是区块链全面应用的时代，由此构建一个大规模协作社会。

(3) 区块链的特征

①去中心化　区块链存储数据使用对等网络技术，进行分布式计算和存储，不依赖额外的第三方管理机构或硬件设施，所有节点的权利和义务都相等，各个节点实现了信息自我验证、传递和管理，没有中心管制。去中心化是区块链最突出、最本质的特征。

②开放性　区块链技术基础是开源的，系统是开放的，除了交易各方的私有信息被加密外，系统是由其中所有具有维护功能的节点共同维护的，任何人都可以通过公开的接口查询区块链数据并开发相关应用，整个系统信息高度透明。

③独立性　区块链基于协商一致的规范和协议，整个区块链系统不依赖其他第三方，所有节点能够在系统内自动安全地验证、交换数据，不需要任何人为的干预。

④安全性　在区块链中，一旦信息经过验证并添加至区块链，就会永久地存储起来，并生成一套按照时间先后顺序记录的、不可篡改的、可信任的数据库，只要全部数据节点的 51%不被掌控，就无法肆意操控修改网络数据，这使区块链本身变得相对安全，避免了主观人为的数据变更。

(4) 区块链的分类

区块链根据不同的场合，可分为公有链、私有链、联盟链。

①公有链　公有链是任何人都可以加入和参与的区块链，对所有节点都开放。在公有链中任何数据都是默认公开的，节点之间可以相互发送有效数据，参与共识过程且不受开发者的影响。已存在的公有链应用有比特币、莱特币和以太坊等。

②私有链　私有链的整个网络由一个组织管理，组织有权控制此区块链的参与者。相比于传统的分享数据库，私有链利用区块链的加密技术，使错误检查更加严密，同时数据流通更加安全。

③联盟链　联盟链是只对特定的组织团体开放的区块链，由多个组织共同分担维护，本质上可归入私有链分类下。已存在的应用有：R3 区块链联盟、Chinaledger、超级账本项目联盟等。

(5)区块链的工作流程

区块链的工作流程如图 5-8 所示。

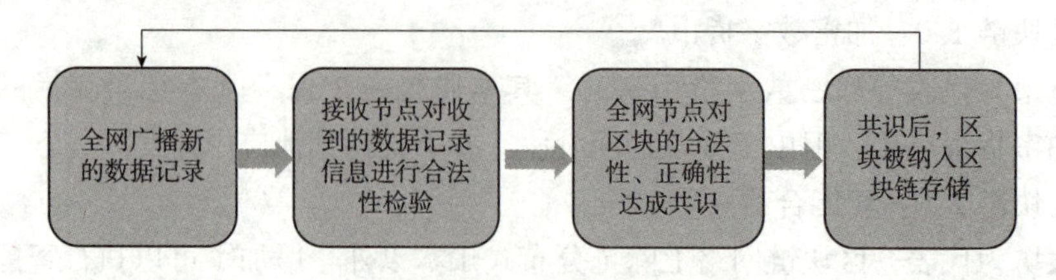

图 5-8　区块链工作流程图

(6)区块链与比特币的关系

比特币是区块链的第一个，也是目前最大的应用，区块链是一项用来开发比特币交易平台的技术，区块链的诞生离不开比特币。在比特币形成过程中，区块是一个个存储单元，记录了一定时间内各个区块节点全部的交流信息。各个区块之间通过随机散列(也称哈希算法)实现链接，后一个区块包含前一个区块的哈希值，随着信息交流的扩大，一个个区块相继接续，形成的结果就叫区块链。近年来，全世界对区块链技术日益重视，区块链可提供高效、快速、安全、可靠及可审计的交易。当下，人们正致力于研究利用该技术来追踪各种各样的交易记录。

2. 区块链技术

(1)共识机制

区块链系统是一种去中心化的系统，任何节点都可以参与链的运行，拥有记账的权力。这就导致其面临着一个很实际的问题：如果有人恶意发布一些错误的交易记录，那么如何让所有节点在记账时记录正确的信息，保持信息的一致性？在区块链中，技术人员采用多种共识机制以解决这种问题。现今区块链的共识机制可分为四大类：工作量证明机制(PoW)、权益证明机制(PoS)、股份授权证明机制(DPoS)和分布式一致性算法。

(2)智能合约

“智能合约”的提出者——尼克·萨博将其定义为：智能合约是一套以数字形式定义的承诺，是一种旨在以信息化方式传播、验证或执行合同的计算机协议。智能合约允许在没有第三方的情况下进行可信交易，这些交易可追踪且不可逆转。

从用户角度来讲，智能合约通常被认为是一个自动担保账户，例如，当特定的条件满足时，程序就会释放和转移资金。从技术角度来讲，智能合约被认为是网络服务器，只是这些服务器并不使用 IP 地址架设在互联网上，而是架设在区块链上，在其上运行特定的合约程序。

智能合约是写在区块链上的一组代码，在智能合约中，双方权利义务是写在程序中的，只要条件触发，系统即可强制执行合约，不需要人工操作。而传统合约存在很多中间环节，需要耗费更多的时间和资源。通过智能合约建立的是机器之间的信任关系，而不是人与人之间的信任关系。智能合约的约束力依赖于共识，而传统合约的约束力是依靠法律来实现的。

(3)P2P 网络协议

P2P 网络(Peer-to-Peer)协议是区块链的底层模块，负责交易数据的网络传输和广播、节点发现和维护，P2P 网络消除了中心化的节点结构，网络中任一点均至少与两条线路相连，当任意一条线路发生故障时，通信可转经其他链路完成，具有较高的可靠性。P2P 网络协议保障了区块链是一个分布式的、去中心化的系统。

(4)非对称加密

由于存储在区块链上的数据是完全公开的，每个人都可以在链上查看所有的信息，这就会产生数据安全的问题。区块链采用非对称加密技术对账户身份进行加密，只有拥有者授权的数据才能进行交易处理，从而保证数据的安全性和个人的隐私。

3. 区块链编程语言

区块链从本质上讲是一个共享数据库，存储于其中的数据或信息，具有不可伪造、全程留痕、可追溯、公开透明、集体维护等特征。基于这些特征，区块链技术奠定了坚实的信任基础，创造了可靠的合作机制，具有广阔的应用前景。随着大量的区块链项目开发和部署在互联网上，区块链开始走向世界，而所有这些区块链开发都是通过不同的编程语言来完成的。

(1)Golang

Golang 简称 Go 语言，是一种开源的通用编程语言，由 Google 软件开发者于 2009 年推出。它是一种显式的静态类型语言，已经用于很多区块链项目，如以太坊区块链。

(2)C#

C#是一种面向对象的编程语言，诞生于 2000 年，开发者可用它构建在.NET 框架上运行的强大应用，一经推出便备受开发者欢迎，用 C#编程的区块链项目有 Stratis、NEO 等。

(3)JavaScript

JavaScript 简称 JS，是一款多重范式编程语言，支持事件驱动、函数式和命令式(包括面向对象和基于原型)编程风格，主要用于 ethereum. js 和 web3. js 中的区块链开发，用于将应用程序前端与智能合约和以太坊网络连接。

(4)C++

C++是一种面向对象的通用编程语言，已被用于许多流行和重要的区块链加密货币和项目中，如比特币、EOS、Monero、QTUM、Stellar、Cpp-ethereum、Ripple、Litecoin 等。

(5)Python

Python 是一种动态类型化的高级编程语言，支持函数式编程，也是面向对象的。Python 可用于以太坊，也可用于编写智能合约。

(6)Solidity

Solidity 是由以太坊开发人员开发的静态类型和面向接触的编程语言，是开发智能合约的主要语言。

(7)Java

Java 是一种面向对象的语言，在区块链行业也被广泛使用。如 IOTA. P2P 加密货币、NEM 平台、IBM 区块链、NEO 合约、以太坊、比特币、Hyperledger 合约等。

(8) Simplicity

Simplicity 是一种相对较新的编程语言，诞生于 2017 年年末，主要用于区块链开发和智能合约。

4. 区块链应用

区块链作为一种底层协议或技术方案可以有效地解决信任问题，实现价值的自由传递，在数字货币、金融资产的交易结算、数字政务、存证防伪数据服务等领域被广泛应用。

(1) 数字货币

在经历了实物、贵金属、纸钞等形态之后，数字货币已经成为数字经济时代的发展方向。与实体货币相比，数字货币具有携带存储方便、流通成本低、使用便利、防伪和管理方便、打破地域限制、能更好整合等特点。比特币技术上实现了无须第三方中转或仲裁，交易双方可以直接相互转账的电子现金系统。2019 年 6 月互联网巨头 Facebook 也发布了其《加密货币天秤币白皮书》。无论是比特币还是天秤币其依托的底层技术都是区块链技术。

我国早在 2014 年就开始了央行数字货币的研制。我国的数字货币 DC/EP 采取双层运营体系：央行不直接向社会公众发放数字货币，而是由央行把数字货币兑付给各个商业银行或其他合法运营机构，再由这些机构兑换给社会公众供其使用。2019 年 8 月初，央行召开下半年工作电视会议，会议要求加快推进国家法定数字货币研发步伐。

(2) 金融资产交易结算

区块链技术天然具有金融属性，它正对金融业产生颠覆式影响。支付结算方面，在区块链分布式账本体系下，市场多个参与者共同维护并实时同步一份“总账”，短短几分钟内就可以完成现在两三天才能完成的支付、清算、结算任务，降低了跨行跨境交易的复杂性和成本。同时，区块链的底层加密技术保证了参与者无法篡改账本，确保交易记录透明安全，监管部门可方便追踪链上交易，快速定位高风险资金流向。

证券发行交易方面，传统股票发行流程长、成本高、环节复杂，区块链技术能够弱化承销机构作用，帮助各方建立快速准确的信息交互共享通道，发行人通过智能合约自行办理发行，监管部门统一审查核对，投资者也可以绕过中介机构进行直接操作。

数字票据和供应链金融方面，区块链技术可以有效解决中小企业融资难问题。目前的供应链金融很难惠及产业链上游的中小企业，因为他们与核心企业往往没有直接贸易往来，金融机构难以评估其信用资质。基于区块链技术，可以建立一种联盟链网络，涵盖核心企业、上下游供应商、金融机构等，核心企业发放应收账款凭证给其供应商，票据数字化上链后可在供应商之间流转，每一级供应商可凭数字票据证明实现对应额度的融资。

(3) 数字政务

区块链可以大大精简政务办事流程。区块链的分布式技术可以让政府部门集中到一个链上，所有办事流程交付智能合约，只需要办事人在一个部门通过身份认证以及电子签章，智能合约就可以自动处理并流转，按顺序完成后续所有审批和签章。区块链发票是国内区块链技术最早落地的应用。税务部门推出区块链电子发票“税链”平台，税务部门、开票方、受票方通过独一无二的数字身份加入“税链”网络，真正实现“交易即开票”“开票即报销”——秒级开票、分钟级报销入账，大幅降低了税收征管成本，有效解决数据篡改、一票多报、偷税漏税等问题。

(4) 存证防伪

区块链可以通过哈希时间锁证明某个文件或者数字内容在特定时间的存在，加之其公开、不可篡改、可溯源等特性为司法鉴证、身份证明、产权保护、防伪溯源等提供了完美解决方案。在知识产权领域，通过区块链技术的数字签名和链上存证，可以对文字、图片、音频视频等进行确权，通过智能合约创建执行交易，让创作者重掌定价权，实时保全数据形成证据链，同时覆盖确权、交易和维权三大场景。在防伪溯源领域，供应链跟踪区块链技术可以被广泛应用于食品医药、农产品、酒类、奢侈品等各领域。

(5) 数据服务

区块链技术将大大优化现有的大数据应用，在数据流通和共享上发挥巨大作用。未来互联网、人工智能、物联网都将产生海量数据，现有中心化数据存储(计算模式)将面临巨大挑战，基于区块链技术的边缘存储(计算)有望成为未来解决方案。再者，区块链对数据的不可篡改和可追溯机制保证了数据的真实性和高质量，这成为大数据、深度学习、人工智能等一切数据应用的基础。最后，区块链可以在保护数据隐私的前提下实现多方协作的数据计算，有望解决“数据垄断”和“数据孤岛”问题，实现数据流通价值。针对当前的区块链发展阶段，为了满足一般商业用户区块链开发和应用需求，众多传统云服务商开始部署自己的 BaaS(区块链即服务)解决方案。区块链与云计算的结合将有效降低企业区块链部署成本，推动区块链应用场景落地。未来区块链技术还将在慈善公益、保险、能源、物流、物联网等诸多领域发挥重要作用。

巩固训练

单选题

(1) 区块链第一个区块诞生的时间是(　　)。

A. 2008 年　　B. 2009 年　　C. 2020 年　　D. 2011 年

(2) 哪一项是区块链最核心的内容？(　　)

A. 合约层　　B. 应用层　　C. 共识层　　D. 网络层

(3) 截至目前，比特币使用哪种共识机制进行挖矿？(　　)

A. pos　　B. dpos　　C. pow　　D. poa

(4) 在区块链中，公钥加密私钥解密的技术是(　　)。

A. 对称加密　　B. 非对称加密

C. 空间对称加密　　D. 轴对称加密

(5) 区块链中，关于最长链说法错误的是(　　)。

A. 节点永远认为最长链是正确的区块链，并将持续在它上面延长

B. 矿工都在最长链上挖矿，有利于区块链账本的唯一性

C. 如果比特币交易不记录在最长链上，可能面临财产损失

D. 最长的链不一定是正确的链

任务 5-6　量子信息科学

任务目标

(1) 了解量子的概念和性质。

(2) 了解量子通信、量子计算及应用。

(3) 培养学生良好的科学素养和团队协作能力。

任务描述

量子信息科学是量子力学与信息科学相结合而发展起来的一门新兴的前沿交叉学科。量子信息科学以微观粒子作为信息载体，进行操纵、存储和传输量子状态，利用量子现象实现经典信息科学所无法完成的功能。如今，量子信息科学已经形成了量子计算、量子通信、量子密码、量子模拟、量子度量与量子信息论等主要研究领域。本任务主要讲解量子的基本概念、性质、量子通信、量子计算及应用。

任务实施

1. 了解我国量子信息科学最新成果

(1) 打开浏览器，检索量子信息技术基本知识，了解光纤量子通信、自由空间量子通信、量子存储与量子中继、光学量子计算、超导量子计算、超冷原子量子模拟、量子精密测量等相关内容。

(2) 进入中国知网或万方网，了解我国量子信息技术最新科研成果。

2. 关注量子信息相关新闻

在搜索引擎中检索国内外量子信息技术的新闻报道，了解量子科技动态。

3. 阅读量子信息产业报告并讨论

自行下载并阅读量子信息产业报告，了解量子信息技术的应用热门方向，国内外量子信息科技代表性企业，讨论量子技术对未来生活的影响。

知识链接

1. 量子的定义及性质

(1) 量子的定义

分子由原子组成，原子由电子和原子核组成，原子核由质子和中子组成，那么什么是量子？量子和质子、中子、原子、电子、分子有什么区别？量子是现代物理的重要概念，一个物理量如果存在最小的不可分割的基本单位，则这个物理量是量子化的，并把最小单位称为量子。量子是“离散变化的最小单元”，量子不特指某一种“粒子”，它是一个抽象的人为定义的概念。例如，电子是“电”量子，光子是“光”量子，最小的运动状态是量子，最小的能量状态也是量子，其他的不可再分的基本粒子都是量子。

1900 年，德国物理学家普朗克首次提出了量子的概念，用来解决困惑物理界的“紫外灾难”问题。普朗克假定，光辐射与物质相互作用时其能量不是连续的，而是以份为单位的，一份“能量”就是所谓量子，从此“量子论”宣告诞生。随着科学技术的发展，人们认识到“量子世界”不仅限于微观和单个粒子，某些宏观尺度下的多粒子系统也遵从量子力学规律。按物理运动规律的不同，将遵从经典运动规律(牛顿力学、电磁场理论等)的物质所构成的世界称为“经典世界”，将遵从量子力学规律的物质所构成的世界称为“量子世界”。“量子”就是量子世界中物质客体的总称，它既可以是光子、电子、原子、原子核、基本粒子等微观粒子，也可以是 BEC、超导体、“薛定谔猫”等宏观尺度下的量子系统，它们的共同特征就是必须遵从量子力学的规律。

(2)量子的性质

①量子测不准　也称为不确定性原理，即观察者不可能同时知道一个粒子的位置和它的速度，粒子的位置总是以一定的概率存在于某一个不同的地方，而对未知状态系统的每一次测量都必将改变系统原来的状态。也就是说，测量后的微粒相比于测量之前，必然会产生变化。

②量子不可克隆　一个未知的量子态不能被完全地克隆。在量子力学中，不存在这样的物理过程：实现对一个未知量子态的精确复制，使得每个复制态与初始量子态完全相同。量子的不可克隆是量子通信安全的根本原因。因为窃听信息等于先复制了这个信息，量子的不可克隆保证了量子信息本身(或者由它生成的量子密码)不会被复制，因此断绝了一切窃听的可能性。

③量子叠加　在量子世界中，物体可以同时处于不同状态的叠加上，这种状态在宏观世界中并不存在，量子同时处于多个状态中，这就是量子叠加。量子叠加是量子计算可以实现并行性的重要基础，即可以同时输入和操作量子比特的叠加态。

④量子纠缠　在量子世界中，不同粒子之间可以产生无法用经典物理规律解释的整体关联性，即粒子不能分开描述，而只能描述整体的性质，同时无论这些粒子之间相距多远，一旦改变体系内的某个粒子，统一体系的其他粒子也会瞬时发生改变，这就是量子纠缠。量子纠缠是两个量子形成的叠加态，一对具有量子纠缠态的粒子，即使相隔极远，当其中一个状态改变时，另一个状态也会即刻发生相应改变。量子纠缠是一种纯粹发生于量子系统的现象，在经典力学里，找不到类似的现象。例如，在微观世界里，两个纠缠的粒子可以超越空间进行瞬时作用。也就是说，一个纠缠粒子在地球上，另一个纠缠粒子在月球上，只要对地球上的粒子进行测量，发现它的自旋为下，那么远在月球上的另一个纠缠粒子的自旋必然为上。

2. 量子信息技术

20 世纪 80 年代，科学家将量子力学应用到信息领域，从而诞生了量子信息技术，如图 5-9 所示。这些技术的运行规律遵从量子力学，应用了量子世界的特性，如叠加性、纠缠、非局域性、不可克隆性等，其信息功能远远优于相应的经典技术。量子信息技术突破了经典技术的物理极限，开辟了信息技术发展的新方向，是量子力学与信息科学融合的新兴交叉学科，它的诞生标志着人类社会将从经典技术迈进量子技术的新时代。

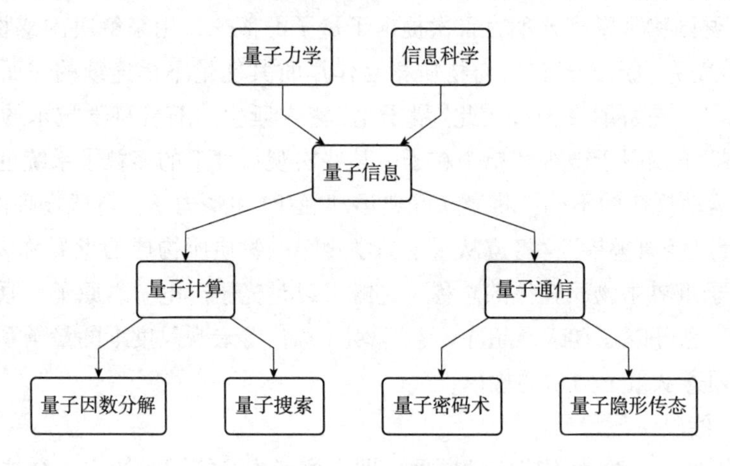

图 5-9　量子信息导图

量子信息技术主要包括量子计算、量子通信和量子测量三大领域，可以在提升运算处理速度、信息安全保障能力、测量精度和灵敏度等方面突破经典技术的瓶颈。量子信息技术已经成为通信技术发展和产业升级的焦点之一。

3. 量子通信

(1)量子通信的概念

量子通信是指利用量子的叠加态、纠缠效应等微观的、离散的特性进行信息传递的全新通信方式。它利用量子力学原理对量子态进行操控，在两个地点之间进行信息交互，可以完成经典通信所不能完成的任务。量子通信是一门正在崛起的交叉领域的新学科，是量子论和信息论相结合的新领域。量子通信是迄今唯一被严格证明具有无条件安全性的通信方式，可以有效解决信息安全问题。

(2)量子通信的发展历程

自 20 世纪 80 年代以来，随着量子通信技术理论的发展，从实验室试验到工程样机、工程化、网络化解决方案，量子通信已形成具有高技术门槛的重要产业，行业成熟度不断提升。全球量子通信技术的发展大致可分为四个阶段，分别为探索和试验研究阶段、理论重大突破阶段、行业案例积累阶段、生态逐步完善阶段。量子通信详细发展历程如下：

1993 年，首次提出了量子通信的概念。

1997 年，首次实现了未知量子态的远程传输。

2012 年，首次成功实现了百公里量级的自由空间量子隐形传态和纠缠分发。

2016 年，世界第一颗量子科学实验卫星“墨子号”成功发射。

2017 年，全球首条量子通信“京沪干线”建成，标志着我国已实现量子通信核心部件的自主供给。

2018 年，俄国杜布纳联合核子研究所建成了新型超级计算机“格沃伦”，其理论浮点运算峰值为每秒 1000 万亿次(单精度)或 500 万亿次(双精度)。

2019 年，中国科学院潘建伟、陈宇翱、徐飞虎等人宣布在世界上首次实现了全光量子中继；中国科学院大学、清华大学、中国科学院上海微系统所在 300 公里真实环境的光纤中实现了双场量子密钥分发实验。

2020 年，中国科学院大学、清华大学、济南量子技术研究院等单位合作，首次实现 500 公里级真实环境光纤的双量子密钥分发和相位匹配量子密钥分发，传输距离达到 509 公里。

2020 年，日本开始建立全球量子加密网络，并大力推动单自旋器件、量子传感器和量子中继技术的发展。

2021 年，英国第一个工业量子安全网络完成测试。2021 年 6 月，中国科学技术大学潘建伟院士团队在 511 公里光纤链路上实现双场量子密钥分发(TF-QKD)，并在无可信中继的情况下连接济南和青岛两城，成为全球首个无可信中继的长距离光纤 QKD 网络。

2022 年，中国科学技术大学郭光灿院士团队实现 833 公里无中继光纤量子密钥分发，刷新世界纪录。

2022 年，北京量子信息科学研究院科研副院长、清华大学理学院物理系教授龙桂鲁团队与清华大学电子工程系教授陆建华团队合作设计了一种相位量子态与时间戳量子态混合编码的量子直接通信新系统，成功实现了 100 公里的量子直接通信，这是迄今为止世界上最长的量子直接通信距离。

2022 年，中国科学技术大学潘建伟院士及其同事彭承志、陈宇翱、印娟等利用“墨子号”量子科学实验卫星，首次实现了地球上相距 1200 公里两个地面站之间的量子态远程传输，向构建全球化量子信息处理和量子通信网络迈出重要一步。

(3)量子通信的主要技术

①量子密钥分发(quantum key distribution，QKD)　是量子密码学中最先实用化的应用。量子密钥分发不是用于传送保密内容，而是在于建立和传输密码本，使用量子的方式给保密通信双方分发密钥，又称量子密码通信。它借助量子叠加态的传输测量实现通信双方安全的量子密钥共享，再通过一次一密的对称加密体制，即通信双方均使用与明文等长的密码进行逐比特加解密操作，实现无条件绝对安全的保密通信。以量子密钥分发为基础的量子保密通信成为未来保障网络信息安全的一种非常有潜力的技术手段，是量子通信领域理论和应用研究的热点。

②量子隐形传态(quantum teleportation，QT)　又称量子遥传、量子隐形传输、量子隐形传送、量子远距传输或量子远传，最早由 Bennett 等 6 国科学家提出于 1993 年，是一种纯量子传输方式，利用两粒子最大纠缠态建立信道来传送未知量子态，1999 年，奥地利的塞林格小组在室内首次完成量子隐形态传输的原理性实验验证。

(4)量子通信的应用

随着量子信息技术的发展，量子通信网络及其应用也在不断演进。目前，量子保密通信的应用主要集中在利用 QKD 链路加密的数据中心防护、量子随机数发生器，并延伸到政务、国防等特殊领域的安全应用。未来，随着 QKD 组网技术成熟，终端设备趋于小型化、移动化，QKD 还将扩展到电信网、企业网、个人与家庭、云存储等应用领域；长远来看，随着量子卫星、量子中继、量子计算、量子传感等技术取得突破，通过量子通信网络将分布式的量子计算机和量子传感器连接，还将产生量子云计算、量子传感网等一系列全新的应用。

4. 量子计算

(1)量子计算的概念

1982年，美国物理学家理查德·费曼指出，在经典计算机上模拟量子力学系统运行存在着本质性困难，但如果可以构造一种以量子体系为框架的装置来实现量子模拟就容易得多。随后英国物理学家戴维·德意志提出“量子图灵机”概念，“量子图灵机”可等效为量子电路模型。从此，“量子计算机”的研究便在学术界逐渐引起人们的关注。

1994年，应用数学家彼得·肖尔提出了量子并行算法，证明量子计算可以求解“大数因子分解”难题，从而攻破广泛使用的RSA公钥体系，量子计算机才引起广泛重视。量子计算应用了量子世界的特性，如叠加性、非局域性和不可克隆性等，可以将电子计算机上某些难解的问题在量子计算机上变成易解问题。量子计算机的运算能力同电子计算机相比，等同于电子计算机的运算能力同算盘相比，一旦量子计算得到广泛应用，人类社会各个领域都将会发生翻天覆地的变化。

(2)量子计算机

量子计算的运算单元称为量子比特，它是0和1两个状态的叠加。量子叠加态是量子世界独有的，因此，量子信息的制备、处理和探测等都必须遵从量子力学的运行规律。量子计算机的基本原理如图5-10所示，主要过程如下：

①选择合适的量子算法，将待解决问题编程为适应量子计算的问题。

②将输入的经典数据制备为量子叠加态。

③在量子计算机中，通过量子算法的操作步骤，将输入的量子态进行多次幺正操作，最终得到量子末态。

④对量子末态进行特殊的测量，得到经典的输出结果。

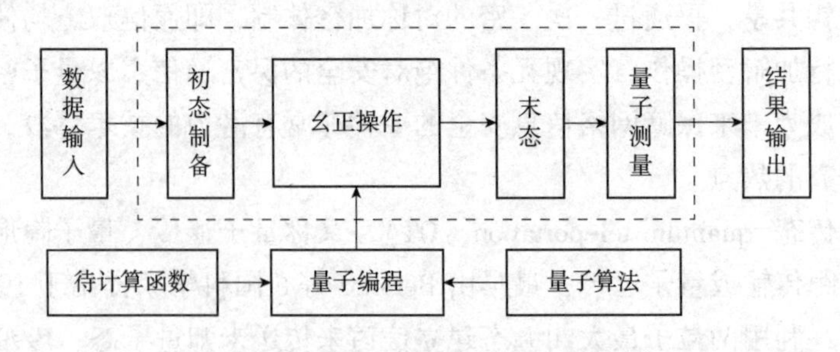

图5-10 量子计算机基本原理图

迄今为止，科学家用来尝试实现量子计算机的硬件系统有许多种，包括液态核磁共振、离子阱、线性光学、超导、半导体量子点等。其中，超导和半导体量子点由于可集成度高、容错性好等优点，目前被认为是可能实现量子计算机的方案。

(3)量子计算的应用

目前普遍预测量子计算有望在以下三个场景较早落地。

①模拟量子现象　量子计算可以为蛋白质结构模拟、药物研发、新型材料研究、新型半导体开发等提供有力工具。生物医药、化工行业、光伏材料行业开发环节存在对大量分子进行模拟计算的需要，经典计算压力已经显现。

②人工智能相关领域　人工智能对算力需求极大，传统CPU芯片越来越难以胜任。通过开发新的量子算法，构建优秀的量子机器学习模型，促进相关技术的应用。

③密码分析领域　加密和破译密码是历史长河中的不间断主题。量子计算破译了RSA等公开密钥体系，密码学家又构造了新的公开密码体系，而现在的密码体系的绝对安全性还没有得到证明。因此，基于算法的密码体系的安全性一直受到可能被破译的威胁，开展密码破译具有重要的战略意义和实际应用价值。

巩固训练

单选题

(1)量子作为一个新的物理概念，最早由(　　)提出。

A. 爱因斯坦　　B. 普朗克　　C. 玻尔　　D. 费米

(2)关于量子比特描述不正确的是(　　)。

A. 量子比特是量子信息的基本单元　　B. 量子比特和经典计算机一样

C. 量子比特是经典比特的补充　　D. 量子比特具有量子叠加性

(3)量子信息技术不包括(　　)。

A. 量子计算机　　B. 量子通信　　C. 量子测量　　D. 量子养生

(4)关于量子通信描述不正确的是(　　)。

A. 量子隐形传态是量子通信的唯一方式

B. 量子通信可能改变未来的生活方式

C. 量子通信目前还有很多技术瓶颈尚未突破

D. 量子通信是量子信息技术的重要组成部分

(5)量子计算机的工作原理不包含(　　)。

A. 数据输入　　B. 初态制备　　C. 量子编程　　D. 量子纠缠

项目6　信息素养与社会责任

信息素养与社会责任对个人职业发展起着重要作用。学生应学会利用信息手段主动学习、自主学习，增强运用信息技术分析、解决问题的能力，遵纪守法，承担信息社会责任，不断内化形成职业素养和行为自律能力。

任务6-1　信息素养基础

任务目标

(1)了解信息素养的基本概念及要素。

(2)会利用钉钉完成一次线上会议的组织工作。

(3)清楚在日常生活和工作中哪些行为是具备良好信息素养的体现。

任务描述

我国倡导强化信息技术应用，鼓励学生利用信息手段主动学习、自主学习，增强运用信息技术分析、解决问题的能力。究其原因，是因为信息素养是人们在信息社会和信息时代生存的前提条件。因而信息素养的培养是必须予以高度重视的。

任务实施

1. 通过知识链接，了解信息素养的概念。
2. 了解信息能力的组成。
3. 交流讨论信息素养的表现。

知识链接

1. 信息素养的基本概念

1974年，保罗·祖科夫斯基首次提出信息素养的概念，指运用信息工具进行问题解决的技能。

1987年，信息学家帕特丽夏·布雷维克把信息素养定义为：在了解并提供信息的基础上，对信息价值进行鉴别、选择和获取信息渠道、掌握和存储信息的基本能力。

1989年美国图书馆协会信息素养总统委员会重新将信息素养概括为：要成为一个有信息素养的人，就必须能够确定何时需要信息并且能够有效地查询、评价和使用所需要的信息。

1992年道尔在《信息素养全美论坛的终结报告》中将信息素养定义为：一个具有信息素养的人，他能够认识到精确的和完整的信息是做出合理决策的基础，明确对信息的需求，形成基于信息需求的问题，确定潜在的信息源，制定成功的检索方案。

(1)信息意识

信息意识是指对信息的洞察力和敏感程度，体现的是捕捉、分析、判断信息的能力。判断一个人有没有信息素养、有多高的信息素养，首先要看他具备多高的信息意识。

(2) 信息知识

信息知识是信息活动的基础，它一方面包括信息基础知识，另一方面包括信息技术知识。前者主要是指信息的概念、内涵、特征，信息源的类型、特点，组织信息的理论和基本方法，搜索和管理信息的基础知识，分析信息的方法和原则等理论知识；后者主要是指信息技术的基本常识、信息系统结构及工作原理、信息技术的应用等知识。

(3) 信息能力

信息能力是指人们有效利用信息知识、技术和工具来获取信息、分析与处理信息，以及创新和交流信息的能力。它是信息素养最核心的组成部分，主要包括四个方面：信息知识的获取能力；信息处理与利用能力；信息资源的评价能力；信息的创新能力。

(4) 信息道德

信息技术为人们的生活、学习和工作带来改变的同时，个人信息隐私泄露、软件知识产权侵犯、网络黑客等问题也层出不穷，这就涉及信息道德。一个人信息素养的高低与其信息伦理、道德水平的高低密不可分。能否在利用信息解决实际问题的过程中遵守伦理道德，最终决定了我们是否能成为一位高素养的信息化人才。

2. 信息素养表现

在日常生活和未来的工作中，良好的信息素养主要体现在以下几个方面。

(1) 能够熟练地使用各种信息工具，尤其是网络传播工具，如网络媒体、聊天软件、电子邮件、微信、博客等。

(2) 能根据自己的学习目标有效地收集各种学习资料与信息，能熟练地运用阅读、访问、讨论、检索等获取信息的方法。

(3) 能够对收集到的信息进行归纳、分类、整理、鉴别、遴选等。

(4) 能够自觉抵御和消除垃圾信息及有害信息的干扰和侵蚀，坚持正确的人生观、价值观，以及自控、自律和自我调节能力。

巩固训练

判断下表中的行为是否正确。如果不正确，正确的做法应该是什么？也可自行收集案例进行判断分析并填在表格的第三列。

相关行为	是否正确	若不正确，正确的做法是什么
小林引用他人文章时从来不注明出处	是□ 否□	
小李会在网络中恶意攻击他人	是□ 否□	
小陈会在网络中传播不良网络信息	是□ 否□	
小赵在未经王丽的同意下，盗用王丽的身份证进行网贷	是□ 否□	
小张偶尔会通过一些不合法的渠道获取数据、图像、声音等信息	是□ 否□	

任务 6-2 信息技术发展史

任务目标

(1)了解信息技术发展史。

(2)树立正确的职业理念。

(3)了解“十四五”国家信息化规划，关注国家信息产业发展趋势。

任务描述

信息技术是由计算机技术、通信技术、信息处理技术和控制技术等多种技术构成的一项综合的高新技术，它的发展是以电子技术，特别是微电子技术的进步为前提的。利用信息技术服务日常生活是我们需要掌握的技能。

任务实施

1. 通过知识链接，了解信息技术的发展史。
2. 了解国家“十四五”时期信息化规划。
3. 交流讨论未来信息产业的发展趋势。

知识链接

1. 信息技术五次革命

人类共经历了五次信息技术革命，如图 6-1 所示。

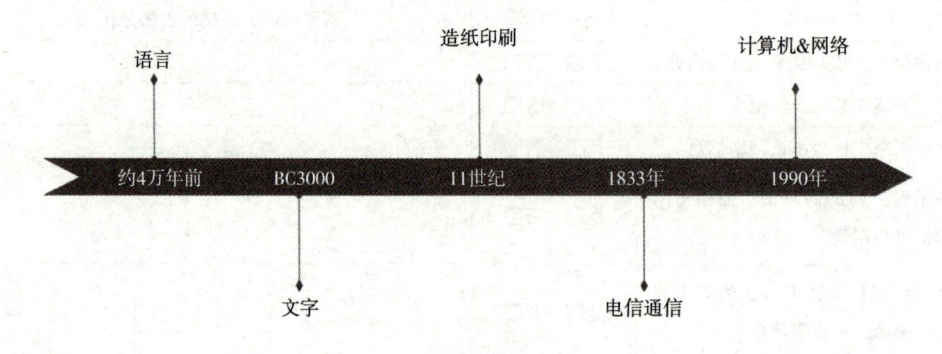

图 6-1 五次信息技术革命

第一次信息技术革命是语言的产生。人类最初只能通过手势、表情、肢体动作、声音来表达和传递信息，因此只能在人的听觉和视觉所及范围内传递信息。语言的产生是信息表达和交流手段的一次关键性革命，产生了信息获取、信息传递技术(但是受时空的限制)。

第二次信息技术革命是文字的发明。文字可以长期存储信息，跨时间、跨地域传递和交流信息，产生了信息存储技术。

第三次信息技术革命是造纸术和印刷术的发明。造纸术和印刷术的发明，把信息的记录、存储、传递和使用扩大到更广阔的空间，使知识的积累和传播有了可靠的保证，是人类信息存储与传播手段的一次重要革命，由此产生了更为先进的信息获取、存储和传递技术。

第四次信息技术革命是电报、电话、广播、电视的发明和普及应用。1837 年，莫尔斯发明了电报，使信息可以实时传送。1876 年，贝尔发明了电话，电话两端的人可以直接对话，信息传递有了更大的自由度。广播、电视的出现与发展打破了交流信息的时空界限，提高了信息传播效率，是信息存储和传播的又一次重要革命。

第五次信息技术革命源自电子计算机的广泛使用和计算机与通信技术的结合，始于 20 世纪 60 年代，这是一次信息传播和信息处理手段的革命，对人类社会产生了空前的影响，使信息数字化成为可能，信息产业应运而生。

2.“十四五”国家信息化规划

“十四五”期间，我国新一代信息技术产业持续向“数字产业化、产业数字化”的方向发展。一方面，培育壮大人工智能、大数据、区块链、云计算、网络安全等新兴数字产业(图 6-2)；另一方面，依托新一代信息技术产业，传统产业也将在“十四五”期间深入实施数字化改造升级(图 6-3、图 6-4)。

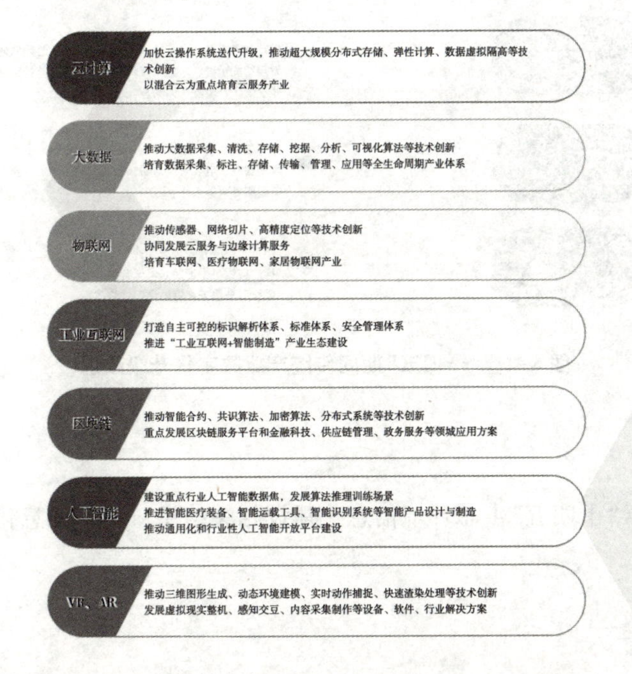

图 6-2 “十四五”期间中国新一代信息技术产业发展重点

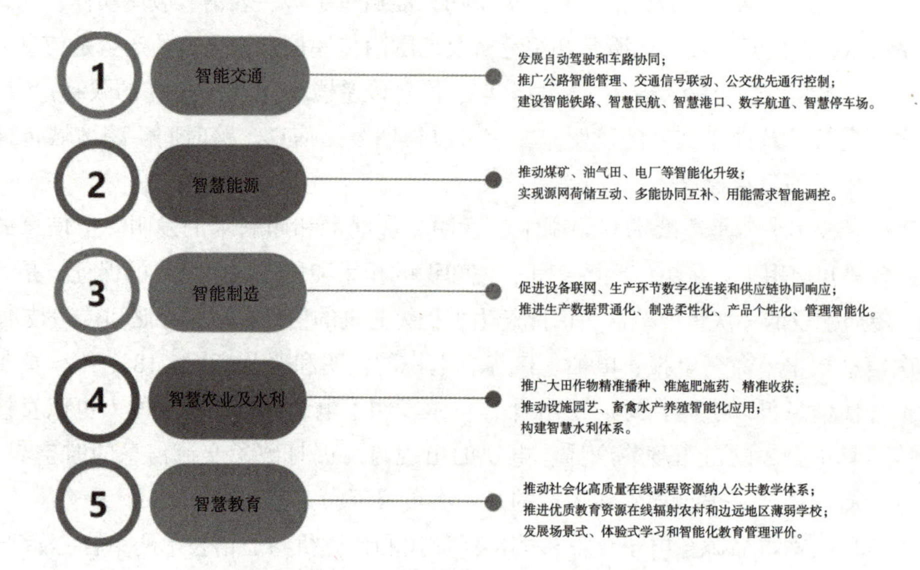

图 6-3 “十四五”期间传统产业数字化升级改造(1)

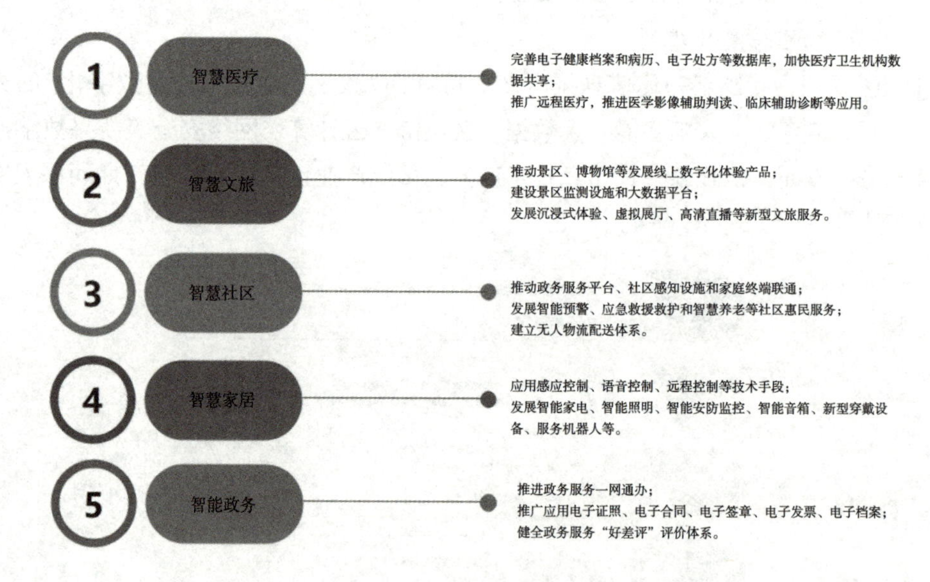

图 6-4 “十四五”期间传统产业数字化升级改造(2)

巩固训练

在网络中搜索“十四五”生态环境信息化建设相关信息，了解信息化为传统行业带来的变化与影响。

任务6-3 信息伦理与职业道德

任务目标

(1)掌握信息伦理知识，会辨别虚假信息，了解相关法律法规与职业自律要求。

(2)会对查询到的信息进行筛选，使用政府官方网站查询信息。

(3)了解道德、伦理、法律之间的联系，树立正确的职业道德。

任务描述

现代信息技术已与人们的日常生活密切相关，也深度融入国家治理、社会治理的过程中，对于提升国家治理能力，实现美好生活，促进社会道德进步起着越来越重要的作用。在生活中树立良好的职业道德是非常重要的。

任务实施

1. 通过知识链接，了解信息伦理。
2. 了解职业道德及职业行为自律内容。
3. 交流讨论如何建立起自己的职业行为自律标准。

知识链接

1. 信息伦理概述

信息伦理对每个社会成员的道德规范要求是相似的，在信息交往自由的同时，每个人都必须承担同等的伦理道德责任，共同维护信息伦理秩序，这也对我们今后形成良好的职业行为规范有积极的影响。

面对信息技术的迅猛发展，有效应对信息技术带来的伦理挑战，需要深入研究思考并树立正确的道德观、价值观和法治观。从整体上看，应对信息化深入发展导致的伦理风险应当遵循以下道德原则：

(1)服务人类原则

要确保人类始终处于主导地位，始终将人造物置于人类的可控范围，避免人类的利益、尊严和价值主体地位受到损害，确保任何信息技术特别是具有自主性意识的人工智能机器持有与人类相同的基本价值观。始终坚守自身的道德底线，追求造福人类的正确价值取向。

(2)安全可靠原则

新一代信息技术尤其是人工智能技术必须是安全、可靠、可控的，要确保民族、国家、企业和各类组织的信息安全、用户的隐私安全以及与此相关的政治、经济、文化安全。如果某一项科学技术可能危及人的价值主体地位，那么无论它具有多大的功用性价值，都应果断叫停。对于科学技术发展，应当进行严谨审慎的权衡与取舍。

(3)以人为本原则

信息技术必须为广大人民群众带来福祉、便利和享受，而不能为少数人专享。要把新一代信息技术作为满足人民基本需求、维护人民根本利益、促进人民长远发展的重要手段。同时，保证公众参与和个人权利行使，鼓励公众质疑或有价值的反馈，从而共同促进信息技术产品性能与质量的提高。

(4)公开透明原则

新一代信息技术的研发、设计、制造、销售等各个环节，以及信息技术产品的算法、参数、设计目的、性能、限制等相关信息，都应当是公开透明的，不应当在开发、设计过程中给智能机器提供过时、不准确、不完整或带有偏见的数据，以避免人工智能机器对特定人群产生偏见和歧视。

2. 与信息伦理相关的法律法规

在信息领域，仅仅依靠信息伦理并不能完全解决问题，还需要强有力的法律作为支撑，因此，与信息伦理相关的法律法规就显得十分重要。有关的法律法规与国家强制力的威慑，不仅可以有效地打击在信息领域造成严重后果的行为者，还可以为信息伦理的顺利实施构建一个较好的外部环境。

我们对国家现存的信息安全相关的法律法规进行举例：《中华人民共和国保守国家秘密法》《中华人民共和国国家安全法》《中华人民共和国电子签名法》《计算机信息系统国际联网保密管理规定》《涉及国家秘密的计算机信息系统分级保护管理办法》《互联网信息服务管理办法》《非经营性互联网信息服务备案管理办法》《计算机信息网络国际联网安全保护管理办法》《中华人民共和国计算机信息系统安全保护条例》《信息安全等级保护管理办法》。

3. 职业道德

职业行为自律是一个行业自我规范、自我协调的行为机制，同时也是维护市场秩序、保持公平竞争、促进行业健康发展、维护行业利益的重要措施。职业行为自律的培养途径主要有以下三个方面。

(1)确立正确的人生观是职业行为自律的前提。

(2)职业行为自律要从培养自己良好的行为习惯开始。

(3)发挥榜样的激励作用，向先进模范人物学习，不断激励自己。

除此之外，还应该充分发挥以下几种个人特质，逐步建立起自己的职业行为自律标准，如图 6-5 所示。

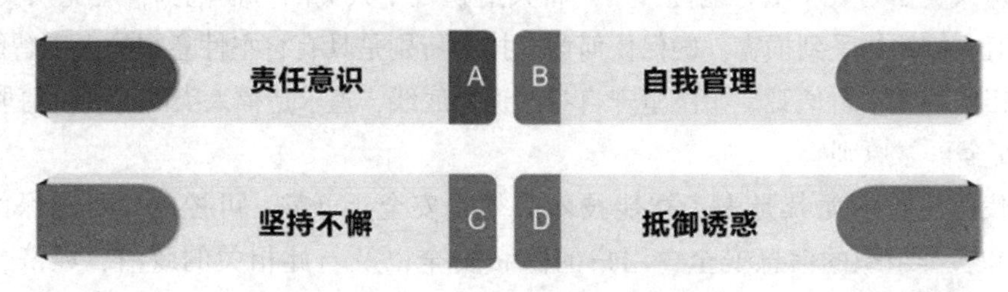

图 6-5 职业行为自律标准

巩固训练

当前，以互联网、大数据、人工智能为代表的新一代信息技术蓬勃发展，深刻改变着人类的生存和交往方式，但同时也可能带来伦理风险。例如，购物APP的智能推荐系统过度收集用户个人数据怎么办？

任务6-4 信息安全

任务目标

(1)了解信息安全及自主可控的要求，掌握清除浏览器缓存的操作方法。

(2)能够采取措施确保操作系统平稳安全运行。

(3)建立信息安全意识，具备国家安全观。

任务描述

信息安全主要是指信息被破坏、篡改、泄露的可能。其中，破坏的是信息的可用性，更改的是信息的完整性，泄露涉及的是信息的机密性。本任务将介绍设置系统、浏览器等方面的内容。

知识链接

1. 信息安全基础

(1)信息安全三要素

①保密性　保证信息不泄露给未经授权的用户。

②完整性　保证信息从真实的发信者传送到真实的收信者手中，传送过程中没有被非法用户添加、删除、替换等。

③可用性　保证授权用户能对数据进行及时可靠的访问。

(2)信息安全现状

近年来，信息泄露的事件不断出现，例如，某组织倒卖业主信息、某员工泄露公司用户信息等，这些事件都说明我国信息安全目前仍然存在隐患。从个人信息现状的角度来看，我国目前信息安全的主要问题表现在以下几个方面。

①个人信息没有得到规范采集。

②个人欠缺足够的信息保护意识。

③相关部门监管力度不够。

(3)信息安全面临的威胁

随着信息技术的飞速发展，信息技术为人们带来更多便利的同时，也使得信息堡垒变得更加脆弱。目前信息安全面临的威胁主要有以下几点。

①黑客的恶意攻击。

②网络自身及其管理有所欠缺。

③软件设计的漏洞或“后门”产生的问题。

④非法网站设置的陷阱。

⑤用户不良行为引起的安全问题。

巩固训练

除了使用 Windows 系统自带杀毒软件进行病毒查杀外，还可以安装第三方杀毒软件进行病毒查杀，请通过安装杀毒软件来增强系统的安全防护，杀毒前将病毒库更新至最新版本。

参考文献

郭长庚，刘树聃，2023．信息技术(Windows10+Office 2016)[M]．北京：北京邮电大学出版社.
刘明江，等，2023．信息技术基础[M]．北京：人民邮电出版社.
秋叶，陈文登，2021．秋叶一起学秒懂 WPS 数据处理[M]．北京：人民邮电出版社.
眭碧霞，2021．信息技术基础(WPS Office)[M]．2 版．北京：高等教育出版社.
徐方勤，朱敏，2022．大学信息技术[M]．3 版．上海：华东师范大学出版社.